2 생각하는 수학

제2판

수학교육에서의

엑셀활용 I

김향숙 · 정성곤 · 박진석 · 이혜경 지음
인제대학교 창의력교육센터

KM 경문사

머리말

21세기 지식정보사회의 패러다임에 내재되어 있는 핵심 가치 중의 하나는 '단순히 지식을 전수받아 보급하는 차원을 넘어서 누가 핵심 지식을 어떻게 창출해 낼 것인가'라는 것이다. 이러한 시대적 요청에 따라, 지식정보시대를 앞당기는 근본토대 중의 하나는 교육에 있다고 믿는 사람이 많다.

지식이 폭주하는 현 시대에서 더욱 중요하며 우리의 교육에서 더 강조해야 할 부분은 학습자와 교수자가 실제로 문제를 발견할 수 있도록 하고, 복잡하고 역동적인 문제구조와 문제해결활동에 관해 창조적으로 생각하도록 하고, 문제해결에 적합한 정보를 조직화하고, 그리고, 일련의 의사결정 활동이 실제문제해결로 도달되도록 해야 한다는 것이다. 즉, 이제는 지식전달을 지양하고 지식창출이라는 새로운 화두에 부응할 수 있도록 교수학습활동상의 무엇이 어떻게 혁신되어야 할 것인가에 대하여 고민해야만 한다.

현재를 포함한 미래는 CQ(창의력 지수)의 시대가 될 것으로 예견하고 있는 가운데 변화와 혁신의 사회 속에서 무엇보다도 지식창출의 기반이 되는 창의력이 21세기의 경제프론티어의 자질에 으뜸임을 부인할 수 없음은 지식 및 생산물을 산출하고 그것을 가치화할 수 있는 힘이 바로 창의력에서 비롯되기 때문이다.

인제대학교 창의력교육센터가 개발한 '생각하는 수학' 시리즈 18권은 Mathematica, 엑셀, GSP, Flash 등의 Technology 활용을 포함하여 종이접기, 문제일반화, 통계, 발문, PBL, 퍼즐, 기하 다시보기 등의 다양한 주제를 다루면서 탈 교과서 위주의 수학을 위한 교수학습 자료제공에 목적을 두고 있으며, 특히 이 시리즈는 수학교실에서 학생과 교사가 하나 되어 체험을 통해 좀 더 적극적으로 수학을 하고, 또 수학을 보고, 느끼고, 만지게 함으로써 교실 수업을 살아 있게 하는데 뜻을 두고 개발되었으며, 이 책은 그 중의 하나이다.

이 책의 전체적인 내용은 현행 중·고등학교 교과서를 토대로 하여, 엑셀을 활용하여 제작할 수 있는 교수·학습 자료 소개 및 개발에 중점을 두었다. 제2판에서는 제1판의 내용을 수정·보완하여, 엑셀을 처음 접하는 독자들도 쉽게 따라할 수 있도록 각 예제는 단계 (1), (2), …로 구분하여 지시문과 그림을 제시하였으며, 각 단계내에서도 세부로 나누어 지시문을 제시하고 그 지시문 번호 ①, ②, …의 실행결과를 그림 내에서 ①, ②, … 등으로 일치하도록 표시하였으며, 특히 디자인 및 책 구성을 새롭게 단장하여 가독성을 높였다.

독자들이 본 책에서 소개하는 내용들을 제시된 작도방법에 따라 차례대로 실행해봄으로써 엑셀의 매력을 알게 됨은 물론이고, 나아가 기존에 소개된 자료들보다 더 교육적 가치가 있는 좋은 교수·학습 자료를 개발할 수 있게 되기를 기대한다. 본 책의 내용 중 일부 실행파일과 연습문제 풀이 파일들은 인제대학교 창의력교육센터 홈페이지(http://ecc.inje.ac.kr)에 로그인 한 후 **[자료실 → 생각하는 수학시리즈 → 엑셀활용(2권)]**에서 각자가 다운받아 사용할 수 있다.

이 책은

제1장에서는 함수의 그래프 그리기를 통해 엑셀의 기본익히기를
제2장에서는 엑셀을 이용하여 통계에 관한 교수·학습 자료개발에 대하여
제3장에서는 수열과 급수에 관한 수학내용과 엑셀의 연계를
제4장에서는 엑셀 매크로(VBA)를 이용한 함수의 그래프 그리기에 대하여

다루었다.

부족하고 다듬어지지 않은 내용은 계속 수정하면서 보완할 생각이므로 독자들의 많은 조언을 부탁드리며, 그동안 본 책에 대해 각별한 사랑으로 격려해주시고 다양한 고견을 주신 분들께 다시 한 번 감사를 드린다.

끝으로 이 책이 독자에게 많은 도움이 되길 바라며, 출판과 편집을 맡아 주신 경문사 임직원 여러분께 감사드린다.

2009년 8월
저자 씀

차례

Chapter 01

함수의 그래프

엑셀에서는 직선, 이차함수를 포함하는 다항함수, 지수함수, 로그함수 등 여러 가지 함수의 그래프를 차트에 나타낼 수 있다. 이 장에서는 각각의 함수에 대한 그래프를 차트에 나타내는 방법에 대해 알아보자.

1.1 다항함수의 그래프

$3x$, $-5ax^2$, x^5과 같이 몇 개의 수와 문자 사이의 곱셈으로만 이루어진 식을 **단항식**이라고 하며, 단항식에서 곱하여진 문자의 개수를 그 단항식의 **차수**, 수의 부분을 그 단항식의 **계수**라고 한다. 단항식에서 어떤 특정한 문자에 주목할 때 나머지 수와 문자들은 계수가 된다. 예를 들면, 단항식 $-5ax^2$에서 x에 주목할 때 $-5a$는 단항식 $-5ax^2$의 계수이며, 차수는 2이다. 유한개의 단항식의 합으로 이루어진 식을 **다항식**이라 하고 각각의 단항식을 **항**이라고 한다. 이 때 다항식의 각 항의 차수 중에서 가장 큰 것을 그 다항식의 **차수**라고 부른다. 따라서 x에 관한 n차 다항식은

$$a_nx^n + a_{n-1}x^{n-1} + \dots + a_1x + a_0$$

형태로 나타나며, 우리가 많이 다루는 일차함수는

$$y = ax + b \ \ (a,\, b\text{는 상수},\ a \neq 0)$$

의 형태로, 이차함수는

$$y = ax^2 + bx + c \ \ (a,\ b,\ c\text{는 상수},\ a \neq 0)$$

의 형태로 표시된다.

어떤 함수의 정의역과 공역을 구체적으로 나타내지 않고 함수 $f(x)$ 또는 함수 $y=f(x)$라 할 때, 정의역과 공역은 실수전체의 집합으로 정의하므로, 다항함수의 정의역과 공역은 다같이 실수전체의 집합으로 한다. 함수 $y=f(x)$의 그래프는

$$\{(x,\ f(x)) \mid x\text{는 실수}\}$$

로 정의하므로 일차함수의 그래프는 직선으로 나타나고 이차함수의 그래프는 포물선으로 나타난다.

이 절에서는 일차함수 및 이차함수 등의 다항함수 그래프를 그리는 방법에 대해 실습해 보기로 한다.

엑셀에서는 점의 좌표를 차트에 나타낼 수 있다. 다항함수의 그래프를 나타내기 위해서는 함수 $y=f(x)$를 지나는 여러 점들의 좌표를 차트에 나타내고 이 점들을 연결하면 함수의 그래프가 나타난다. 점들을 연결하기 위해서는 추세선 기능을 활용하면 된다. 예를 들면, 이차함수 $y=x^2$의 그래프를 나타내기 위해서는 먼저 $y=x^2$을 지나는 점의 좌표를 차트에 나타내고, 이 점들을 연결하여 주면 이차함수 $y=x^2$의 그래프가 만들어진다. 다음의 예제를 통하여 세 점의 좌표를 지나는 이차함수 $y=x^2$의 그래프를 차트에 그려보자.

나의 노트

예제 1.1.1 이차함수 $y = x^2$의 그래프를 차트에 나타내어보자.

풀이 다음에 제시된 3단계의 12개 지시문을 순서대로 따라해 보자.

단계 (1) 좌표입력

① 지나는 세 점 $(-5,\ 25)$, $(0,\ 0)$, $(5,\ 25)$의 좌표를 적당한 셀에 입력하자.

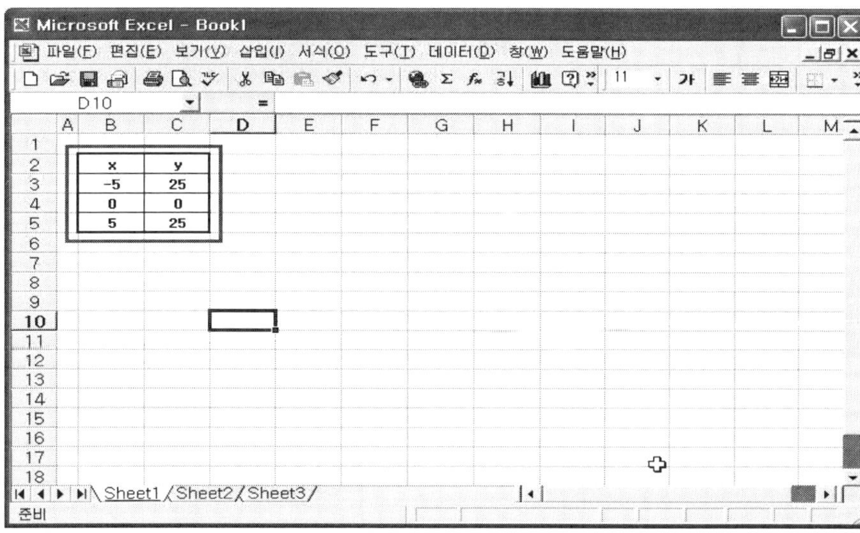

단계 (2) 세 좌표를 차트에 나타내기

① 세 좌표를 마우스로 드래그하여 선택한다.

② 표준도구모음의 **[차트 마법사]**를 선택한다.

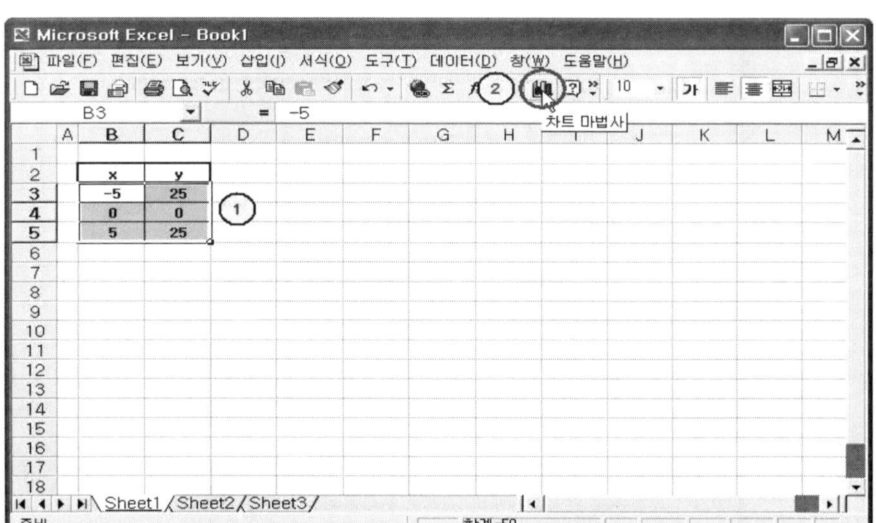

③ **[차트 마법사]** 대화상자에서 **[차트 종류 ⇒ 분산형]**, **[하위 종류 ⇒ 값을 점으로 비교]**를 선택한다.

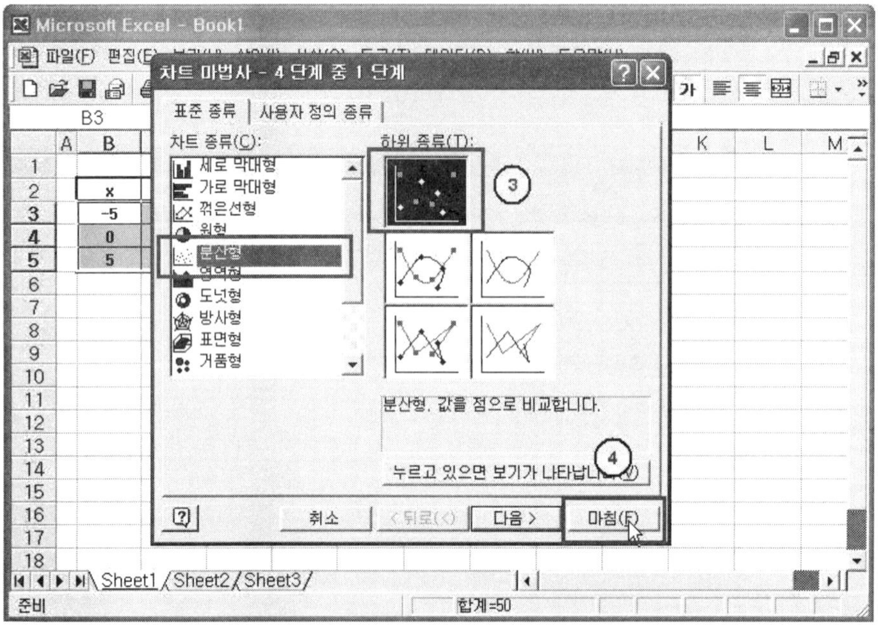

④ **[마침]**을 누르면 세 점의 좌표가 주어진 차트가 나타난다.

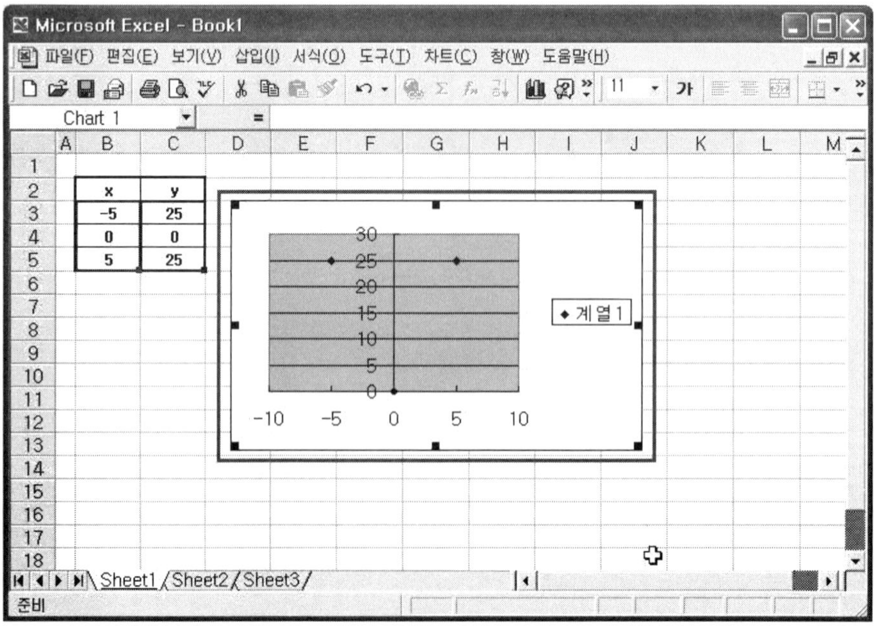

단계 (3) [추세선]을 이용하여 세 점의 좌표를 연결하기

① 차트에 나타난 지나는 세 점 중 임의의 한 점을 선택하자.

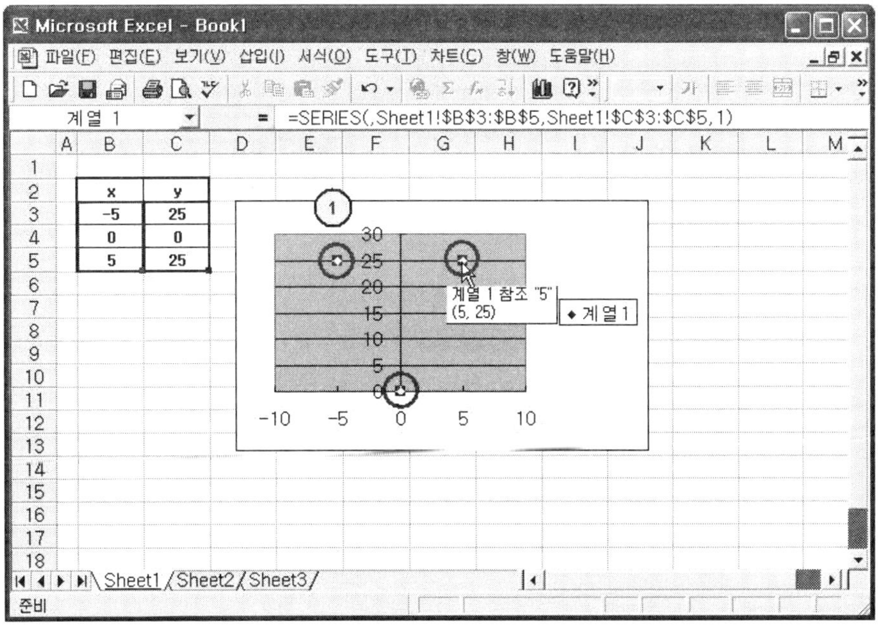

② 임의의 한 점을 선택한 뒤 메뉴에서 **[차트 ⇒ 추세선 추가]**를 선택한다.

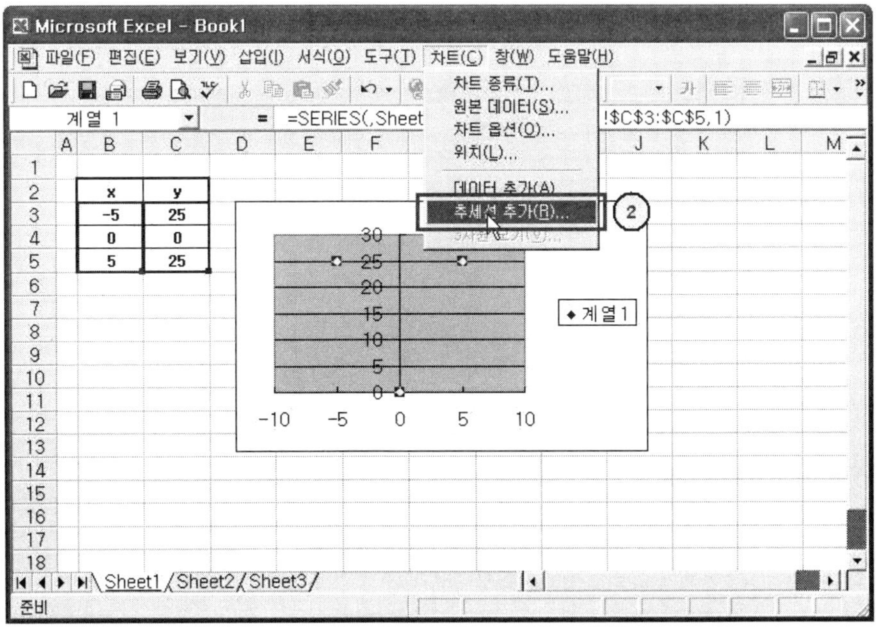

③ **[추세선]** 대화상자에서 **[다항식]**을 선택하고 그리고자 하는 그래프가 이차함수의 그래프이므로 **[차수]**는 2로 하자.

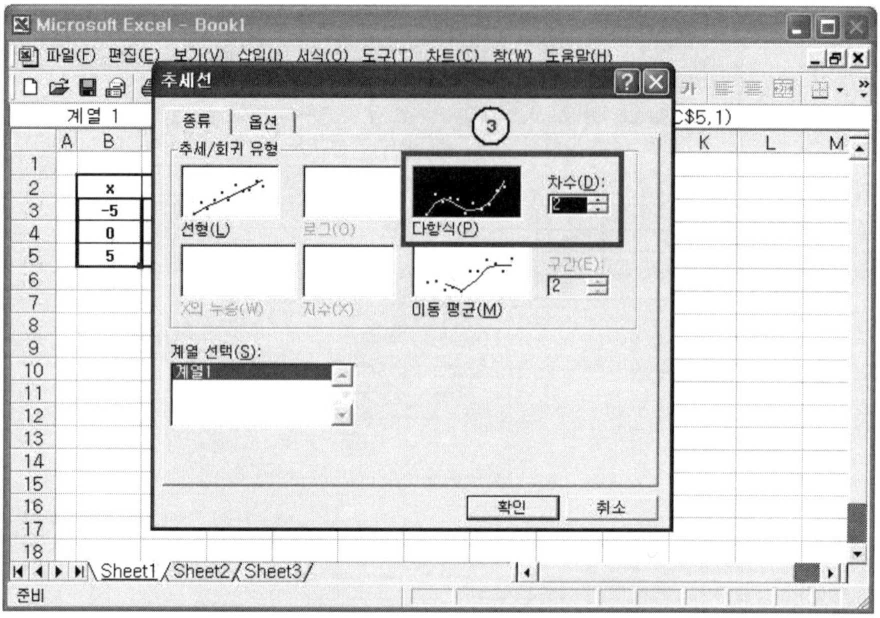

④ **[추세선]** 대화상자에서 **[확인]**을 누르면 다음과 같은 이차함수의 그래프가 나타난다.

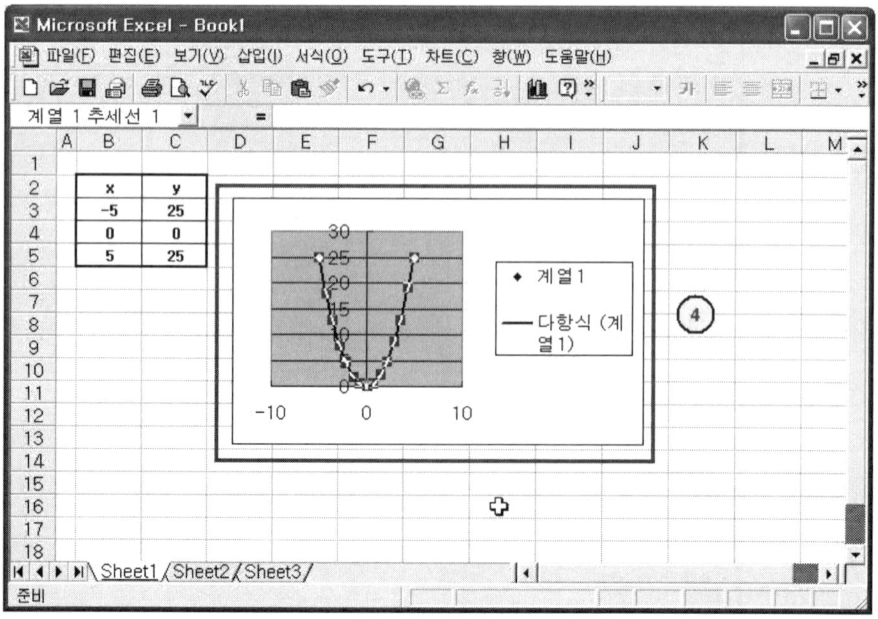

Tip 다항식에서 차수는 6까지 지정할 수 있다. 다시 말하면, 추세선을 이용하여 6차함수까지 그 그래프를 그릴 수 있다.

참고

■ 추세선의 종류

- 선형
- 다항식
- 지수
- 로그
- x의 누승
- 이동평균

추세선은 지나는 점들 사이에 가장 가까운 함수의 그래프를 나타내어 주기 때문에 위의 그래프는 x값이 -5부터 $+5$까지 일때의 이차함수의 그래프를 그려준다.

단계 (4) 추세선의 색과 두께, 스타일을 지정하기

① 그려진 한 **[추세선]**을 선택한 뒤 메뉴에서 **[서식 ⇒ 선택한 추세선]**을 선택한다.

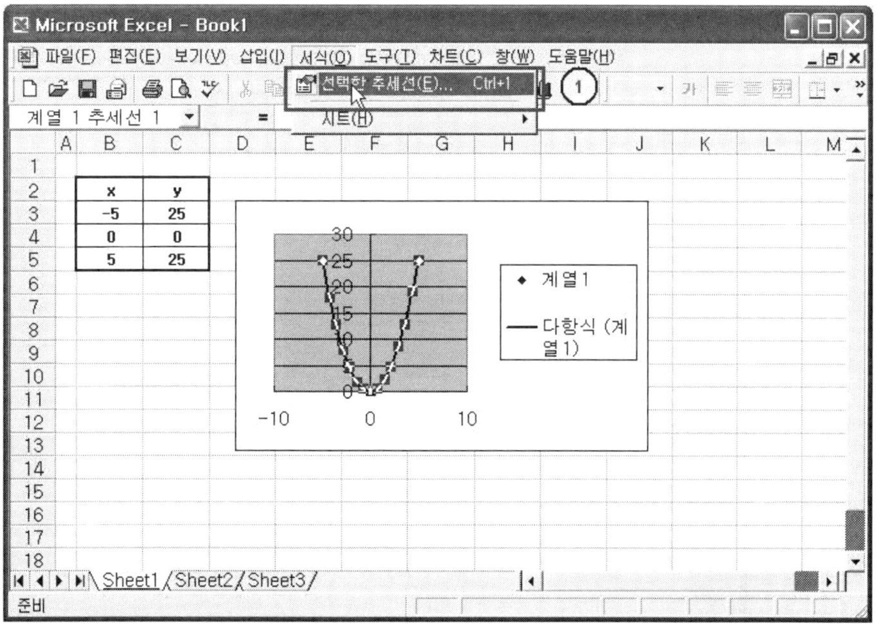

② [추세선 서식] 대화상자에서 [스타일], [색], [두께] 등을 지정하자.

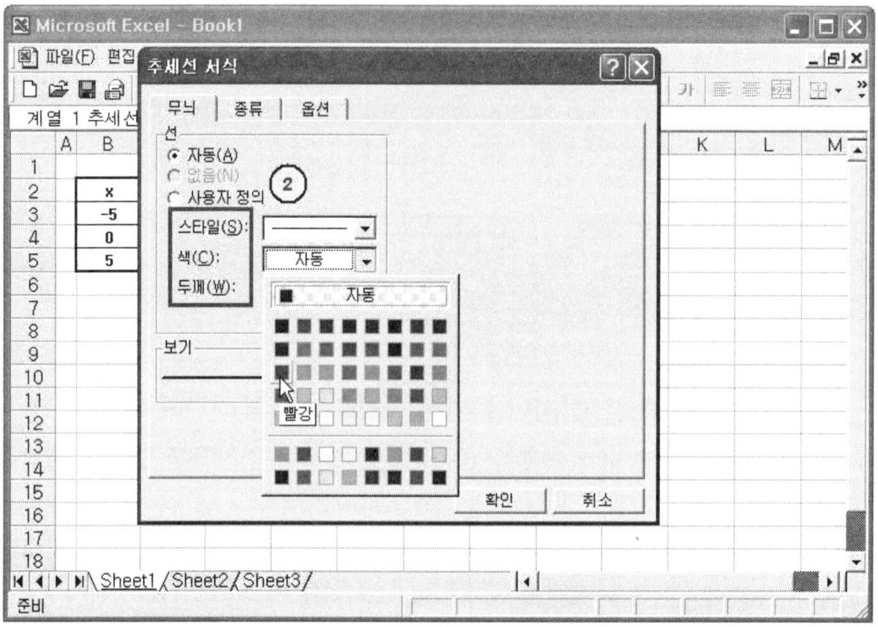

③ [확인]을 누르면 서식이 지정된 다음과 같은 이차함수의 그래프가 나타난다.

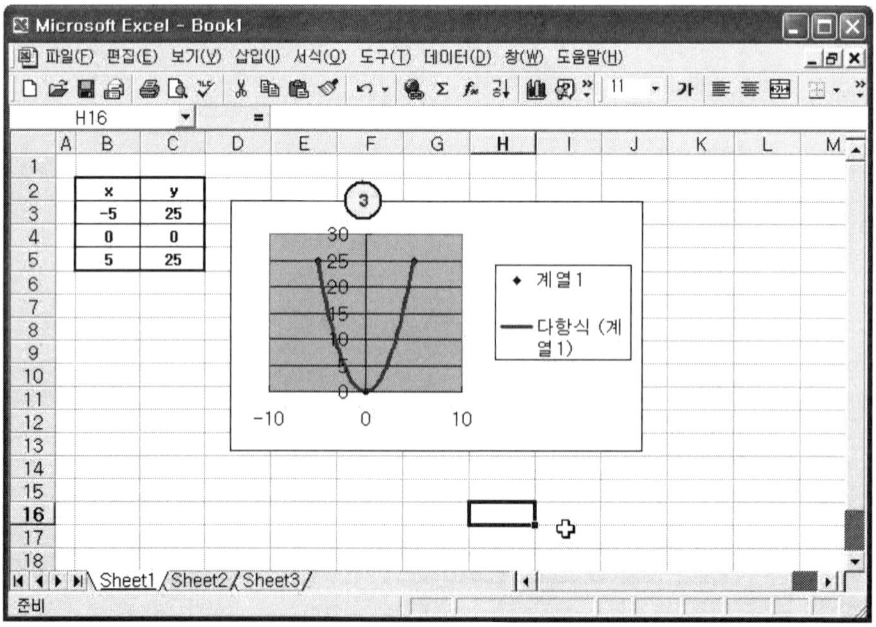

예제 1.1.1에서 다루었던 내용은 세 점을 지나는 이차함수 $y=x^2$을 만드는 가장 기본적인 과정이다. 이제부터 이차함수 $y=ax^2$에서 이차항의 계수 a값이 변할 때 a값에 따라 변하는 함수의 그래프의 모습을 관찰하려고 한다. 엑셀에서 변하는 a값을 만들려면 특별한 **[도구]**를 사용하여야 하는데 그것은 **[컨트롤 도구 상자]**에 있는 **[스핀단추]**와 **[스크롤 막대]**이다. 이 두 개를 사용하여 변하는 a의 값을 만들 수 있다. 다음의 예제 1.1.2를 통하여 **[스핀단추]**와 **[스크롤 막대]**의 사용법을 배워보자.

참고

[추세선] 대화상자를 활용하면 이차함수뿐만 아니라 2차 이상 6차 이하의 모든 다항함수의 그래프를 나타낼 수가 있다. 단, $n(n \geq 3)$차 다항함수의 그래프를 나타낼 때에는 지나는 점의 개수는 $(n+1)$개 이상이 수어져야 한다. 예를 들면, 삼차함수 $y=ax^3+bx^2+cx+d$의 그래프를 나타내려면 지나는 점의 좌표가 4개 이상이 있어야만 한다(이유는 지나는 점이 최소한 네 개 있어야 각 항의 계수 a, b, c, d의 값을 구할 수가 있기 때문이다).

나의 노트

예제 1.1.2 예제 1.1.1에서 만든 이차함수 $y=x^2$의 그래프에서 이차항의 계수가 일정한 값 1이 아닌 -5부터 5까지 0.5씩 변하는 이차항의 계수 a값을 만들어, a값에 따라 변하는 이차함수 $y=ax^2$의 그래프를 그려보자.

풀이 다음에 제시된 6단계의 24개 지시문을 순서대로 따라해보자.

단계 (1) 스핀단추 만들기

① 메뉴에서 **[보기 ⇒ 도구모음 ⇒ 컨트롤 도구 상자]**를 불러내자.

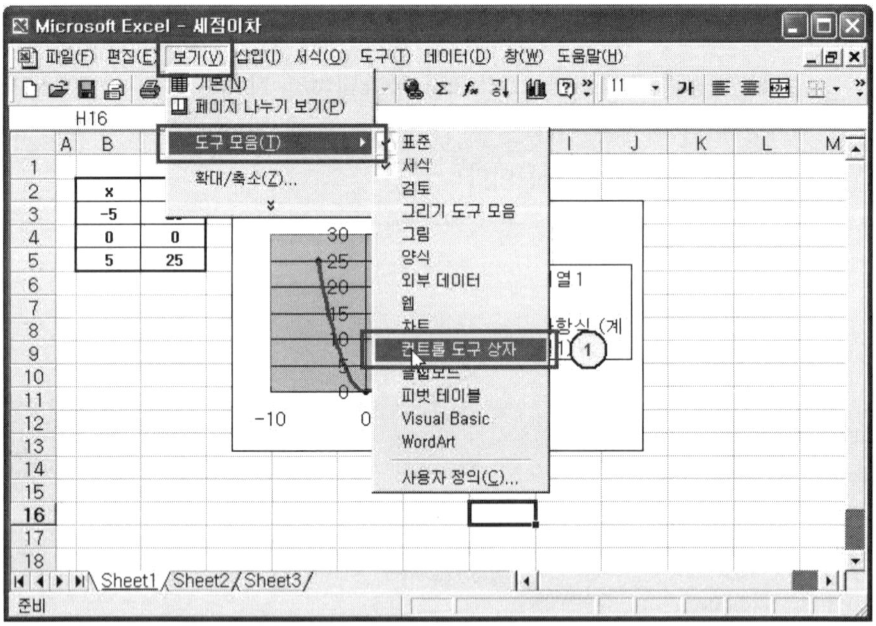

Tip 위 그림을 보면 **[도구모음]**에서 **[표준]**과 **[서식]**에만 체크(V)표시가 있어 메뉴 밑에 표준도구모음과 서식도구모음 두 개만 엑셀 화면에 나타나 있다. 여기서 만약 임의의 도구모음 중 하나를 더 선택하면 엑셀화면에서 그 도구모음이 더 추가되어 나타남을 확인할 수 있다.

② [컨트롤] 도구 상자에서 [스핀단추]를 누르면 마우스 포인트가 +모양으로 바뀐다.

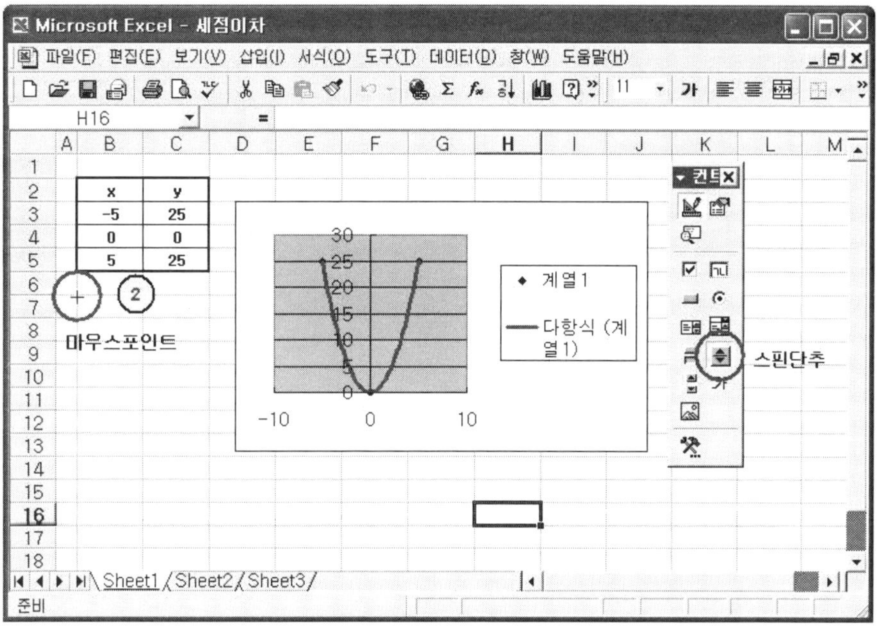

③ 임의의 셀에 적당한 크기로 스핀단추를 만들자.

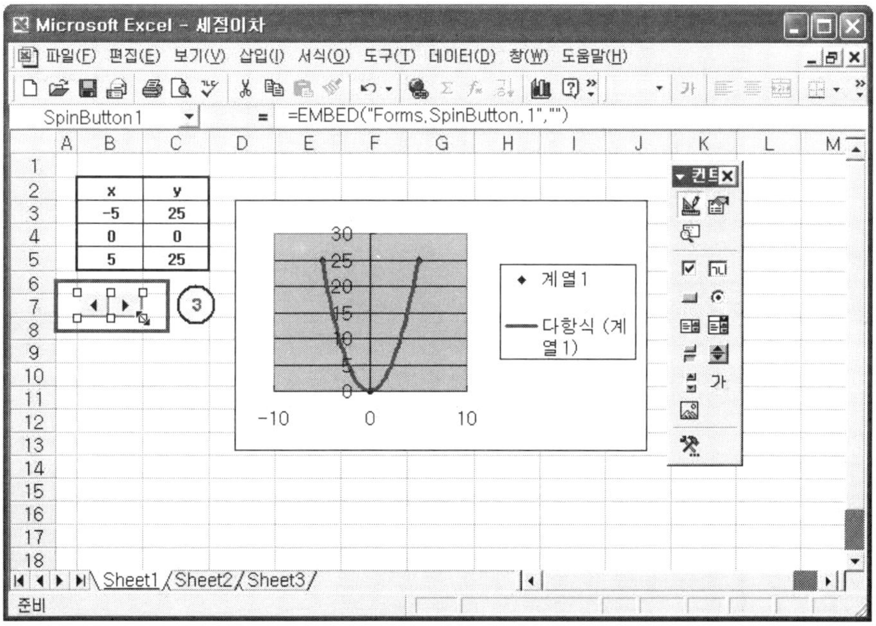

"스핀단추"를 만들었지만 그 속성을 부여하지 않았기 때문에 아무런 변화도 없다. "스핀단추"의 속성을 부여하여 변하는 a값을 만들 수 있다.

> **Tip** "스핀단추"의 속성이 부여되지 않은 상태에서 "스핀단추"를 더블클릭하면 다음 그림과 같은 VBA코드 입력창으로 넘어간다.

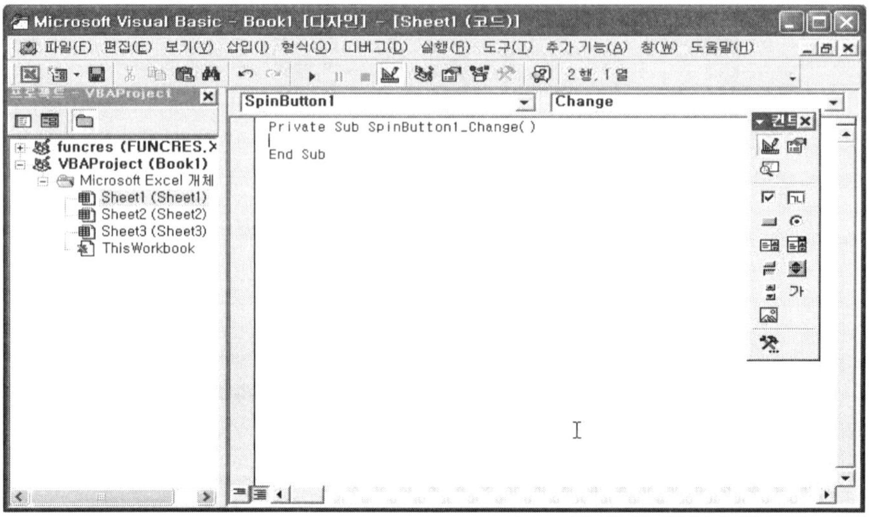

단계 (2) 스핀단추의 속성 부여하기

① 다음 그림과 같이 **[컨트롤]** 도구상자에서 **[속성]**을 누르자.

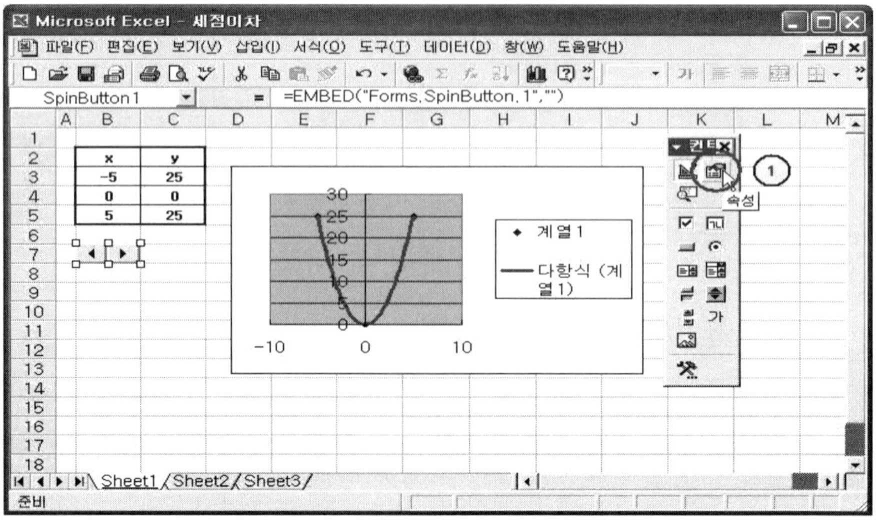

② [속성]대화상자에서 여러 가지 속성 중 다음과 같이 네 가지의 속성을 부여하자.

속성	LinkedCell	Max	Min	SmallChange
값	C7	20	0	1

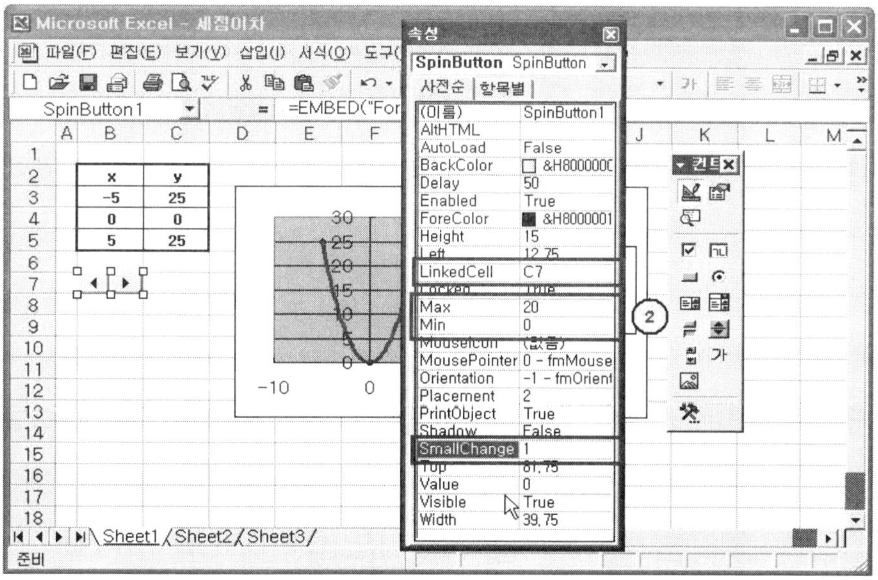

참고

■ 속성

- LinkedCell : 스핀단추와 연결된 셀의 주소를 지정하는 속성으로 스핀단추를 누르면 실제 변하는 값이 나타나는 셀 주소
- Max : 변하는 값의 최대값
- Min : 변하는 값의 최소값
- SmallChange : 스핀단추를 한 번 누를 때마다 변하는 가장 작은 단계값

스핀단추를 누르면 −5부터 5까지 0.5씩 바뀌는 이차항의 계수 a의 값을 만들고 싶지만 스핀단추의 속성상 변하는 값의 단위를 0.5로 만들지는 못한다. 이유는 스핀단추의 속성 중 SmallChange의 값은 자연수로만 나타낼 수 있기 때문이다. 또한 Min(최소값)은 음의 값을 표시할 수 없다. 만약 Min(최소값)을 −20으로 하고 스핀단추를 누르면 −20이 아닌 다른 값(65515)이 표현된다.

이차항의 계수 a값을 표현하기 위해서는 임의의 셀에 적당한 수식을 입력하여 −5부터 5까지 0.5씩 변하는 값을 표현할 수 밖에 없다.

③ "속성" 대화상자를 닫고 **[컨트롤]** 도구상자의 **[디자인 모드 끝내기]** 버튼을 누르면 스핀단추의 사각조절점이 사라지면서 스핀단추를 사용할 수 있는 상태가 된다.

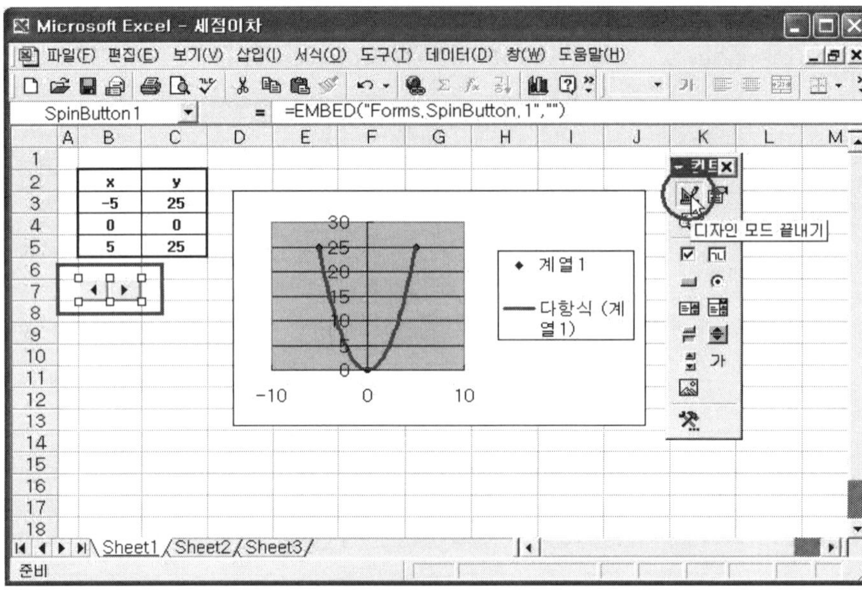

④ "스핀단추"를 누르면 셀 C7의 값이 0부터 20까지 1씩 바뀌는 것을 확인할 수 있다(아래 화면의 ④와 ⑦ 참조).

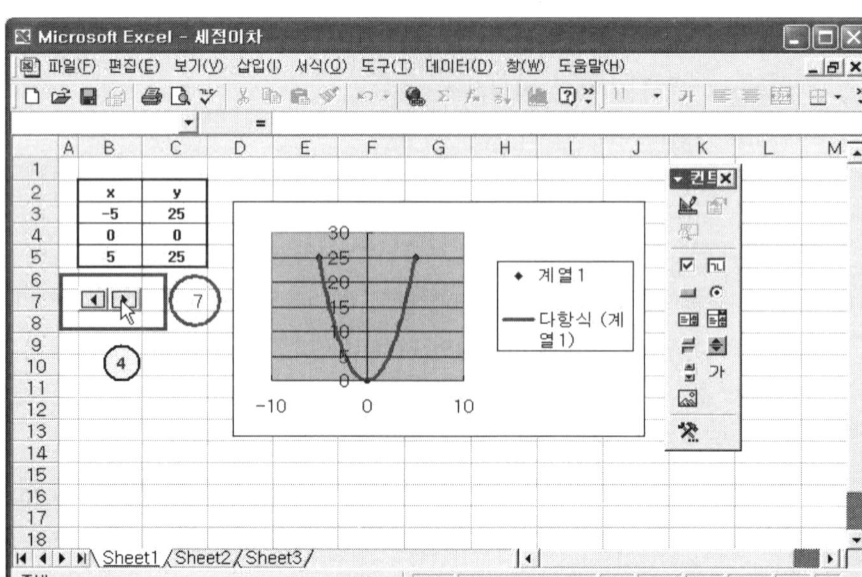

단계 (3) 이차항의 계수 a값에 따른 이차함수의 그래프 만들기

① 셀 B8에 수식 『=(C7-10)/2』을 입력하여 −5부터 5까지 0.5씩 변하는 a값을 만들자(아래 그림의 ① 참조).

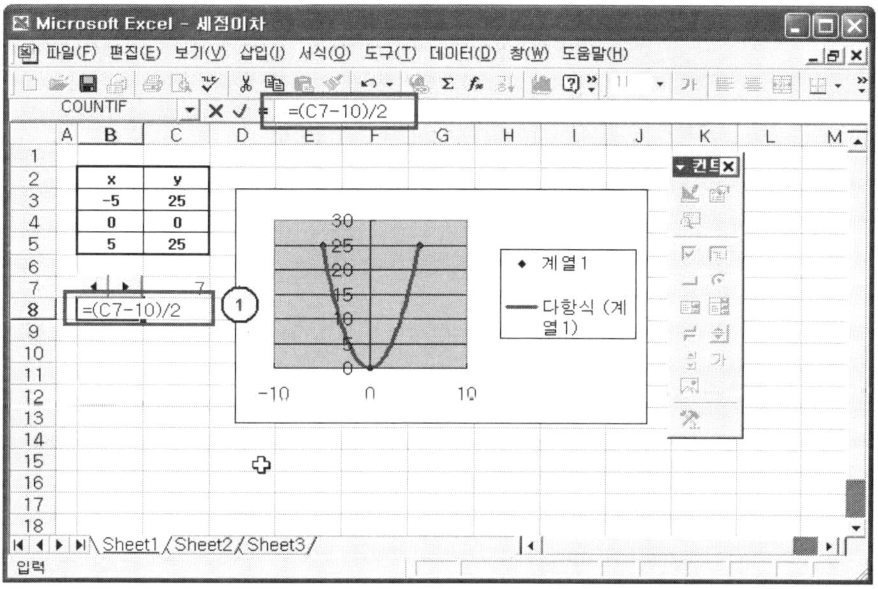

② 스핀단추를 누르면 셀 C7은 0부터 20까지 1씩 바뀌지만 셀 B8에서는 −5부터 5까지 0.5씩 바뀌는 것을 확인할 수 있다(아래 그림 ② 참조).

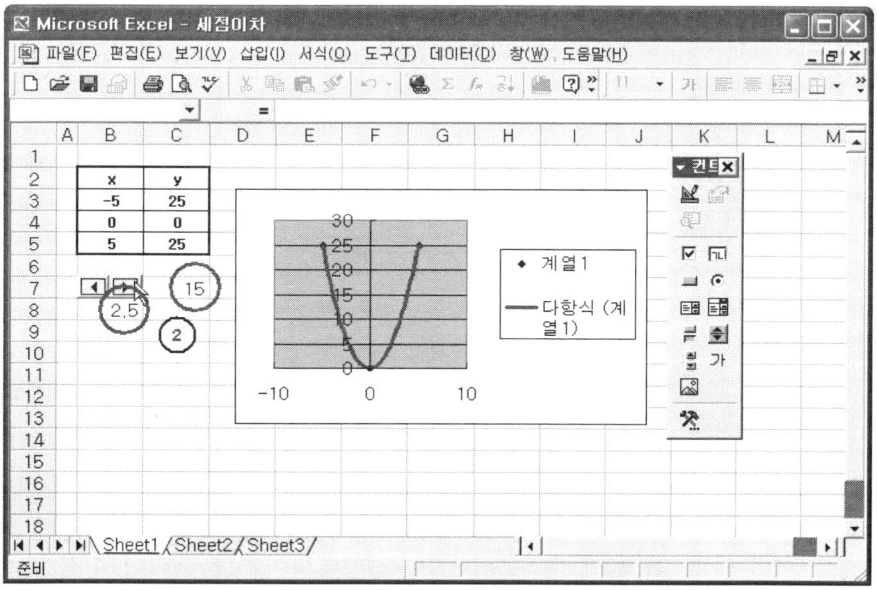

참고

이차항의 계수로 사용되는 값은 셀 B8에 주어진 값이며, 셀 C7에 주어진 값은 셀 B8의 값을 만들기 위한 하나의 보조적인 값이다. 따라서 셀 C7에 주어진 값이 굳이 화면에 보이지 않는 것이 좋은데, 이를 위해서 "스핀단추"의 속성을 지정할 때, "LinkedCell"의 위치를 보이지 않는 적당한 셀로 하는 것이 좋다.

예를 들어, 『LinkedCell -> AA7』로 지정하고 셀 B8의 수식을 『=(AA7-10)/2』로 하면 자연스럽게 이차항의 계수를 표현할 수 있다.

③ 이차함수를 지나는 점의 y좌표를 a값에 따라 변할 수 있게 다음과 같이 각각 셀 C3, C4, C5에 수식을 입력하자.
『=B8*B3^2』, 『=B8*B4^2』, 『=B8*B5^2』 (또는 『=$B$8*B3^2』, 『=$B$8*B4^2』, 『=$B$8*B5^2』)

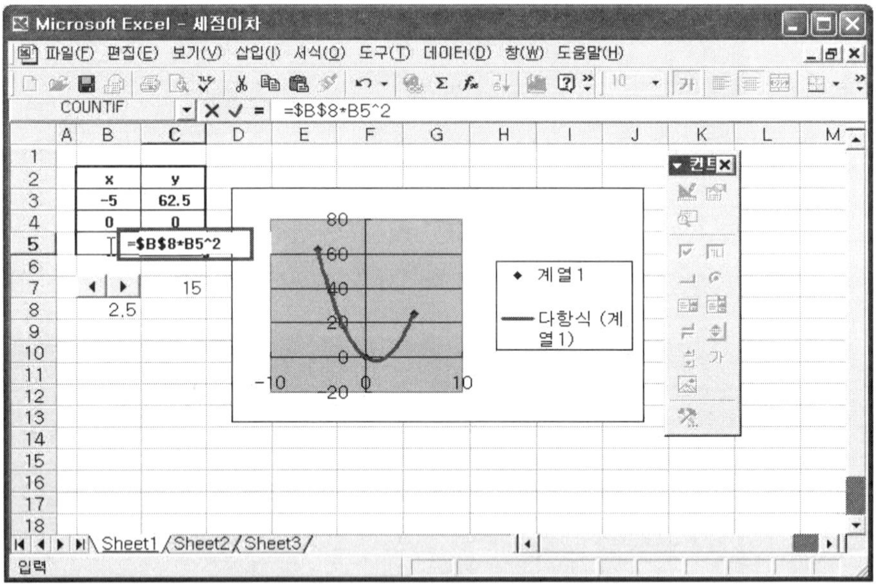

참고

위의 두 수식 사이에는 약간의 차이점이 있는데 간단히 말하면 셀의 주소에 "$"표시의 존재유무이다. 셀의 주소에 $표시가 있을 때와 없을 때의 차이점은 무엇일까?

단순히 셀에 수식을 입력하면 아무런 차이점이 없지만 수식을 복사하여 복사된 수식을 붙여넣기를 하면 약간의 차이가 생긴다.

예를 들면, 셀 C3에 수식 『=B8*B3^2』입력되어 있을 때 이 수식을 복사하여 셀

C4에 붙여넣기를 하면 셀 C4에는 수식 『=B9*B4^2』이 생기고, 이차함수의 이차항의 계수를 나타내는 셀 B8이 셀 B9로 자동으로 바꼈다. 이것에 반하여 셀 C3에 수식 『=$B$8*B3^2』을 입력한 뒤 수식을 복사하여 셀 C4에 붙여넣기를 하면 셀 C4에 수식 『=$B$8*B4^2』이 생기는데, 이차함수의 이차항의 계수를 나타내는 셀 B8이 전혀 바뀌지가 않는다.

보통 셀 주소에서 $표시가 있는 것을 **절대주소**라 하고, $표시가 없는 것을 **상대주소**라 한다. 수식에서 절대주소로서 입력하면 수식을 복사하여도 절대주소는 절대 바뀌지가 않으며 상대주소로서 입력하면 주소가 자동적으로 바뀐다.

위의 그림에서는 수식이 세 개만 주어져서 굳이 수식을 복사하지 않고 하나씩 입력하여도 상관이 없으나 동일한 수식을 많이 입력할 때는 하나의 수식을 만든 뒤 그 수식을 복사하여 붙여넣기를 하면 편리하며, 이 때 상대주소와 절대주소를 잘 사용하여야 한다.

④ 스핀단추를 누르면 변화하는 이차항의 계수에 따라 이차함수의 그래프가 바뀌는 모습을 관찰할 수 있다.

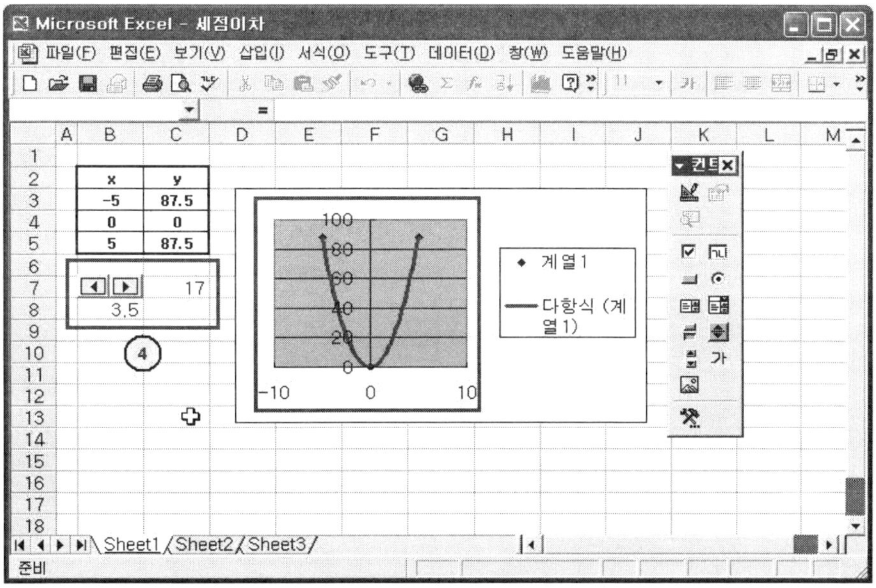

참고

위의 차트를 보면 그래프의 변하는 모습이 없는 것 같지만 자세히 보면 y축의 범위가 바뀌고 있다는 것을 알 수가 있다. 그래프가 변하지 않는 것처럼 보이는 것은 a의 값에 따라 축의 범위가 스스로 바뀌기 때문이다. a값에 따라 그래프가 변하는 모습을 관찰하려면 축의 범위를 고정시켜주어야만 한다.

단계 (4) 축의 범위 지정하기

① 먼저 차트의 y축을 마우스로 선택한 뒤 메뉴에서 **[서식 ⇒ 선택한 축]**을 선택하면 "축 서식" 대화상자가 나타난다.

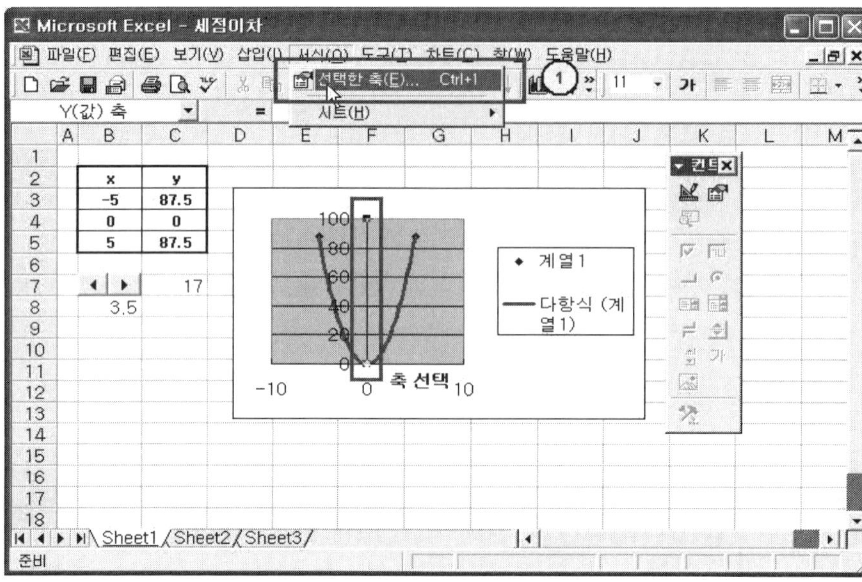

② **[축 서식]** 대화상자에서 먼저 **[눈금]** 탭을 선택한다. 눈금 탭에서 y축의 범위를 지정하는데 "최소값" -5, "최대값" 5, "주 단위" 1, "보조 단위" 1, x축 교점 0을 지정하고 **[확인]**을 누른다.

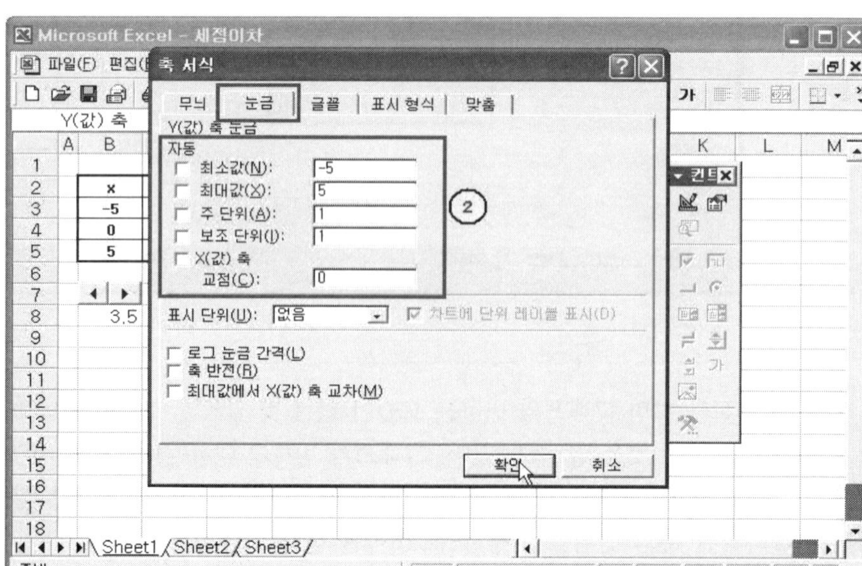

Tip 값들을 지정하기 전에 **[자동]** 부분에 체크표시가 되어있다. 이것은 함수 값에 따라 그래프의 범위를 자동으로 조정하여 준다는 것을 의미한다. 바꾸어 말하면 함수 값에 따라 축의 범위를 자동으로 조정하여 주기 때문에 실제 그래프가 변하지 않는 것처럼 보이는 것이다.

③ y축의 범위가 고정된 상태에서 스핀단추를 누르면 a값에 따라 변하는 함수의 그래프를 확인할 수 있다.

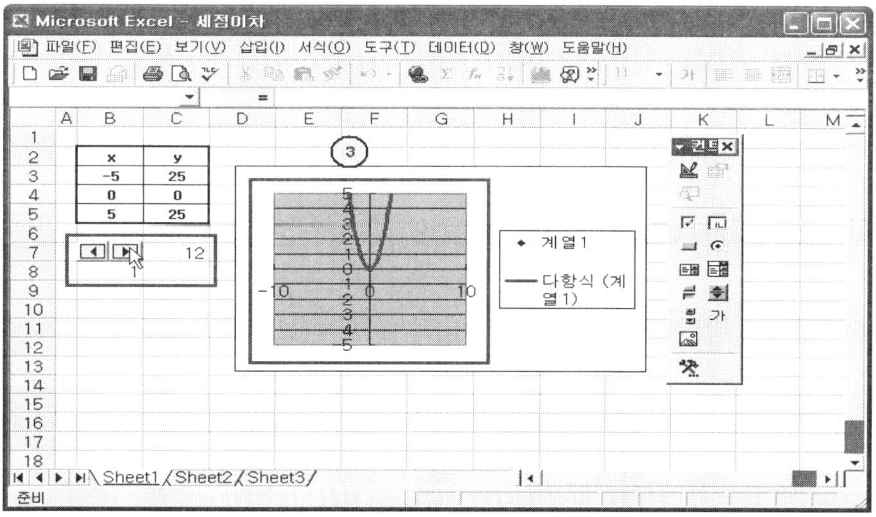

④ ③과 같은 방법으로 x축의 범위도 -5부터 5까지 지정하면 다음과 같은 그래프가 나타난다.

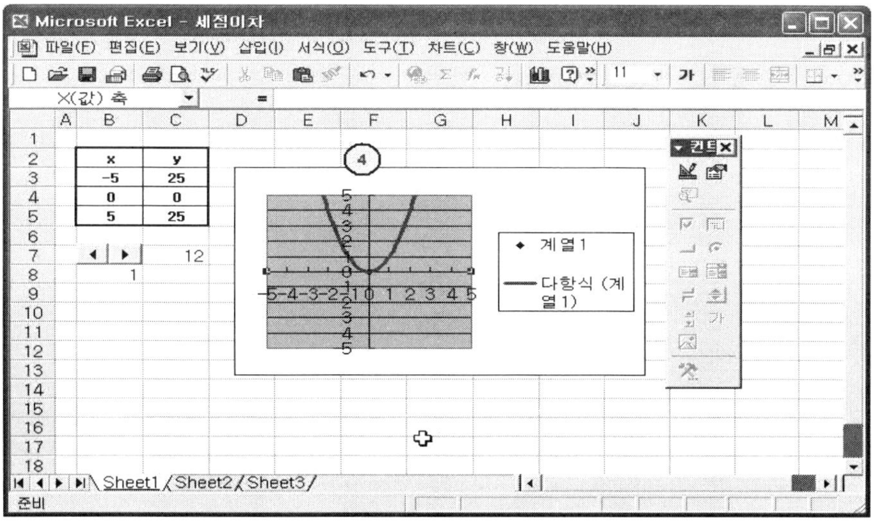

단계 (5) **그래프 크기, 차트 영역의 색, 눈금선 조정하기**

① 그래프 오른쪽에 있는 범례를 선택하여 지워버린다("Delete" 키를 눌러 지우면 된다).

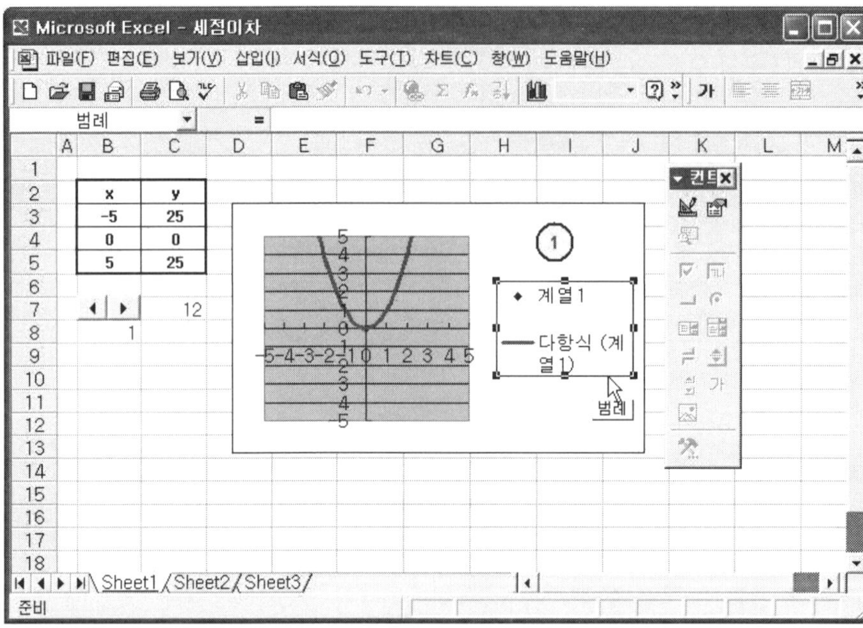

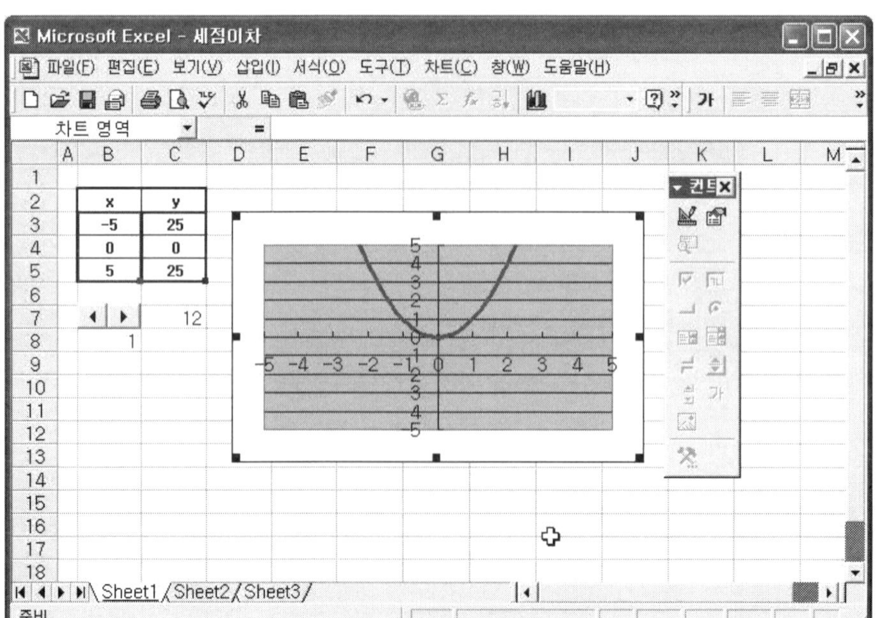

② "범례"를 지워버리면 전체 [차트 영역]에 그래프가 만들어지며, 이 때 사각 조절점을 이용하여 그래프의 크기를 조절하여 x축과 y축의 비율을 같게 맞추어 준다.

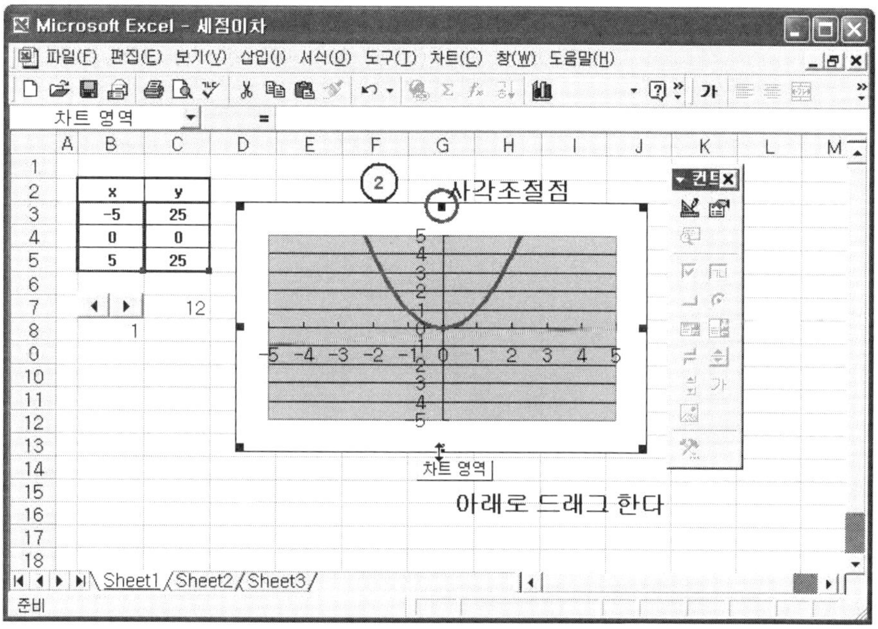

참고

위의 차트에서 확인할 수 있듯이 x축과 y축의 간격이 같지 않다. 대부분의 수학전용프로그램에서는 축 사이의 간격을 맞추어 줄 수 있는 명령어가 있지만 엑셀에서는 축 사이의 간격을 맞추어 줄 수 없다. 엑셀에서는 차트의 크기를 적당하게 조절하여 축 사이의 간격을 맞추어 주어야만 한다. 차트의 크기를 조정하려면 차트의 크기를 조절하는 사각조절점으로 사용하여야 한다. 위의 그림에서는 차트의 크기를 상하로 조절하면 된다.

③ 좌표평면의 색을 조정하기 위해서는 차트의 그림영역을 선택한 후 메뉴에서 [서식 ⇒ **선택한 그림 영역**]을 선택한다.

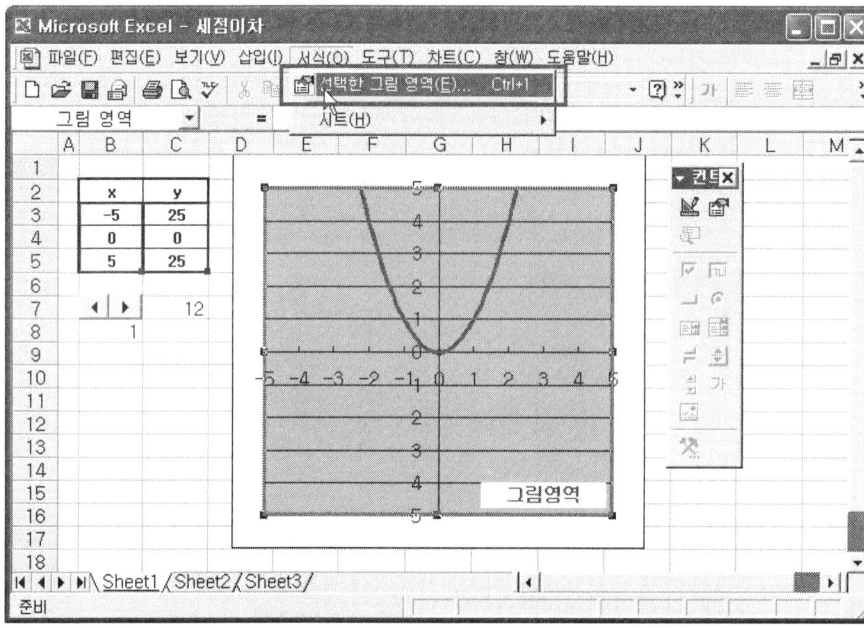

④ [**그림 영역 서식**] 대화상자에서 적당한 색을 선택하여 [**확인**]을 누르면 그림 영역에 색이 나타난다.

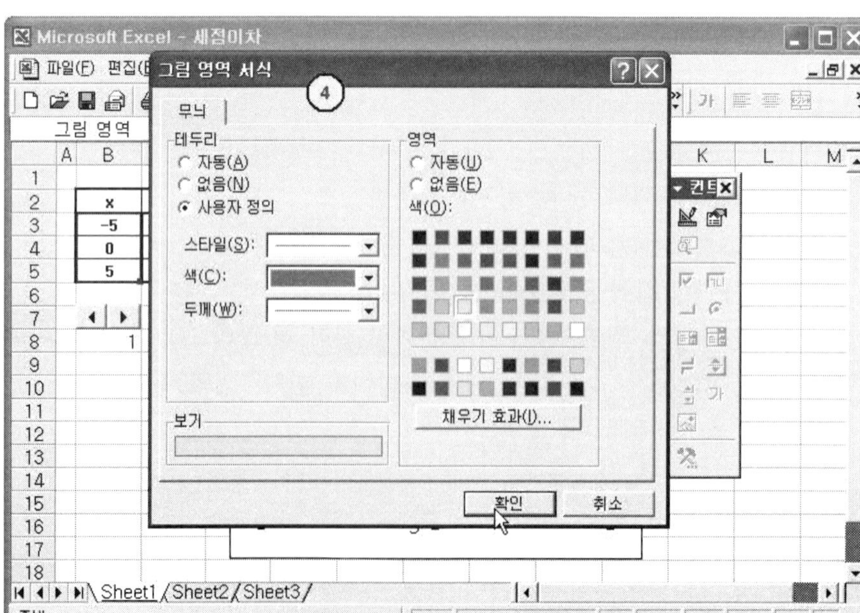

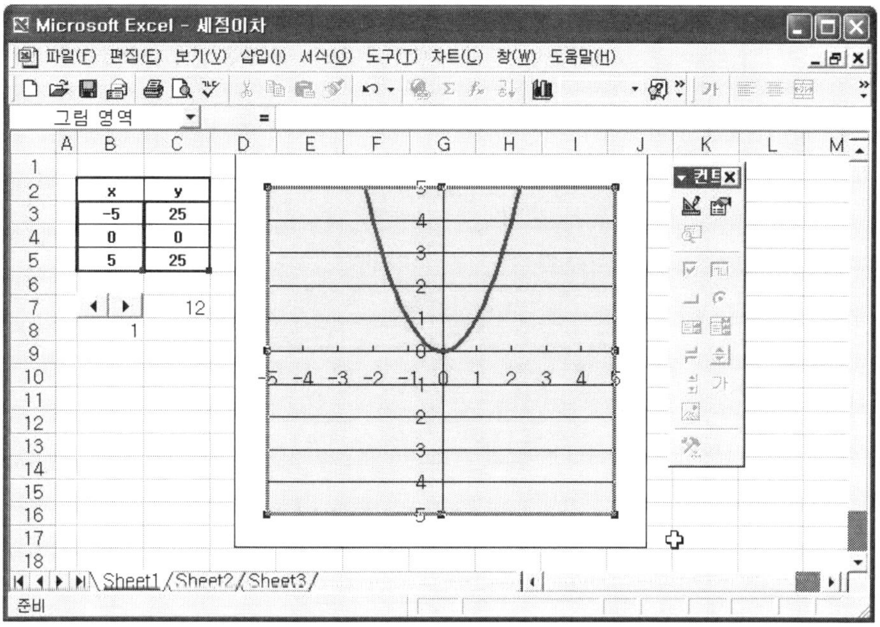

⑤ 위의 그림에서 y축에 수직인 눈금선은 있지만 x축에 수직인 눈금선이 없다. 눈금선을 전부 나타나게 하려면 차트영역을 선택한 뒤 메뉴에서 **[차트 ⇒ 차트 옵션]**을 선택한다.

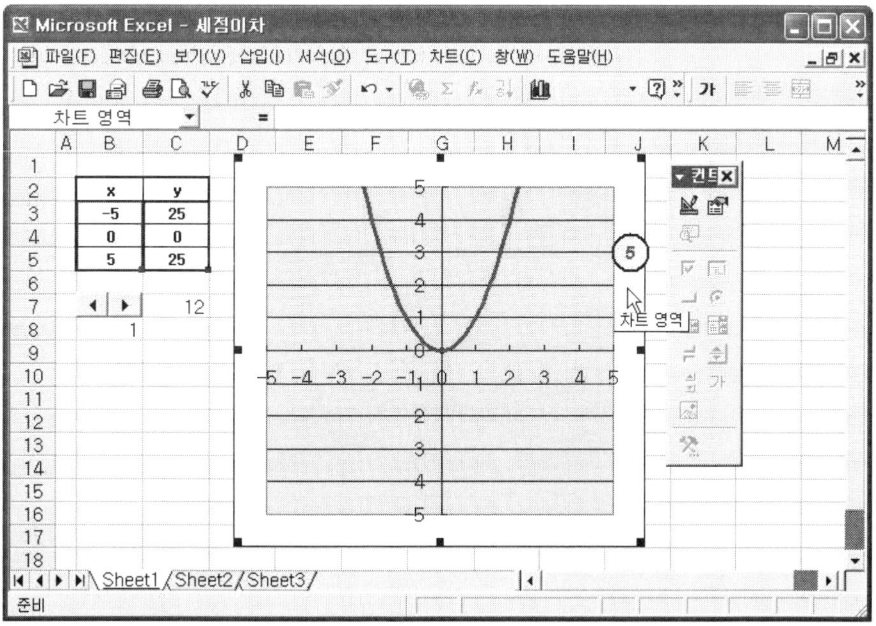

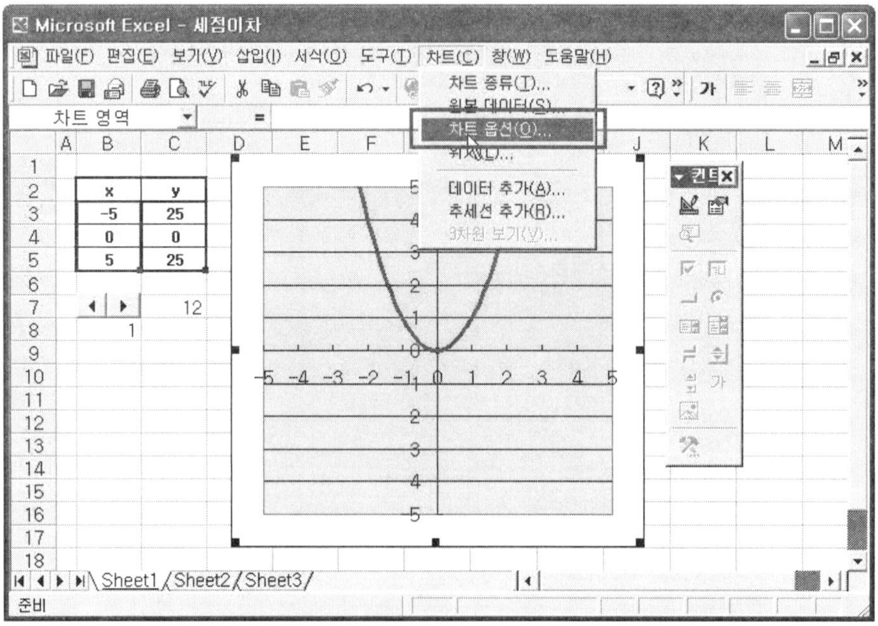

⑥ [차트 옵션] 대화상자에서 [눈금선] 탭을 선택하고, [주 눈금선]을 모두 체크(∨)하여 [확인]을 누르면 x축과 수직인 "눈금선"이 나타난다.

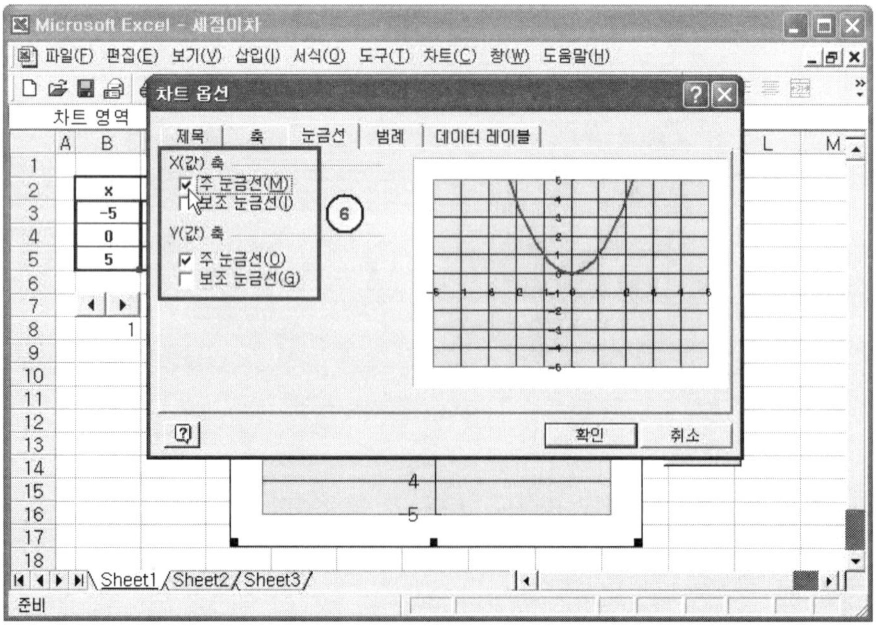

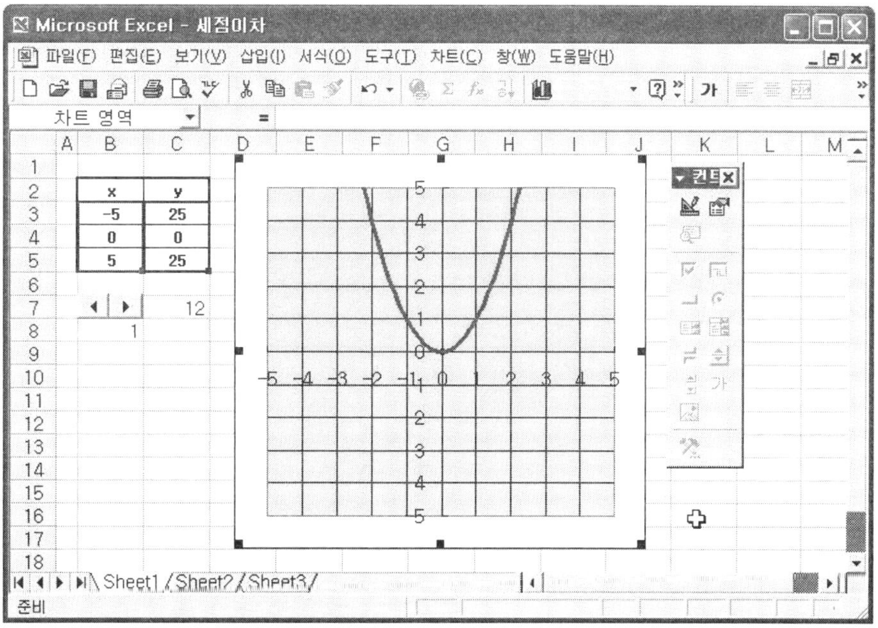

⑦ 눈금선의 모양을 점선으로 바꾸어 격자점을 표시할 수 있도록 하자. 먼저 눈금선을 선택한 뒤 메뉴에서 **[서식 ⇒ 선택한 눈금선]**을 선택한다.

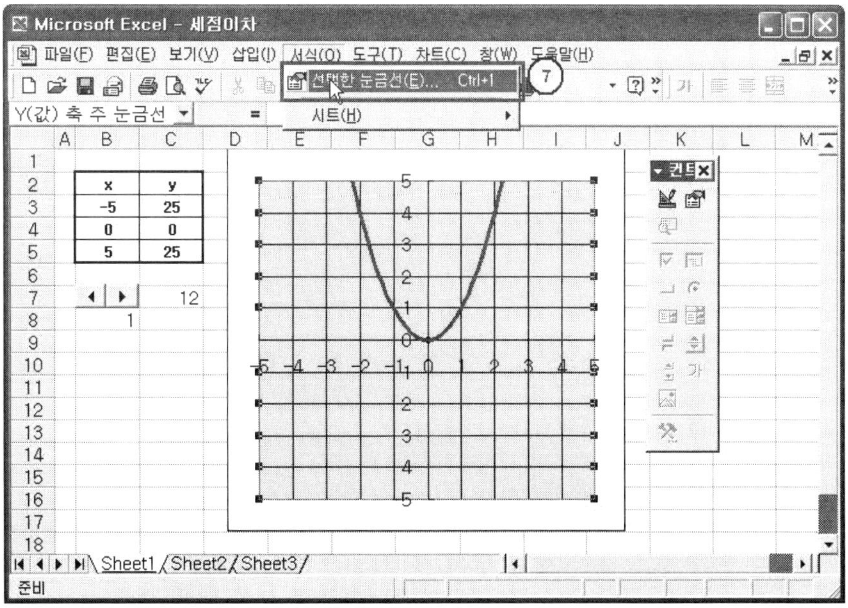

⑧ **[눈금선 서식]** 대화상자에서 **[스타일]**(점선), **[색]**, **[두께]** 등을 지정하고 **[확인]**을 누르면 y축과 수직인 눈금선의 모양이 결정된다.

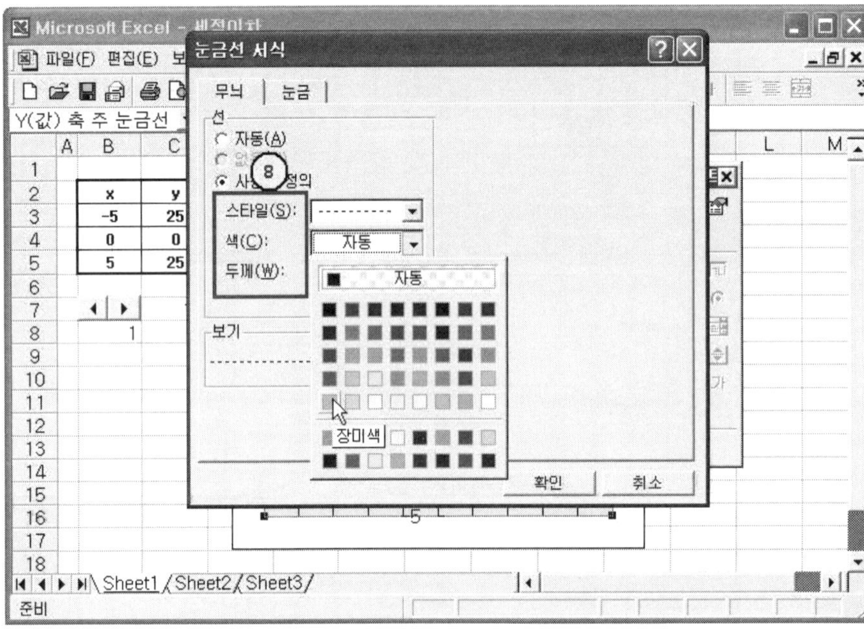

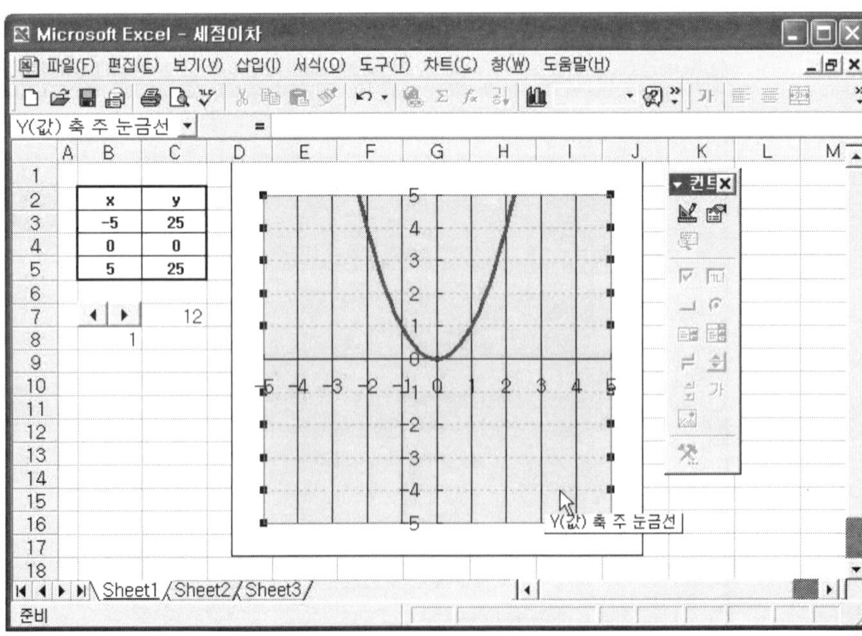

⑨ 같은 방법으로 x축과 수직인 눈금선의 모양을 결정하면 다음과 같은 차트가 완성된다.

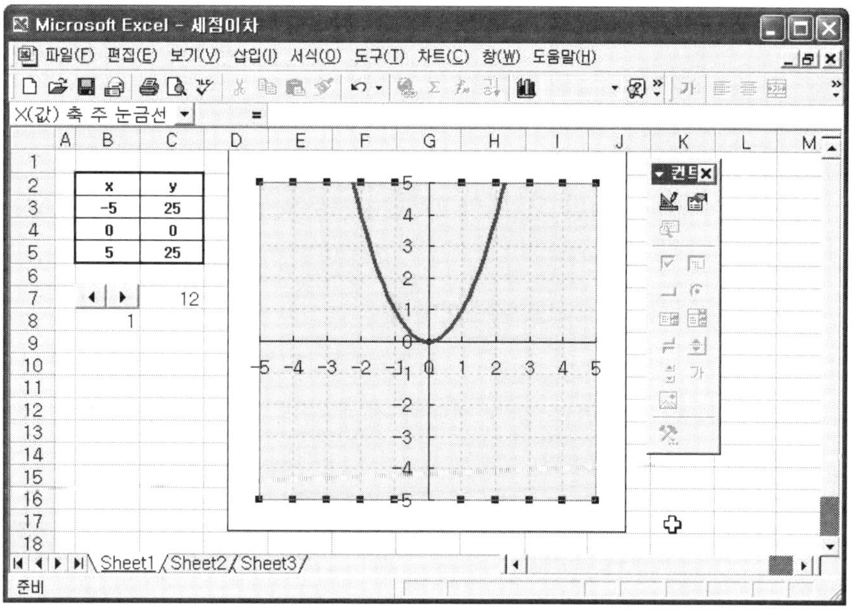

나의 노트

예제 1.1.3 예제 1.1.2에서 스핀단추를 이용하여 이차항의 계수 a값을 -5부터 5까지 0.5씩 변하도록 만들었다. 여기에서는 스크롤 막대를 이용하여 이차항의 계수의 값을 변하게 만들어보자. 스핀단추와 같은 방법으로 스크롤 막대를 만들면 된다.

풀이 아래에 제시된 5단계의 29개 지시문을 순서대로 따라해보자.

단계 (1) 스크롤 막대 만들기

① 다음 화면과 같이 적당한 셀에 그래프가 통과하게 되는 세 점의 x좌표를 나타내어보자.

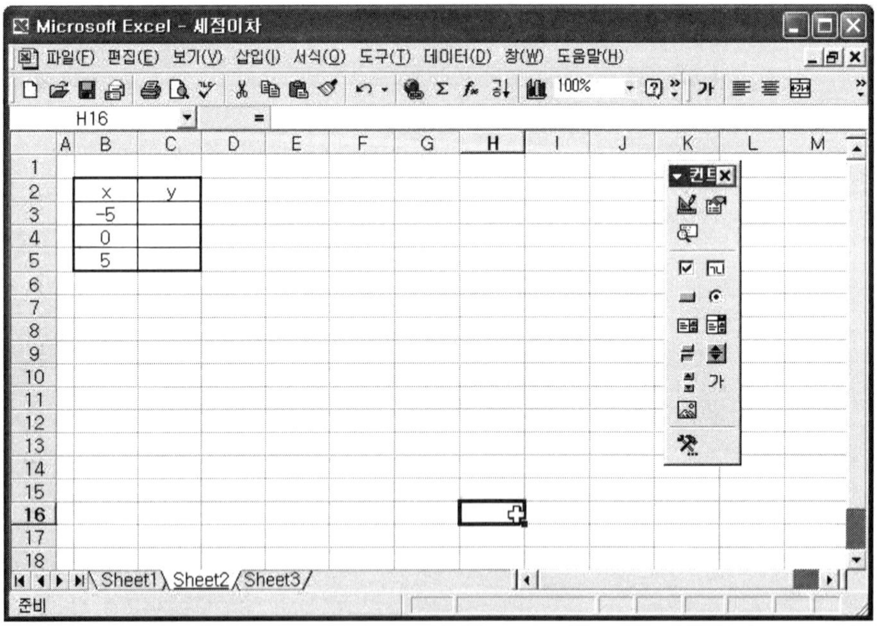

② [컨트롤] 도구 상자에서 "스크롤 막대"를 선택하고 임의의 셀에 만들자.

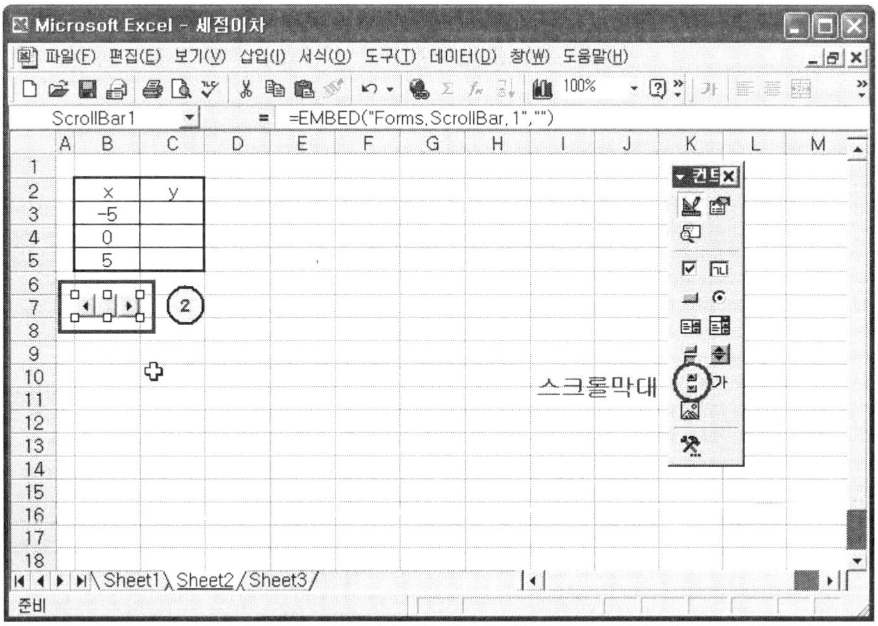

③ "스크롤 막대"의 속성을 부여하기위해 [컨트롤] 도구 상자의 [속성] 단추를 누르자.

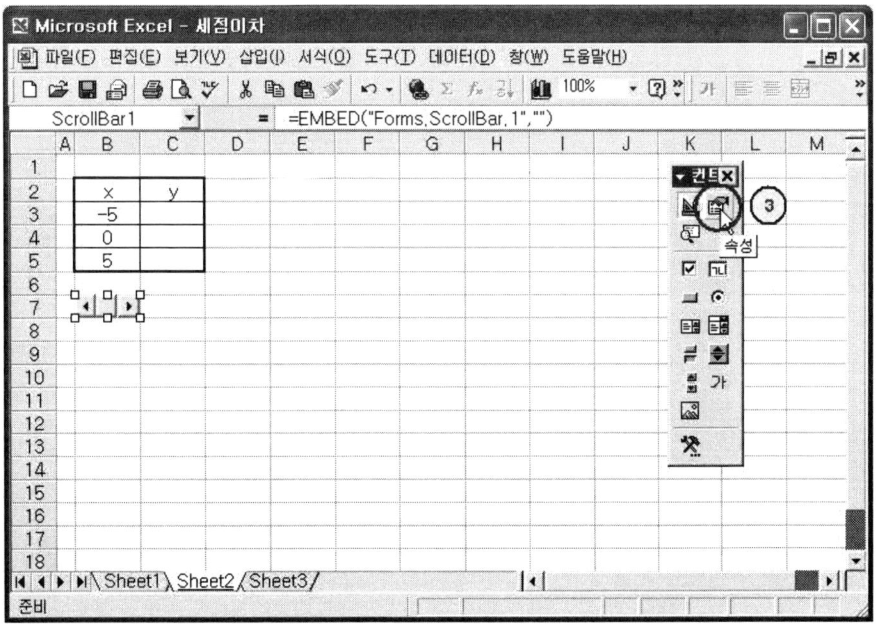

④ [속성] 대화상자에서 "스크롤 막대"의 속성을 다음과 같이 지정하자.

속성	LinkedCell	Max	Min	SmallChange	LargeChange
값	AA7	100	0	5	10

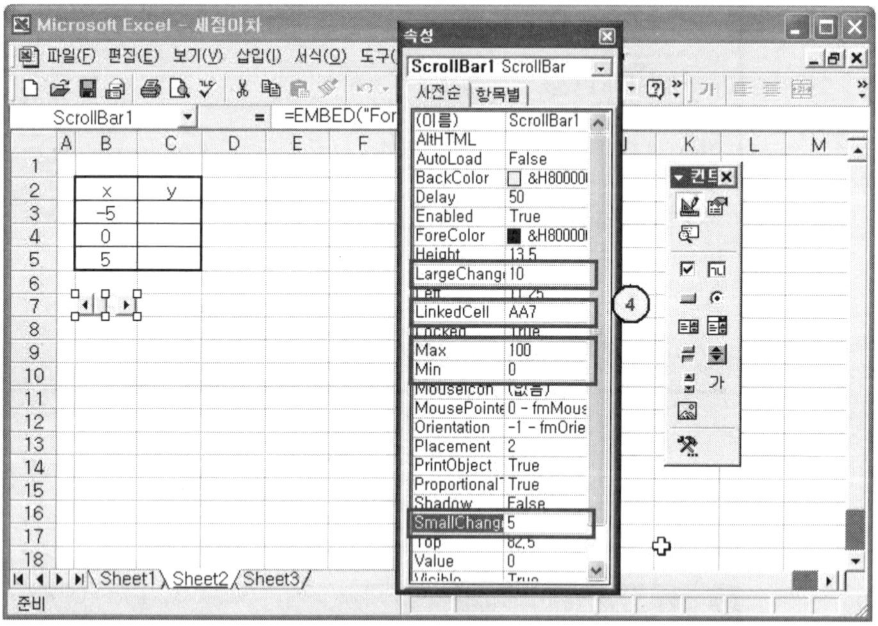

참고

위의 속성들은 "스핀단추"에서 사용했던 것들이다. 스핀단추와 차이점은 속성중에 LargeChange가 스크롤 막대에 새롭게 나타난다는 것이다. 말 그대로 값이 변하는 큰 양을 뜻한다.

⑤ **[컨트롤]** 도구 상자에서 **[디자인 모드 끝내기]** 단추를 누른 뒤 셀 C7에 수식 『=(AA7-50)/10』을 입력하면 "스크롤 막대"를 누를 때마다 −5부터 5까지 0.5씩 바뀌는 것을 확인할 수 있다.

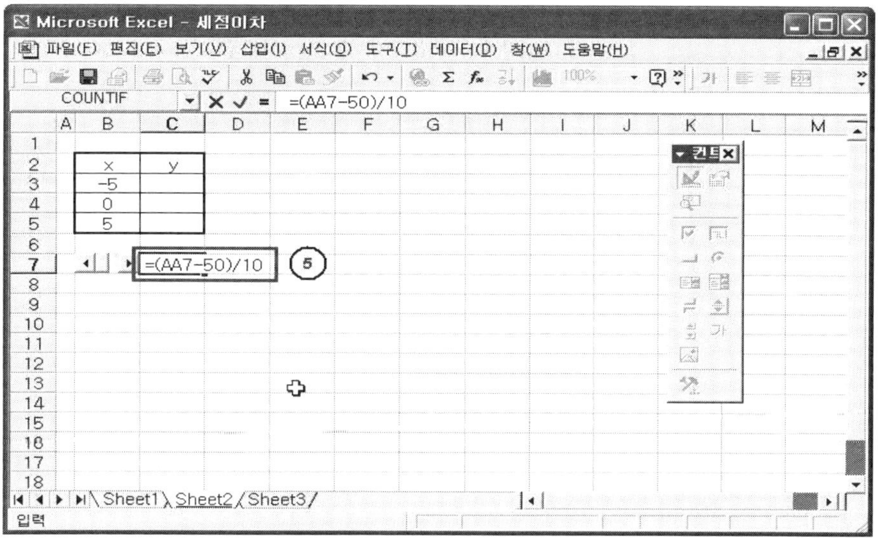

단계 (2) 셀의 이름 정의하기

예제 1.1.2에서는 스핀단추에 의해 만들어진 이차항의 계수 a값을 그대로 사용하였는데 여기서는 셀의 값에 이름을 부여하여 이차항의 계수로 사용하자.

① 셀 C7을 선택하고 메뉴에서 **[삽입 ⇒ 이름 ⇒ 정의]**를 선택하자.

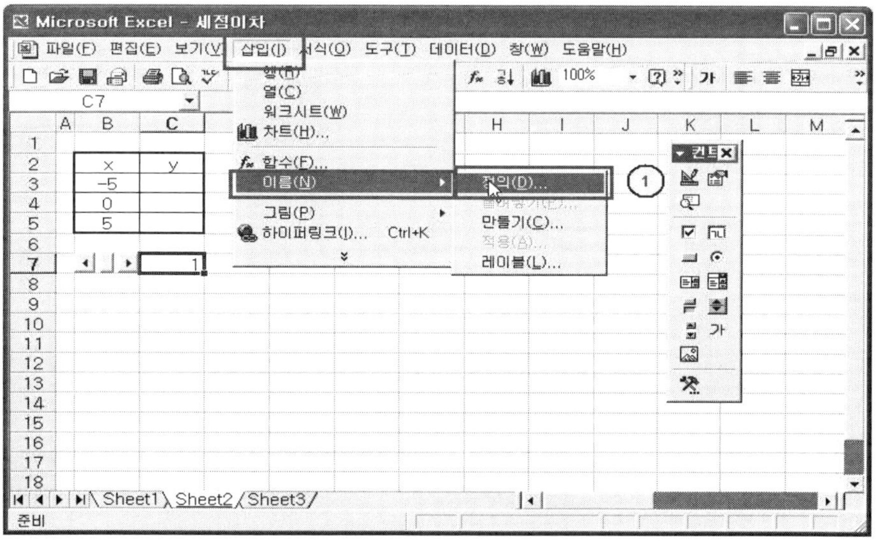

② [이름 정의] 대화상자에서 정의된 이름을 "vala"로 하여 확인을 누른다(대화상자의 아래 부분에 참조가 있다. 이곳을 보면 "Sheet2!$C$7"의 셀을 나타내는 것을 확인할 수 있다).

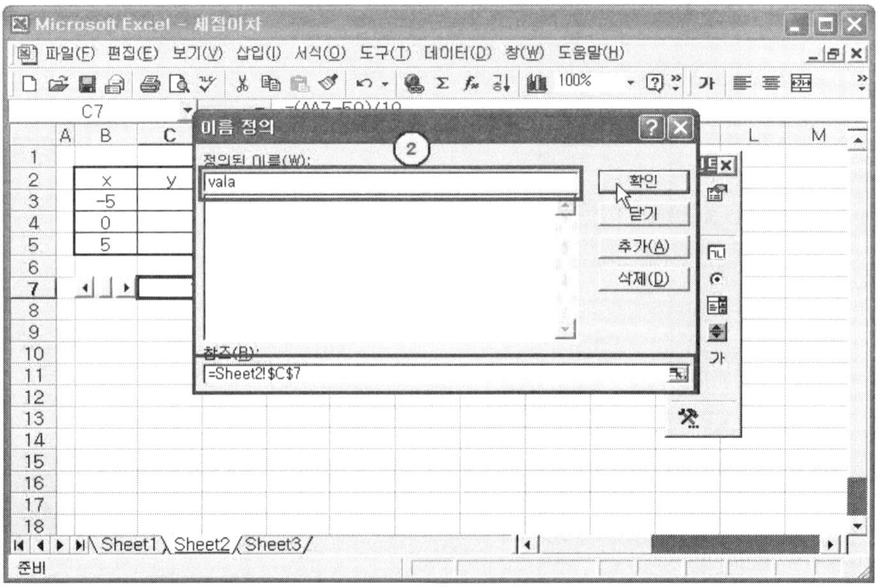

③ 셀 C7이 선택된 상태에서 이름상자를 보면 셀 C7이 "vala"라는 이름이 정의된 것을 확인할 수 있다.

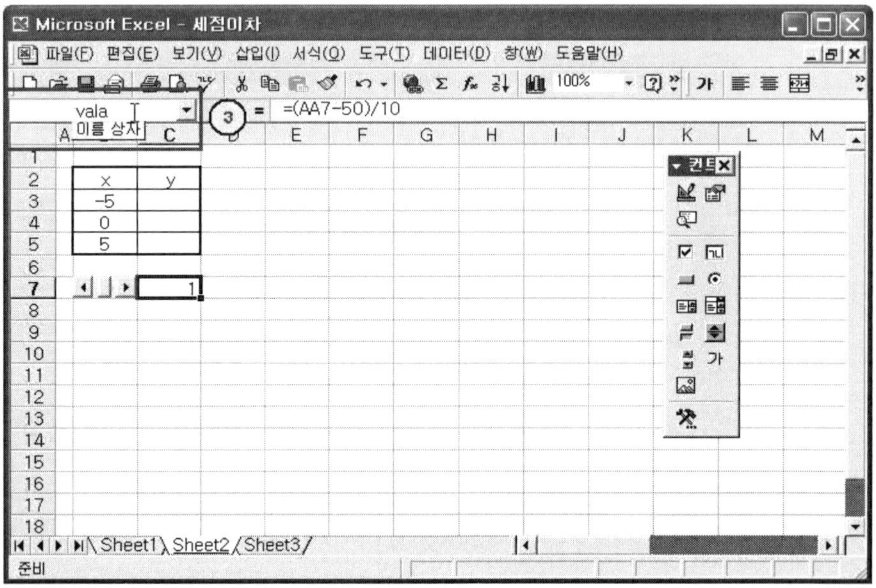

단계 (3) 함수값 만들기

① x값이 -5일 때, 함수값 y를 나타내기 위해 셀 C3에 수식 『=vala*B3^2』을 입력한다.

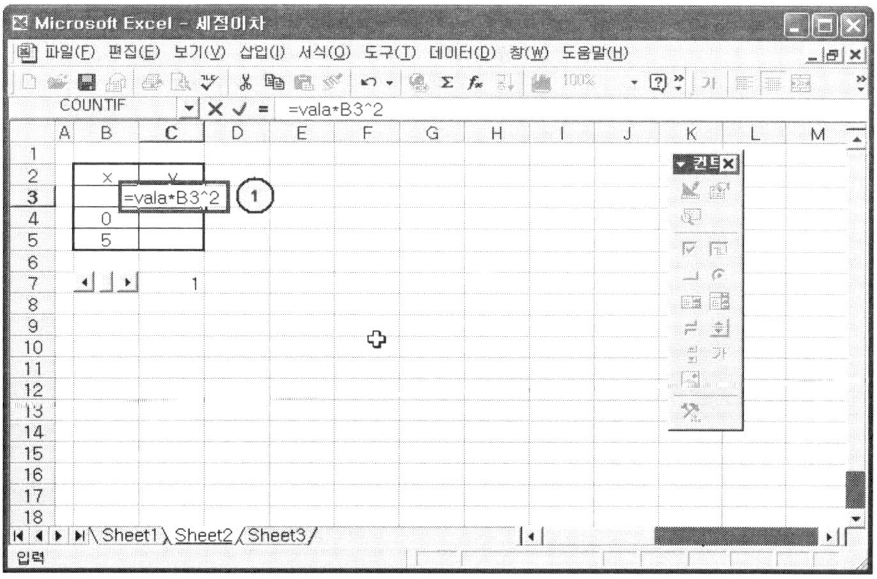

② x값이 0, 5일 때, 함수값 y을 얻기 위해 셀 C4, C5에 수식 『=vala*B4^2』, 『=vala*B5^2』을 각각 입력하면 된다. 하지만, 셀 C7의 값에 이름을 정의한 목적은 셀 C3의 수식을 복사를 하여 셀 C4, C5에 동일한 수식을 붙여넣기를 하려고 한 것이다. 셀 C3에 입력한 수식을 복사하여 셀 C4, C5에 동일한 수식을 붙여넣기하기 위해서 **[채우기 핸들]**에 마우스 포인트를 갖다대면 마우스 포인트가 +모양으로 바뀌며 마우스 왼쪽버튼을 누른 상태에서 셀 C5까지 드래그하면 동일한 수식을 복사할 수 있다.

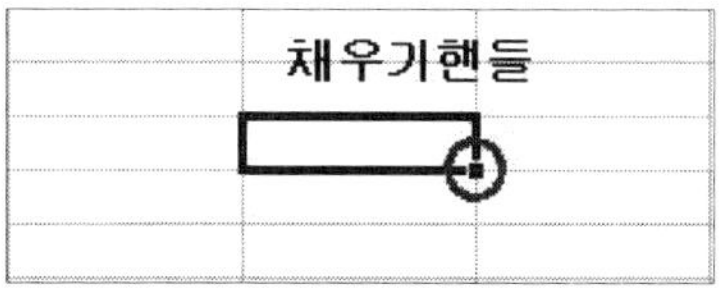

Tip "채우기 핸들"은 하나의 셀을 선택하면 선택된 셀의 오른쪽 아래에 정사각형 모양으로 나타난다. 채우기 핸들을 드래그하면 주어진 셀에 있는 모든 것을 복사하여 준다. 셀의 서식, 색, 테두리 등 모든 것을 복사하여 준다.

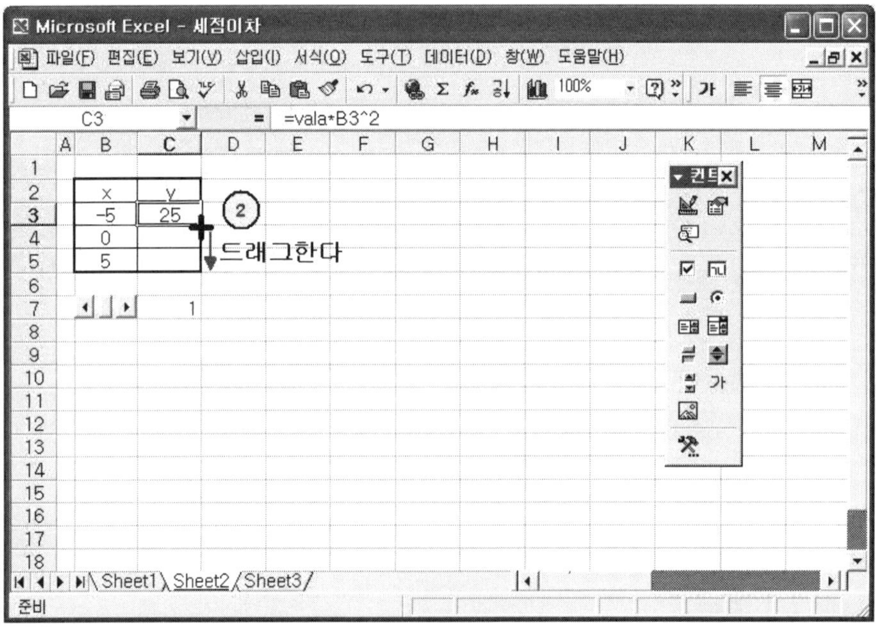
Microsoft Excel - 세점이차
C3
=vala*B3^2
x
y
-5
25
0
5
②
드래그한다
1
Sheet1
Sheet2
Sheet3
준비

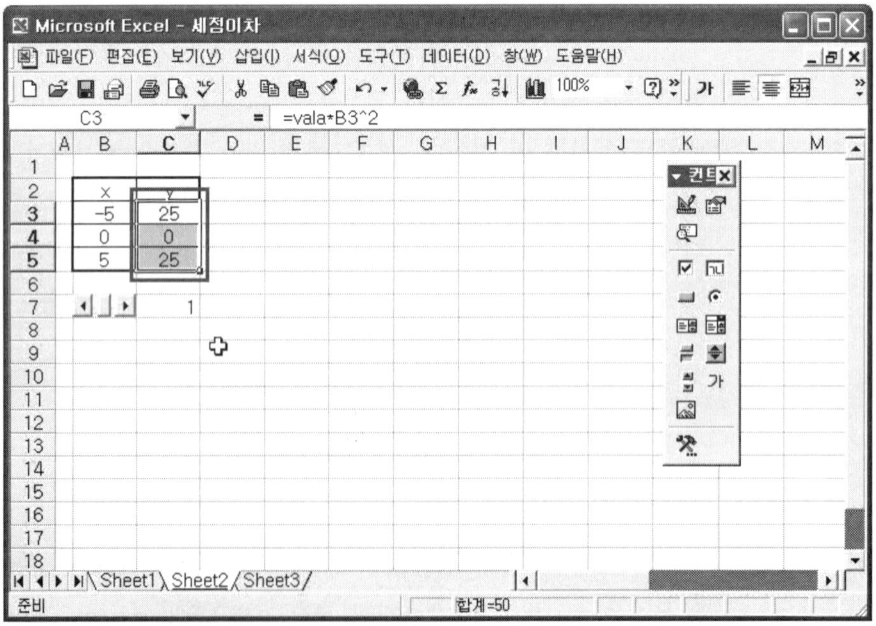
Microsoft Excel - 세점이차
C3
=vala*B3^2
x
y
-5
25
0
0
5
25
1
Sheet1
Sheet2
Sheet3
준비
합계=50

단계 (4) 함수의 그래프 만들기

① 지나는 세 좌표를 드래그하여 선택한 후 표준도구모음의 **[차트 마법사]**를 선택하자.

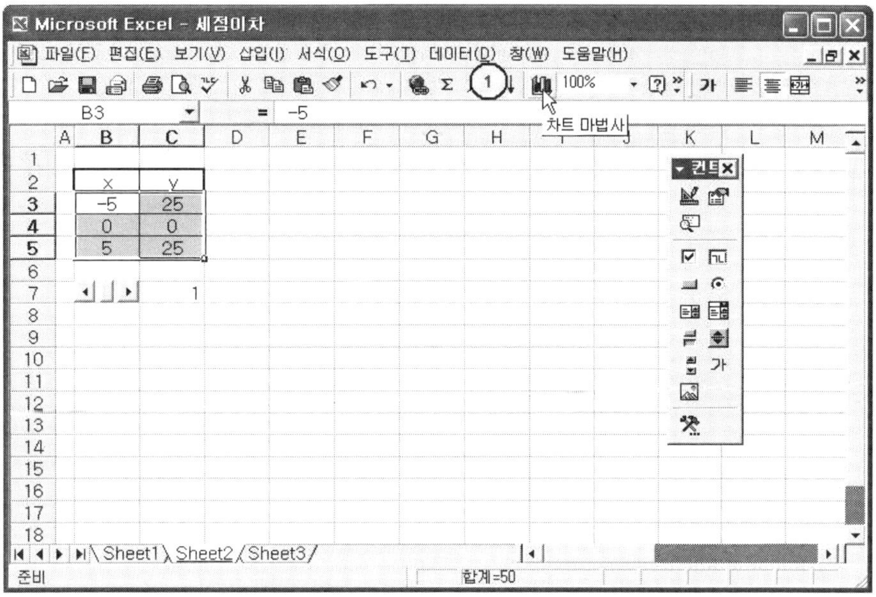

② **[차트 마법사]**에서 **[분산형]**을 선택하고 [마침]을 누르자.

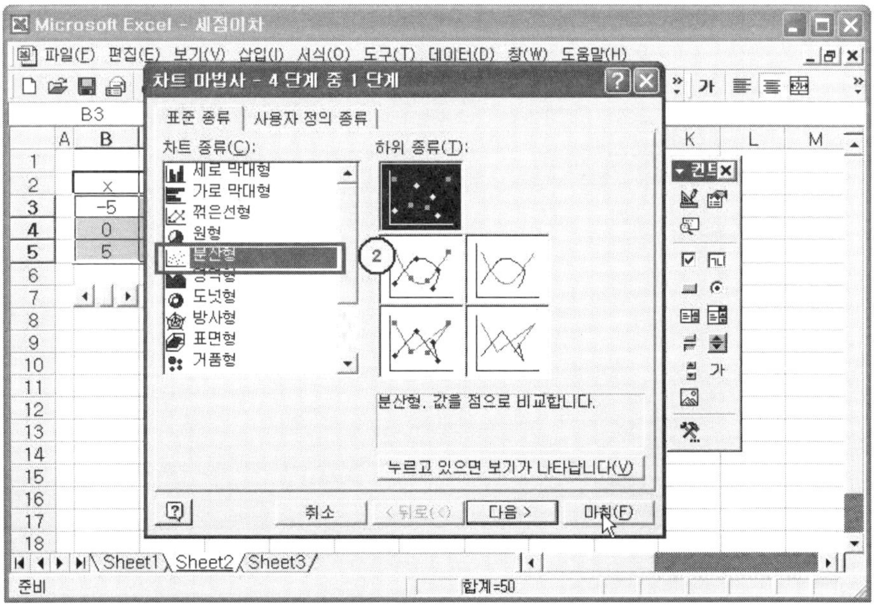

③ 다음과 같은 세 좌표가 주어진 차트가 완성된다.

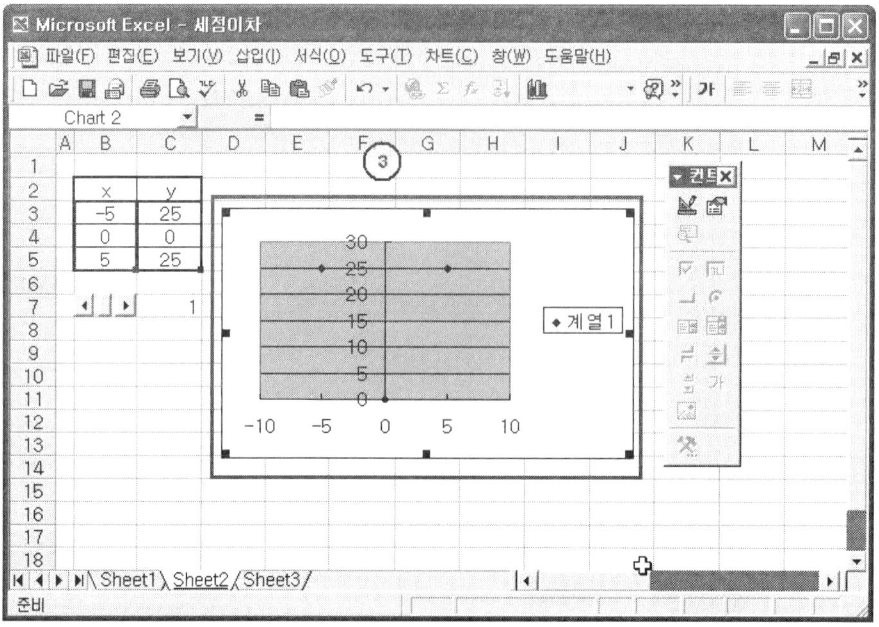

④ 임의의 세 점 중 한 점을 선택하고 메뉴에서 **[차트 ⇒ 추세선 추가]**를 선택한다.

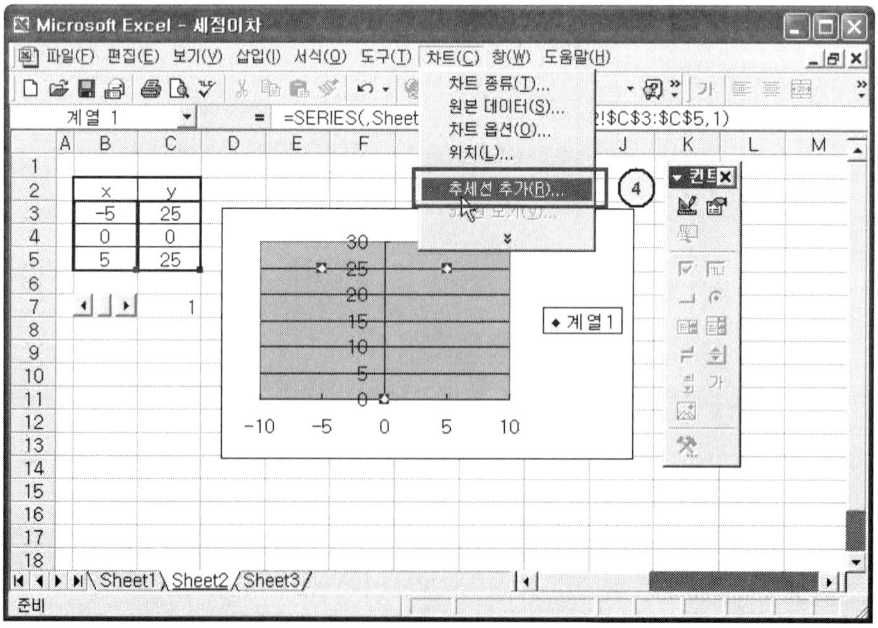

⑤ [추세선] 대화상자에서 [다항식], 차수는 "2"로 선택하면 이차함수의 그래프가 주어진다.

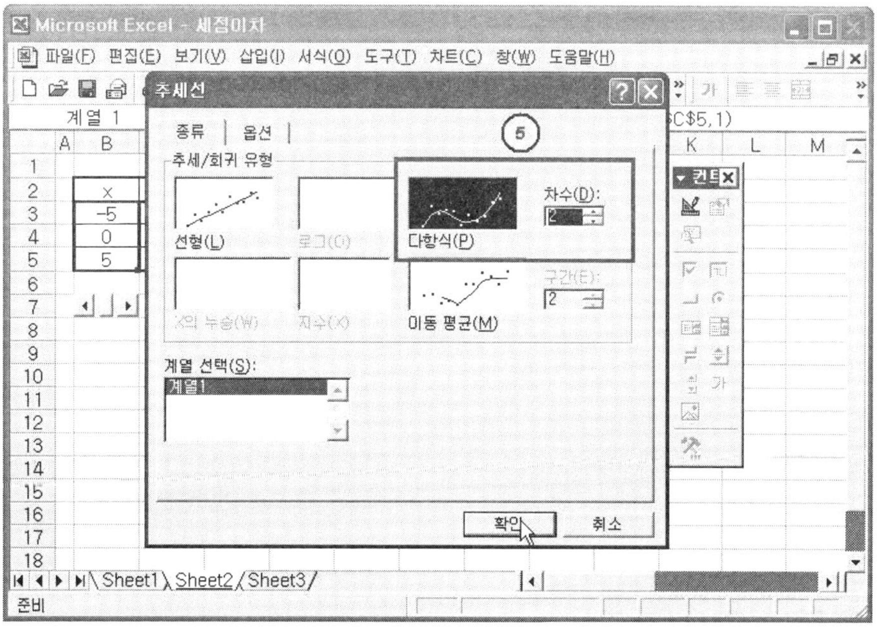

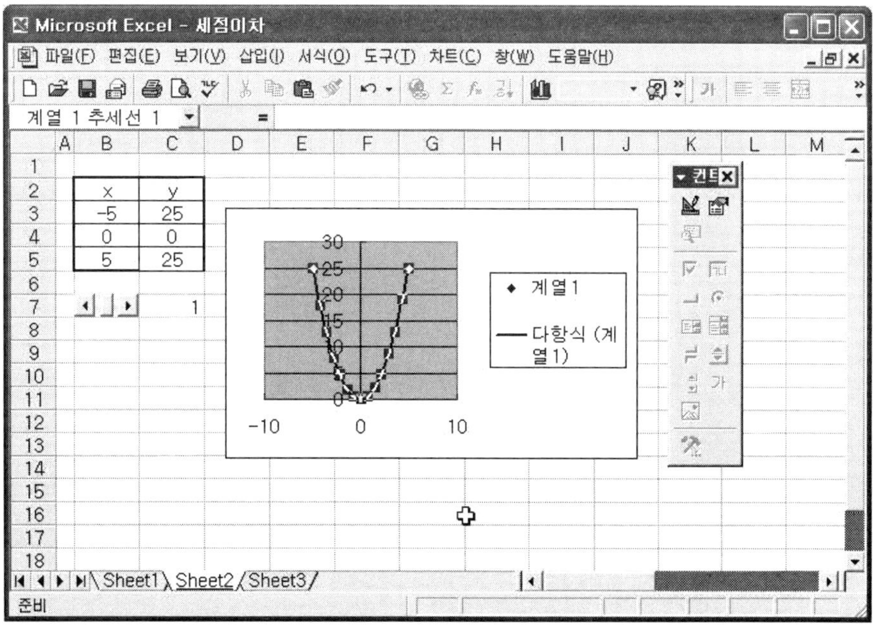

⑥ "x축"을 선택하고 메뉴에서 **[서식 ⇒ 선택한 축]**을 선택한다.

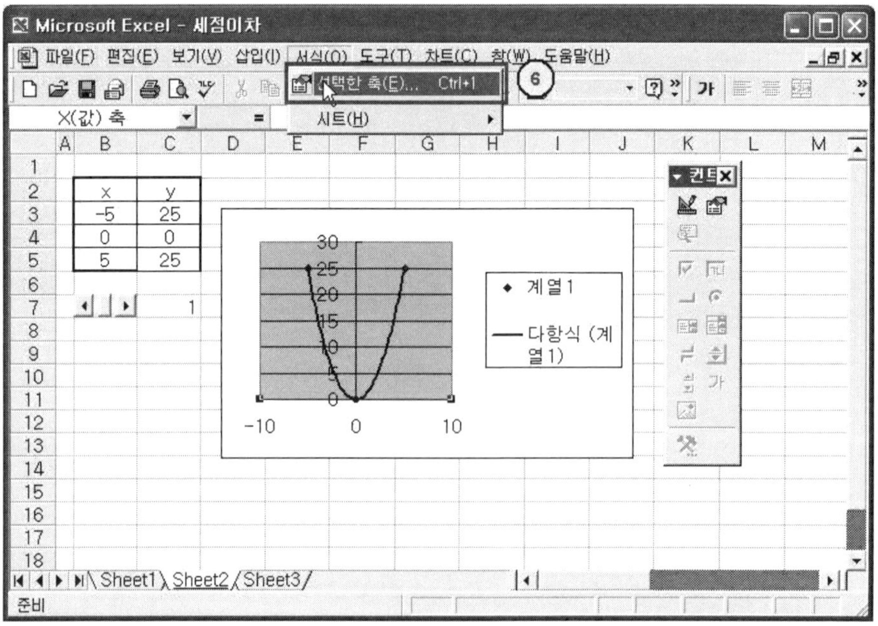

⑦ x축의 범위를 -5부터 5까지 지정하고 **[확인]**을 누르면 아래와 같은 그래프가 나타난다.

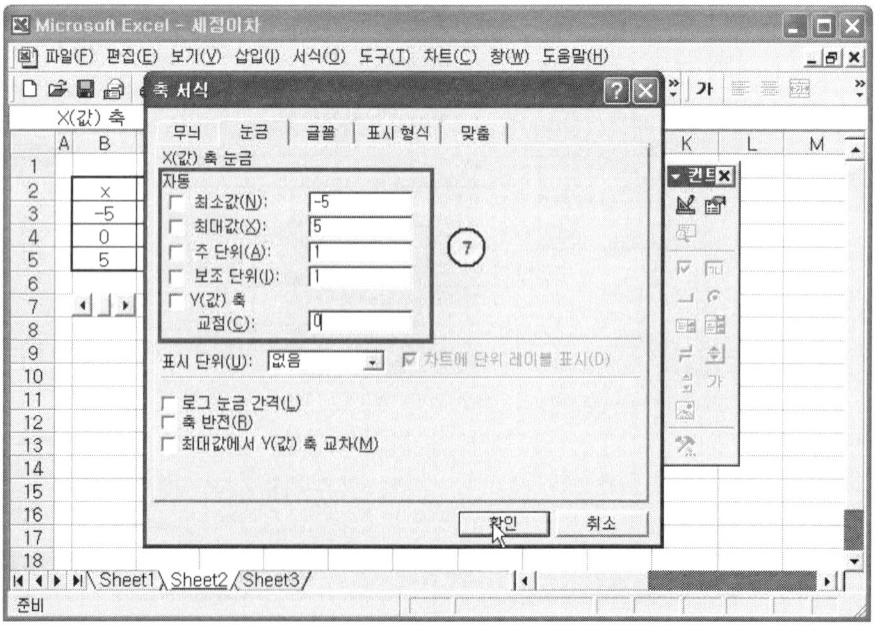

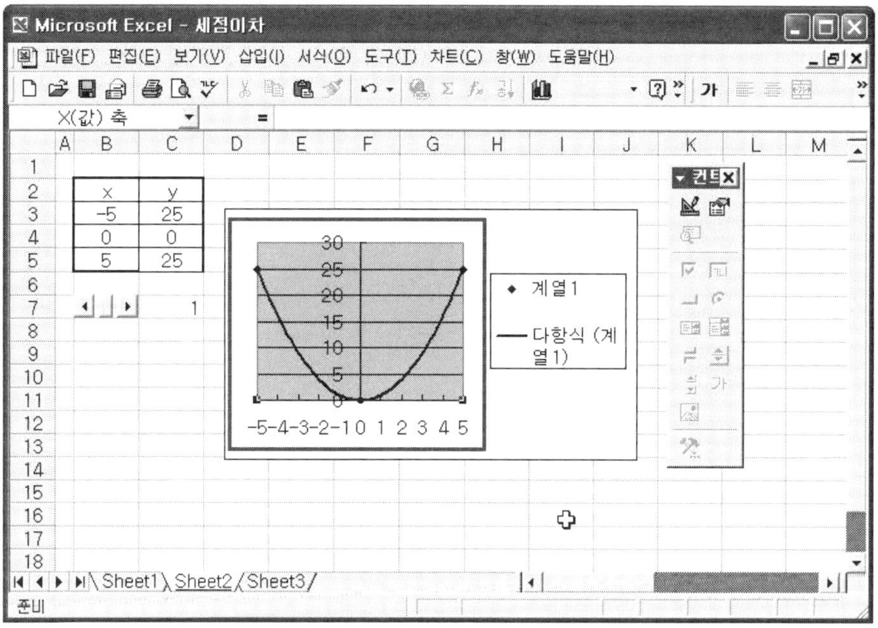

⑧ y축의 범위도 -5부터 5까지 지정하면 다음과 같은 이차함수의 그래프가 나타난다.

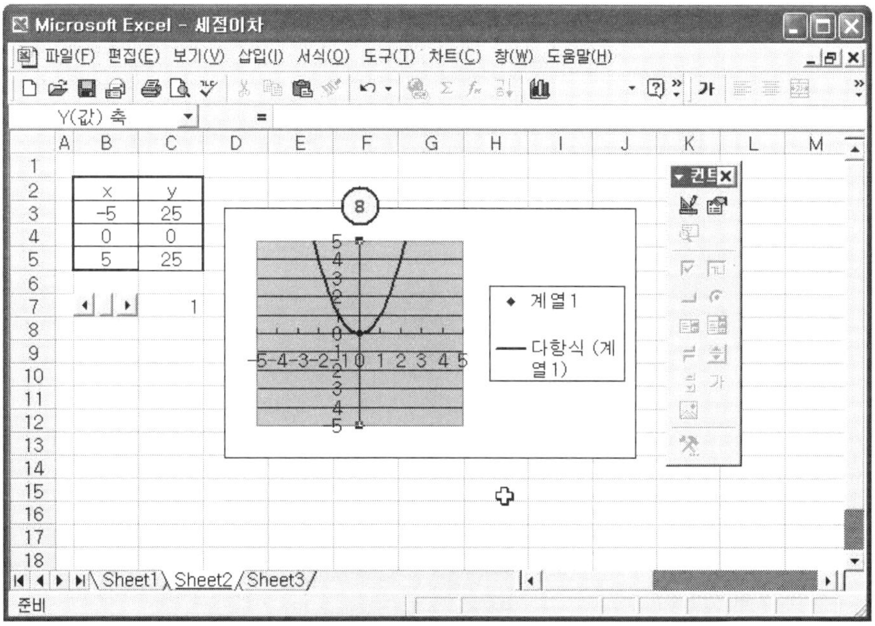

⑨ "범례"를 지우고 차트의 크기를 적당하게 조절하여 이차함수의 그래프를 나타내면 다음과 같다.

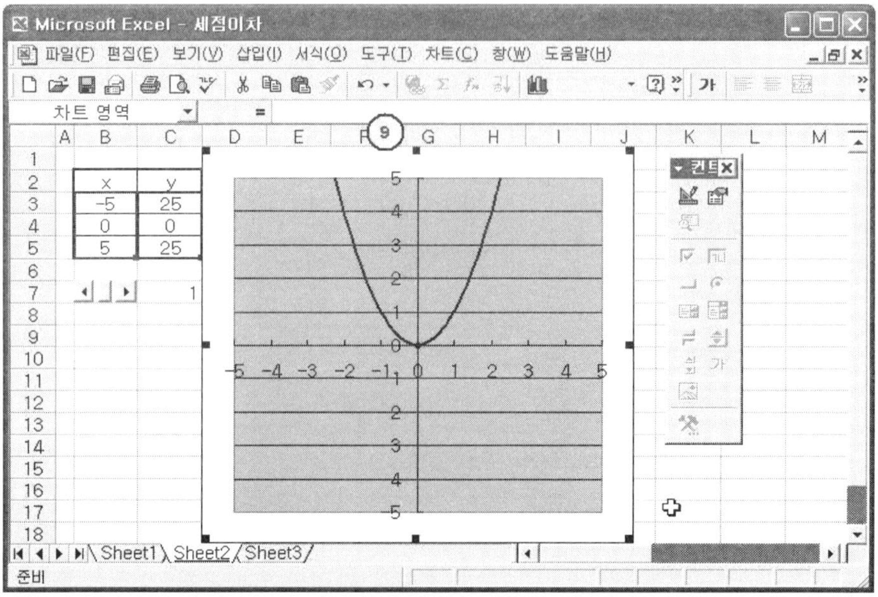

단계 (5) 차트 다듬기

① 차트의 그림영역을 선택하고 메뉴에서 [서식 ⇒ 선택한 그림 영역]을 선택한다.

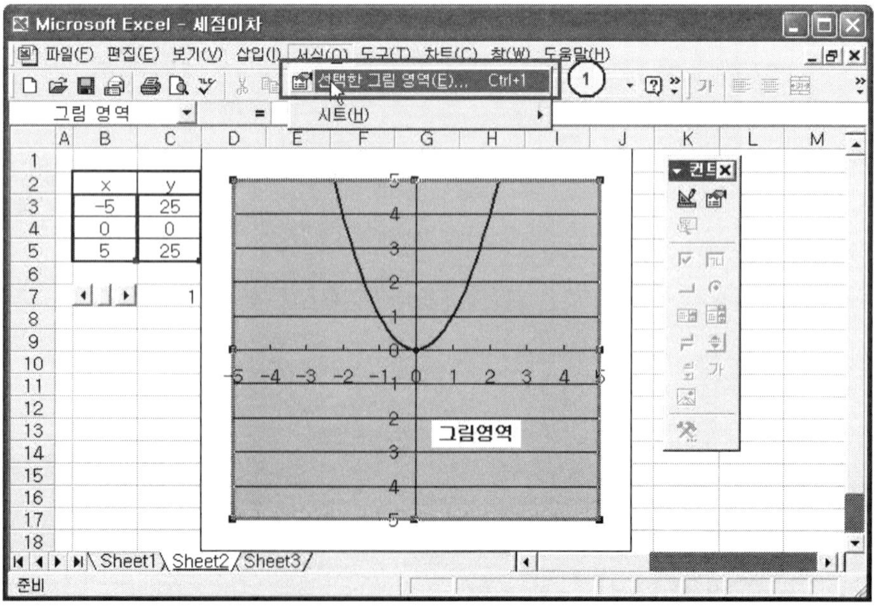

② [그림 영역 서식] 대화상자에서 영역의 [색]을 임의로 선택하면 그림영역에 색이 칠해진다.

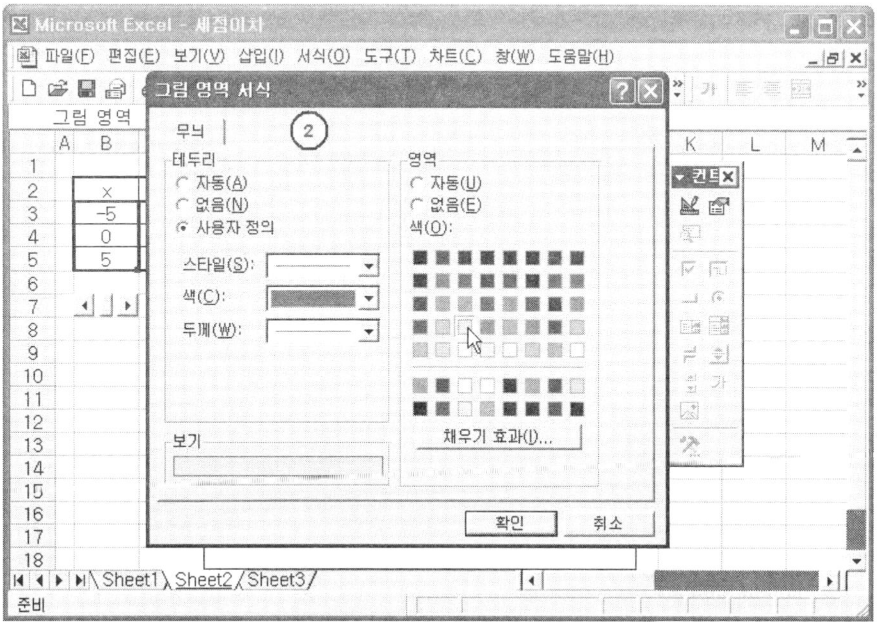

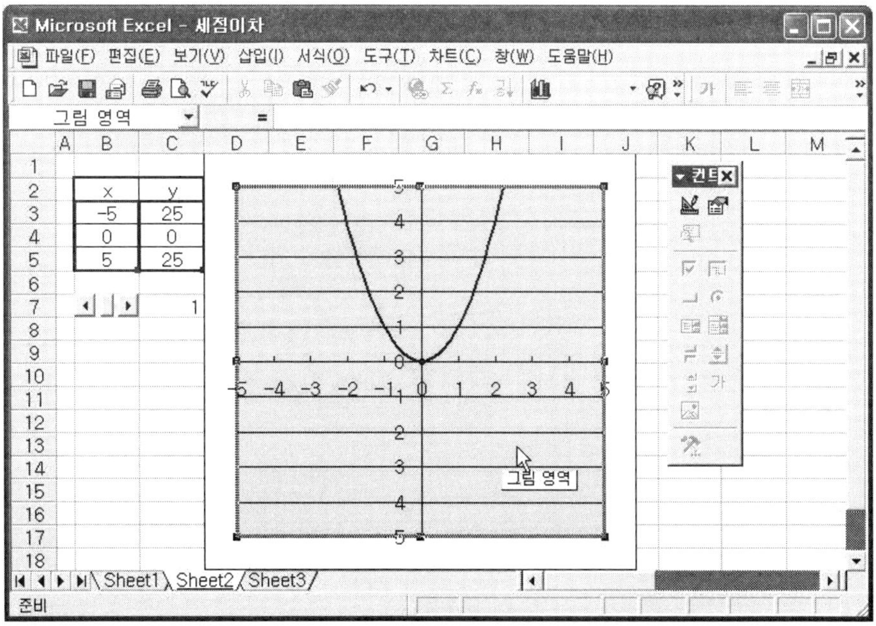

③ 좌표축의 눈금 서식을 조금 바꾸어 보자. 먼저, x 좌표축을 선택한 다음 메뉴에서 **[서식 ⇒ 선택한 축]**을 선택한다.

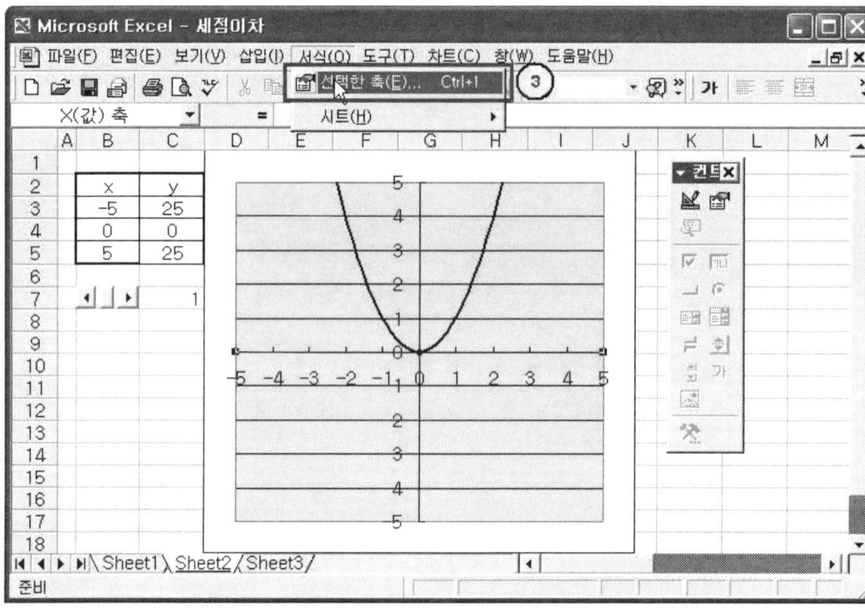

④ **[축 서식]** 대화상자에서 **[무늬]** 탭에서 축의 **[두께]**를 조금 두껍게 하고, **[주 눈금]**은 “교차”로 지정하자.

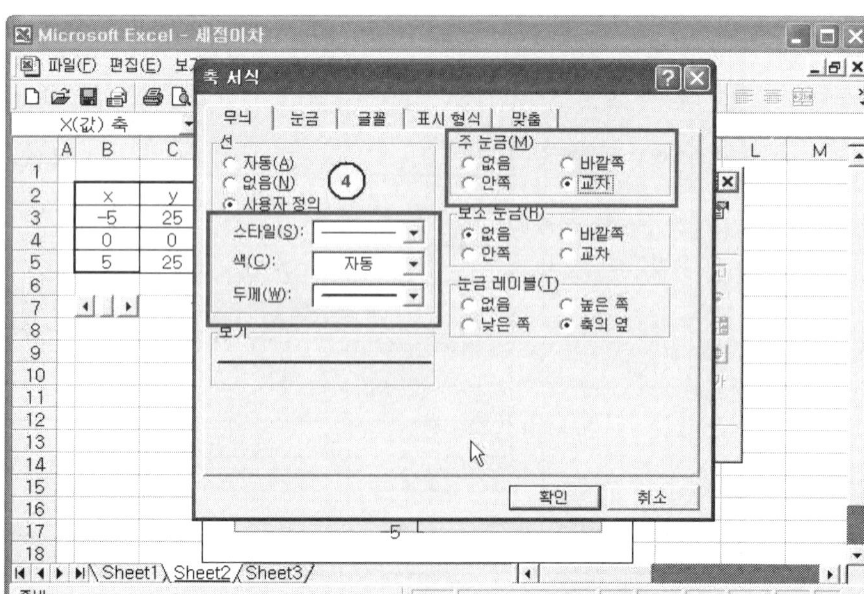

[글꼴] 탭에서 축에 주어진 숫자에 대한 서식을 결정하면 x축 서식이 완성된 다음과 같은 차트가 만들어진다.

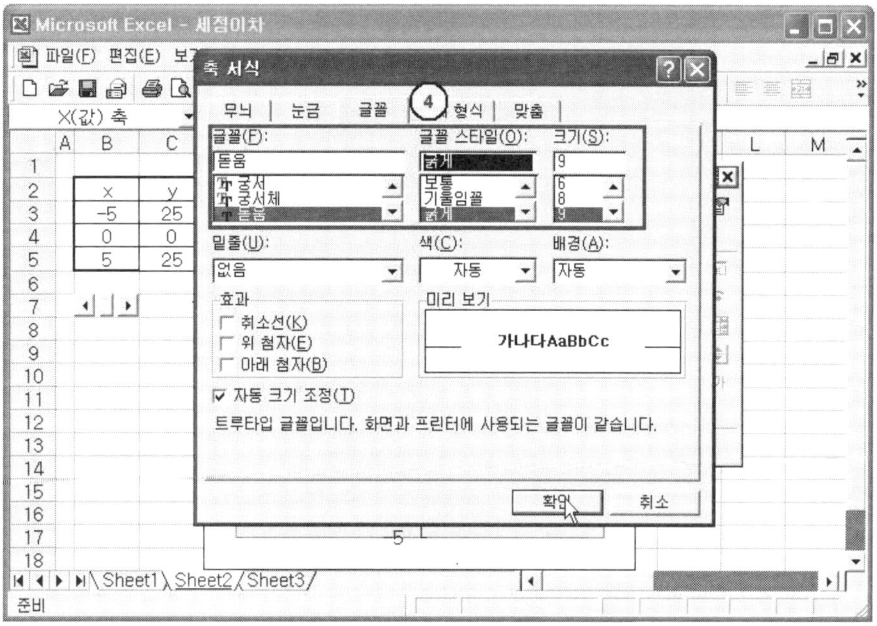

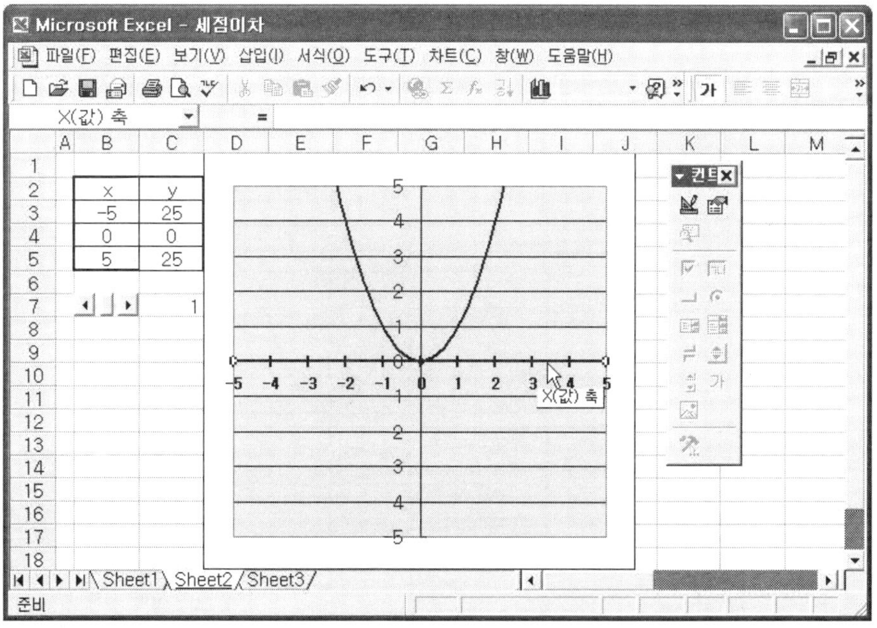

⑤ 같은 방법으로 y축의 서식을 지정하면 다음과 같은 그래프가 완성된다.

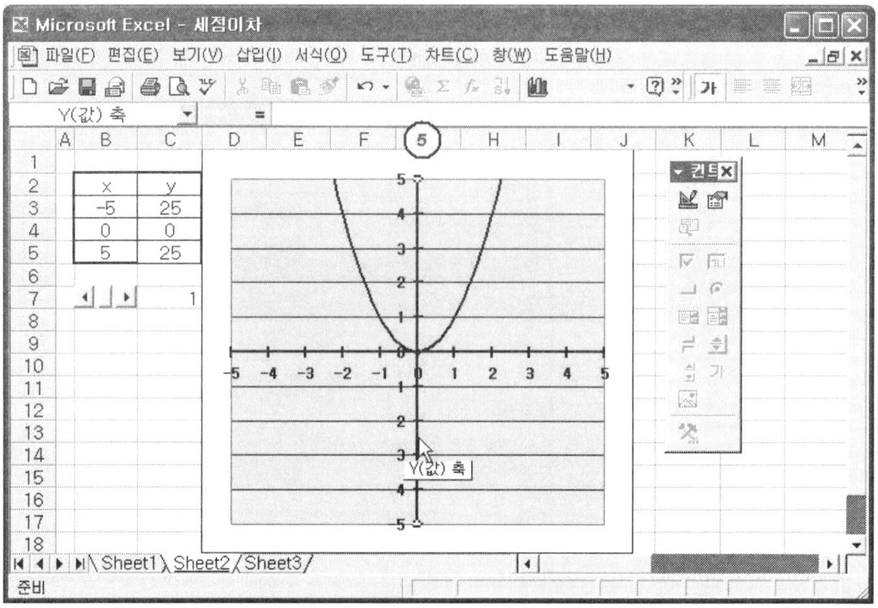

⑥ 위의 그림에서 y축에 수직인 눈금선은 있지만 x축에 수직인 눈금선이 없다. "눈금선"이 전부 나타나게 하자. 먼저 차트영역을 선택한 뒤 메뉴에서 [**차트** ⇒ **차트 옵션**]을 선택한다.

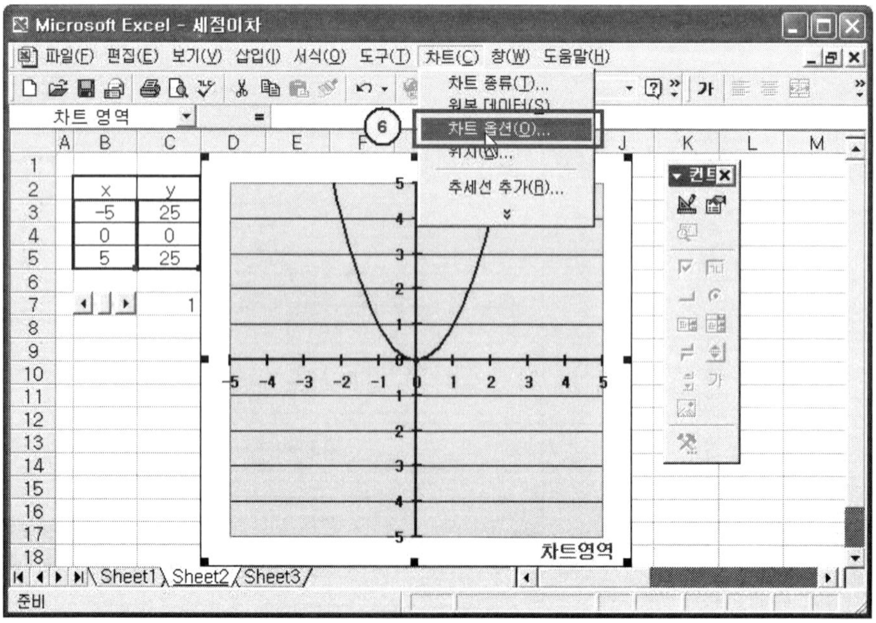

⑦ **[차트 옵션]** 대화상자에서 **[눈금선]** 탭의 **[주 눈금선]**을 모두 선택하여 **[확인]**을 누르면 x축과 수직인 눈금선이 나타난다.

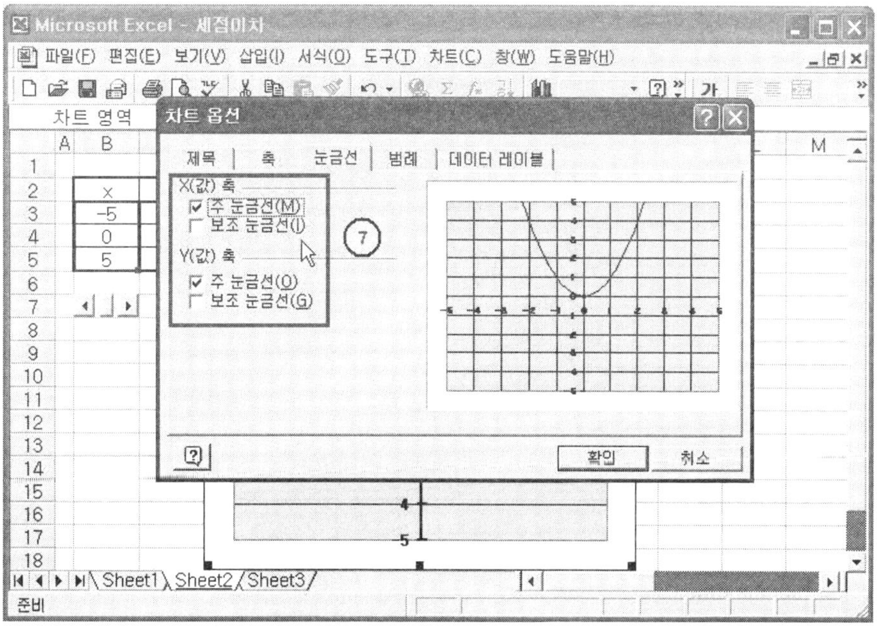

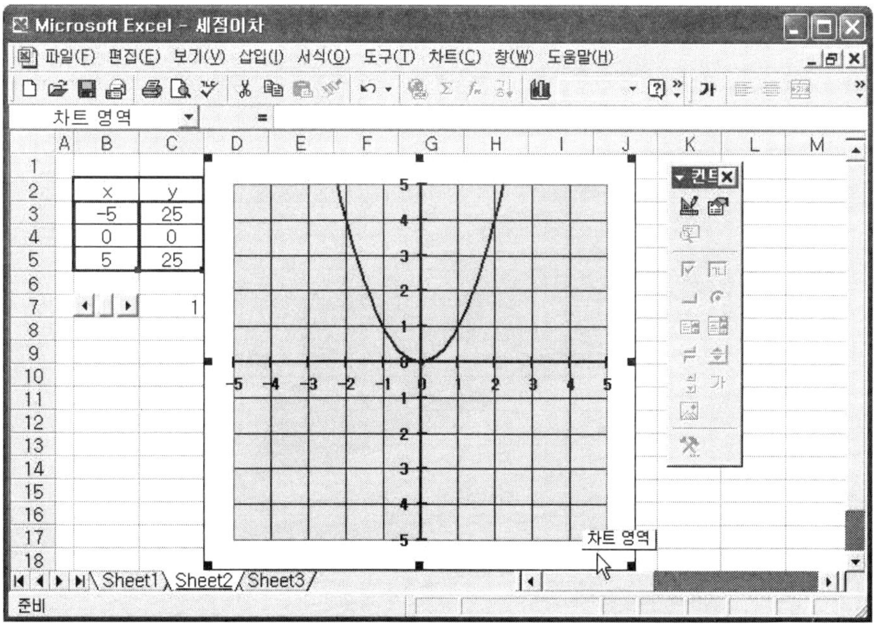

⑧ 눈금선의 모양을 바꾸어보자. 먼저 x축에 수직인 눈금선을 선택하고 메뉴에서 [**서식** ⇒ **선택한 눈금선**]을 선택한다.

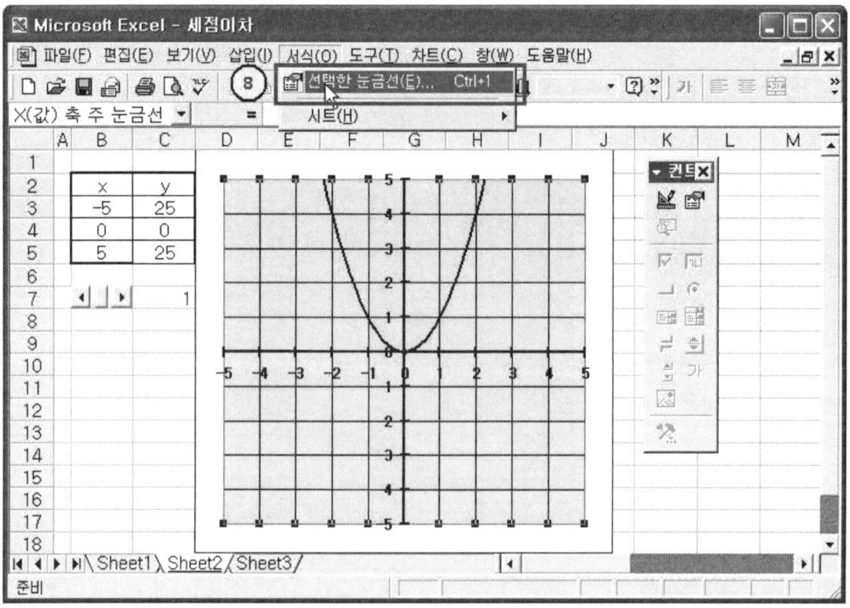

⑨ [**눈금선 서식**] 대화상자에서 눈금선의 "선" 모양을 임의로 결정하면 다음과 같은 차트가 된다.

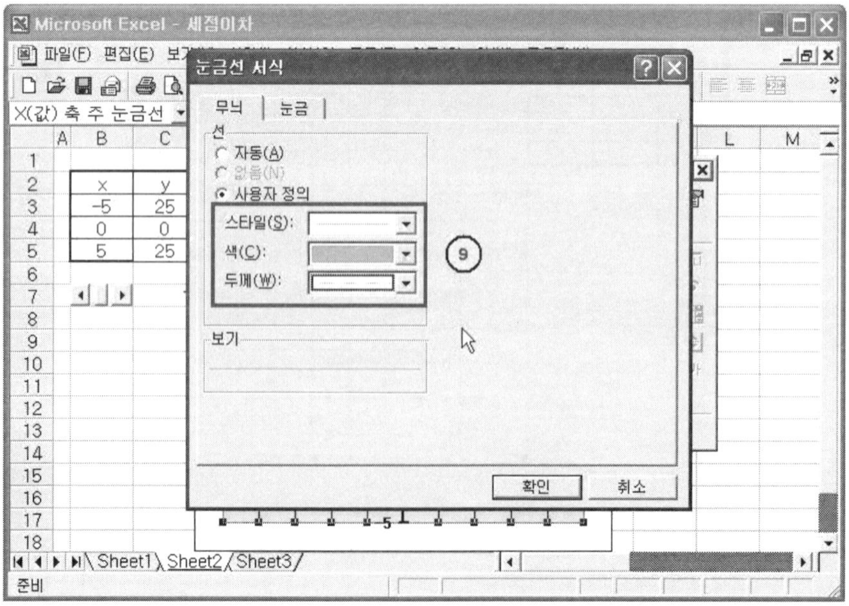

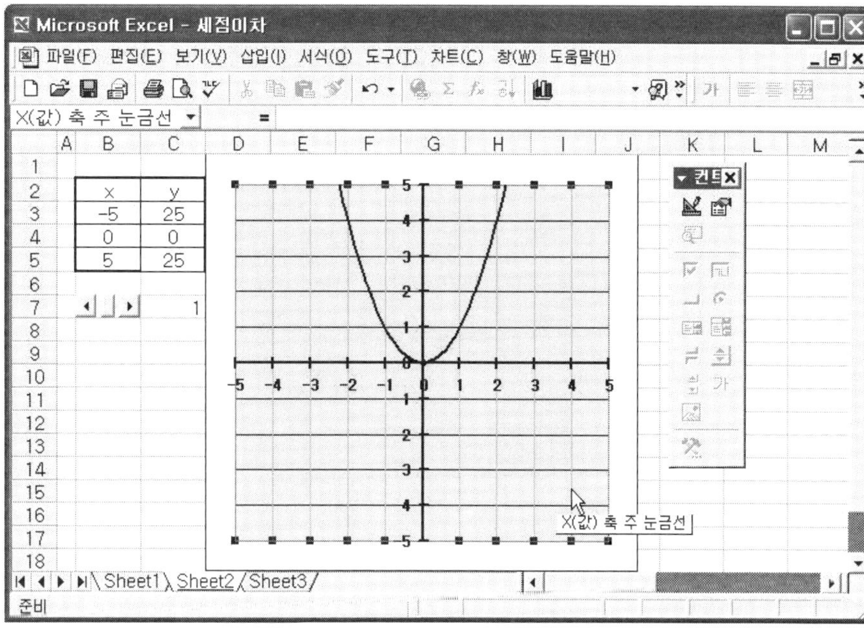

⑩ 같은 방법으로 y축에 수직인 눈금선의 모양을 결정하면 다음과 같은 차트가 완성된다.

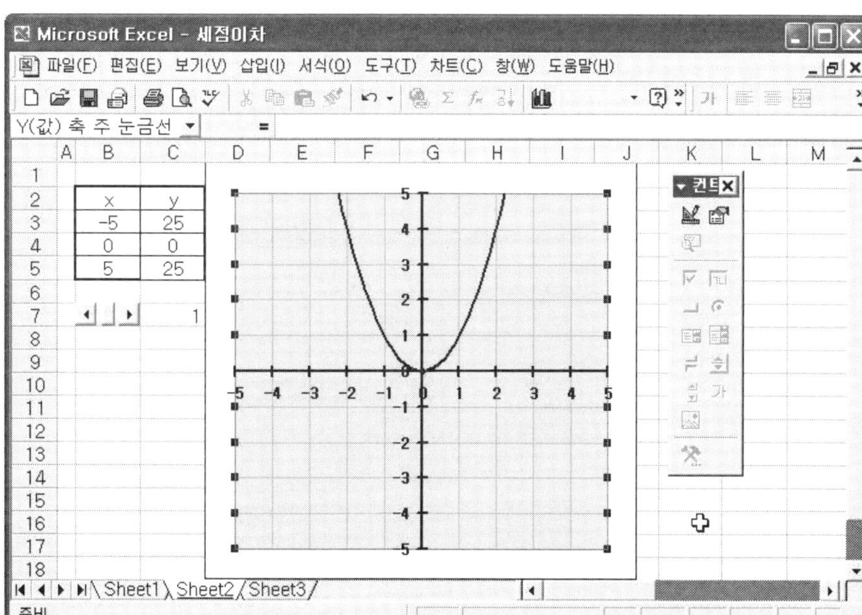

참고

■ 스핀단추와 스크롤 막대

① 공통점 : 만드는 방법과 속성을 부여하는 방법이 같으며, 특정한 셀의 값이 변하도록 한다. 앞의 예제들처럼 이차항의 계수 a값을 변하게 만들어 줄 수 있다.

② 차이점 : 스핀단추와 스크롤 막대의 속성은 대부분 같지만 스크롤 막대에서는 스핀단추에 없는 LargeChange의 속성이 있어 변하는 값을 더 크게 할 수 있다. 또한, 아래 그림과 같이 스크롤 막대의 막대부분을 마우스로 드래그하여 한꺼번에 많은 값의 변화를 줄 수 있다.

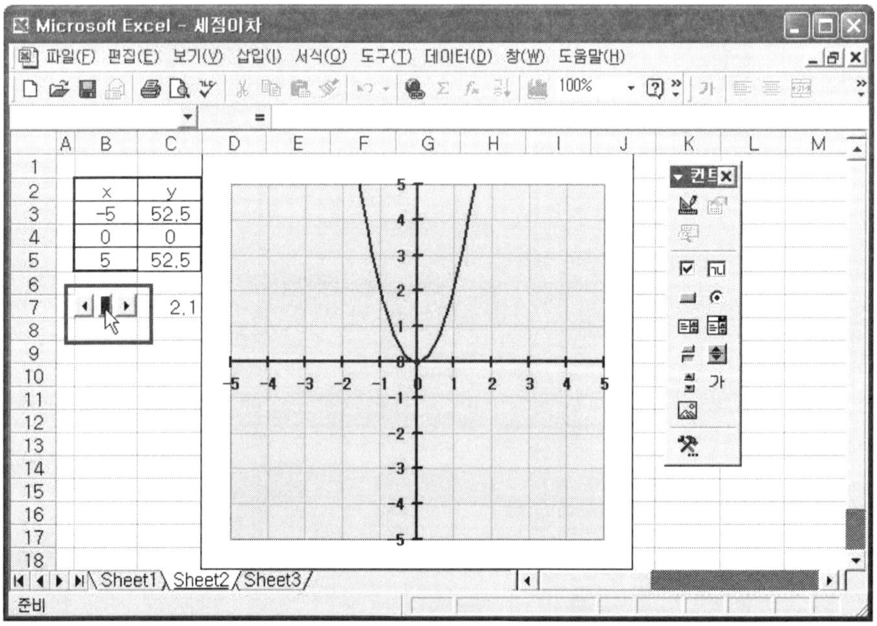

나의 노트

예제 1.1.4 예제 1.1.1 ~ 1.1.3에서는 한 개의 차트에 하나의 그래프만 나타내었는데, 이 예제에서는 이차함수 $y = ax^2$과 직선 $y = mx$의 두 그래프를 한 차트에 같이 만들어보자.

풀이 아래에 제시된 4단계의 22개의 지시문을 순서대로 따라해보자.

단계 (1) 이차항의 계수와 직선의 기울기를 나타낼 스핀단추 만들기

① 다음 그림과 같이 적당한 셀에 이차함수와 직선의 x좌표를 나타내어보자.

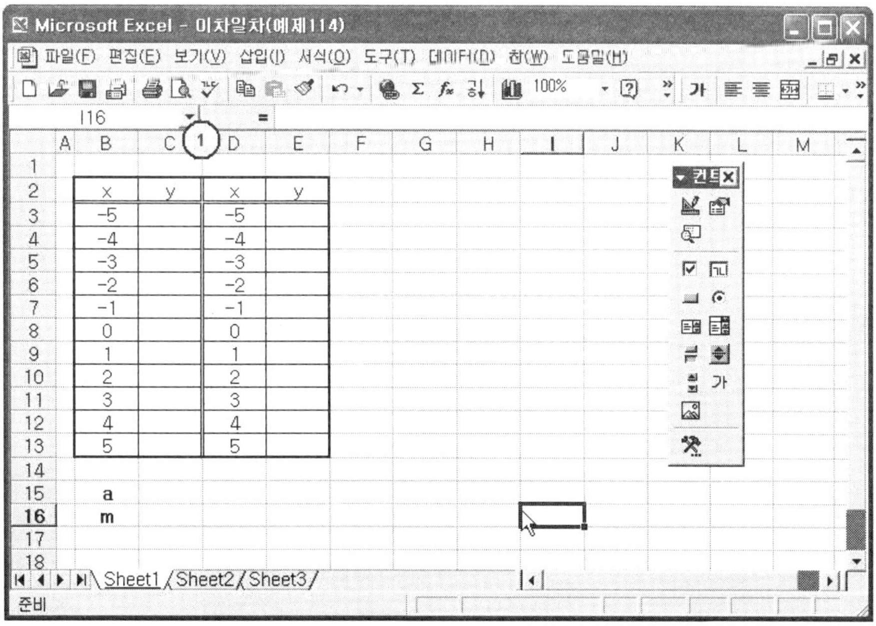

Tip 앞의 예제 1.1.3에서는 지나는 점의 좌표를 세 개만 나타내었는데 함수의 그래프를 나타낼 때 세 개의 점의 좌표보다 많아도 아무런 상관이 없다. 또, 지나는 점의 개수가 조금 많으면 여러 가지로 많이 활용하기가 편리하다.

② 이차항의 계수로 사용할 a값과 직선의 기울기에 사용한 m값을 스핀단추를 이용하여 만들 것이다. 먼저 두 개의 스핀단추를 만들자.

③ 두 스핀단추의 속성을 다음과 같이 지정하자.

속성	LinkedCell	Max	Min	SmallChange
이차함수	AA1	20	0	1
직선	AA2	20	0	1

④ 셀 D15에 이차함수의 이차항은 -5부터 5까지 0.5씩 증가하도록 수식 『=(AA1-10)/2』을 입력하자. 또, 셀 D16에 직선의 기울기가 -2부터 2까지 0.2씩 증가하도록 수식 『=(AA2-10)/5』을 입력하자.

⑤ **[컨트롤]** 도구 상자에서 디자인 모드 끝내기를 누르고 스핀단추를 누르면 a와 m값을 확인할 수 있다.

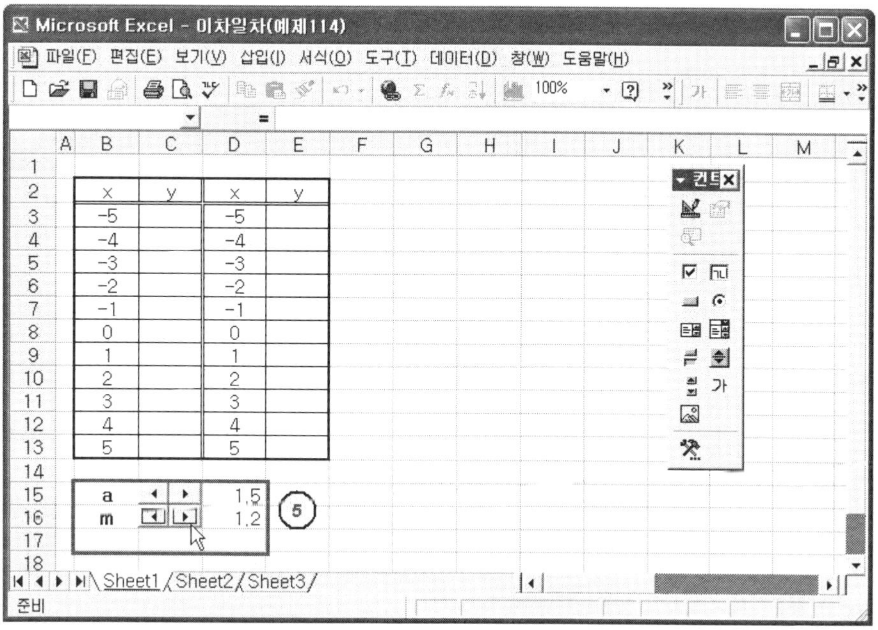

⑥ a의 값을 나타내는 셀 D15의 이름을 정의하기 위해 메뉴에서 **[삽입 ⇒ 이름 ⇒ 정의]**를 선택한다.

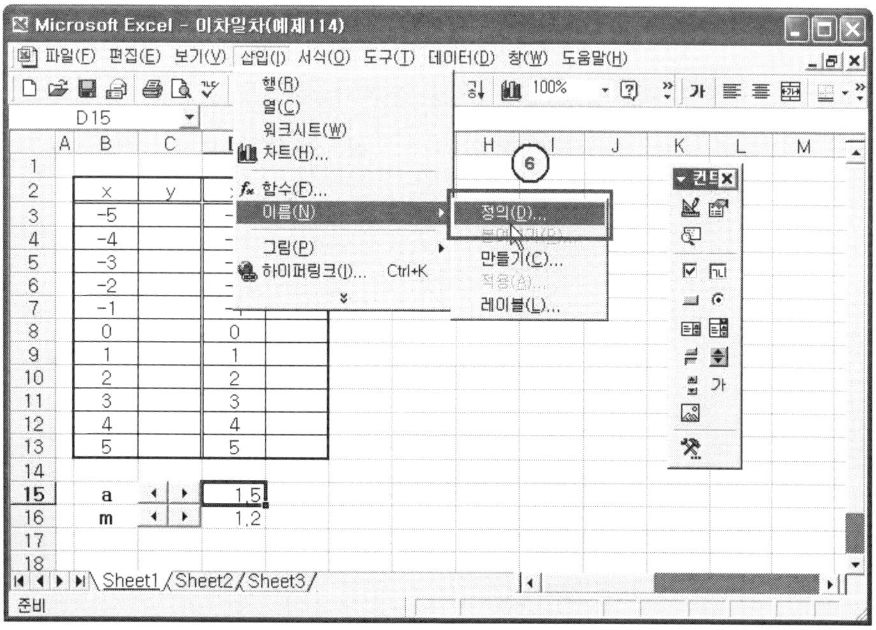

⑦ [이름 정의] 대화상자에서 정의된 이름을 "이차항"으로 정의하고 [확인]을 누르면 셀 D15의 값이 "이차항"이라는 이름으로 정의가 된다.

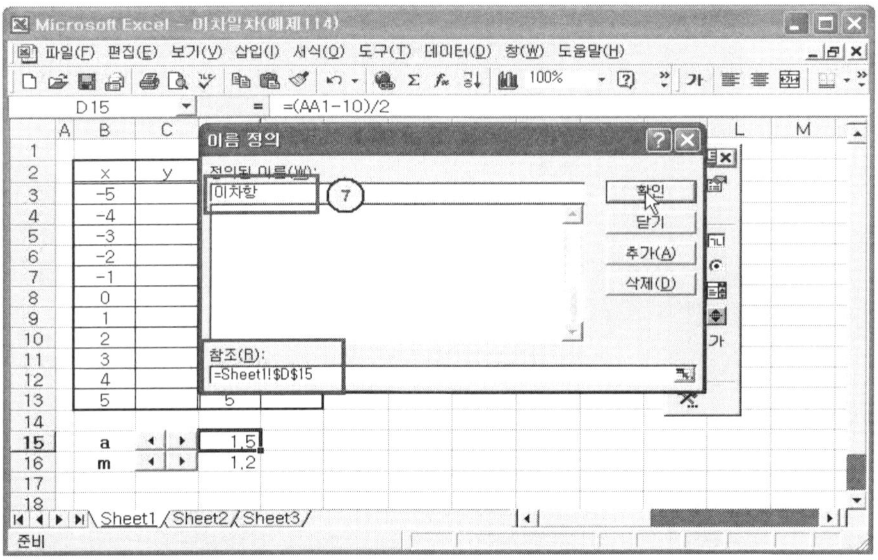

Tip 이름 정의는 한글과 영어 중 어떠한 것으로 정의하여도 상관이 없다. 단, 셀의 이름은 동일한 파일내에 같은 이름을 부여하면 안된다. 따라서 동일 파일 내에서는 각 셀에 항상 다른 이름을 부여하여야만 한다.

⑧ 직선의 기울기를 나타내는 셀 D16도 이름 정의를 같은 방법으로 하자. 여기에서는 "기울기"라는 한글로서 이름을 정의하겠다.

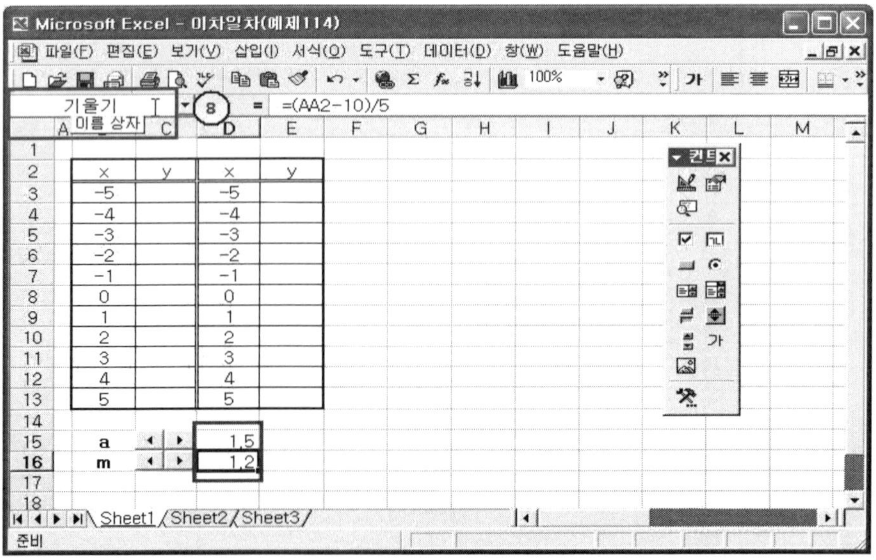

단계 (2) 이차함수의 좌표를 차트에 나타내기

① 셀 C3에 x값이 -5일 때 이차함수의 y좌표를 구하기 위해 수식 『=이차항*B3^2』을 입력하자.

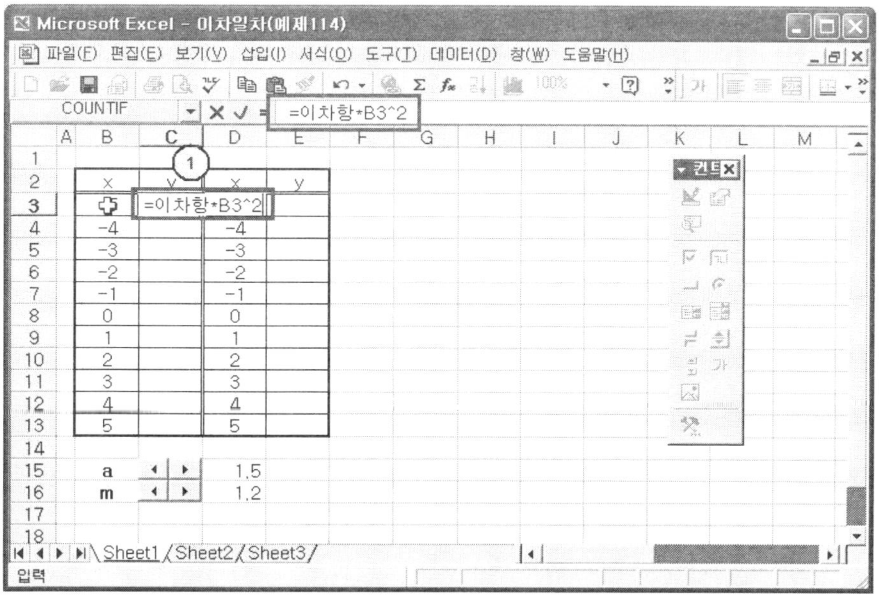

② 셀 C3의 수식을 채우기 핸들을 이용하여 셀 C4부터 셀 C13까지 y좌표를 만들자.

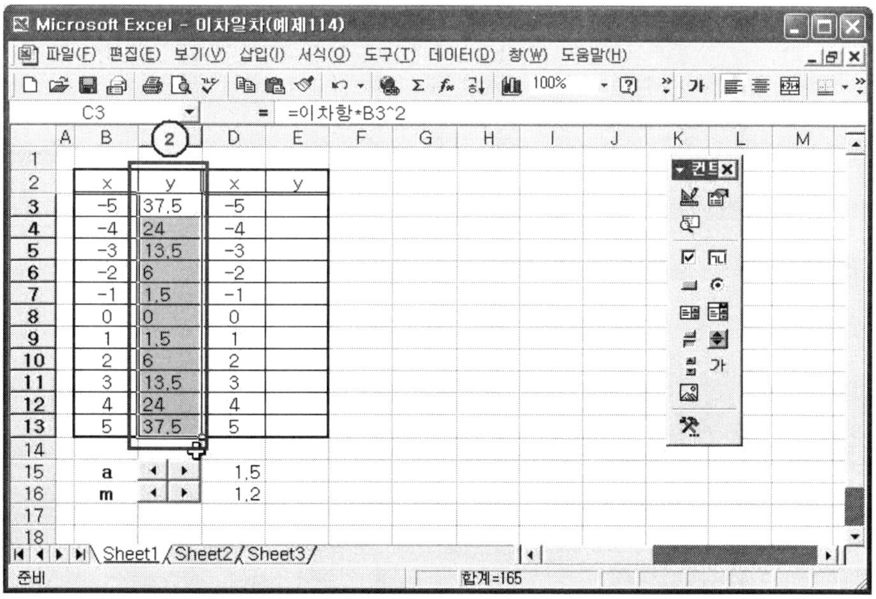

③ 같은 방법으로 직선의 y좌표도 다음과 같이 만들 수 있다.

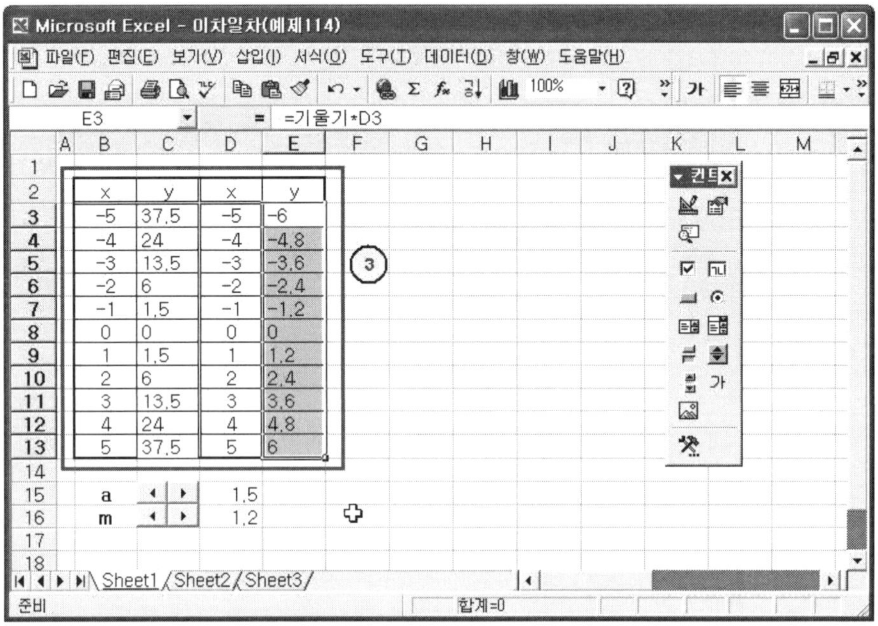

④ 두 함수를 동시에 한 차트에 나타낼 수는 없으므로 이차함수부터 차트에 나타내자. 이차함수의 지나는 점들을 선택하고(셀 B3부터 셀 C13까지) 표준도구모음에서 **[차트 마법사]**를 선택한다.

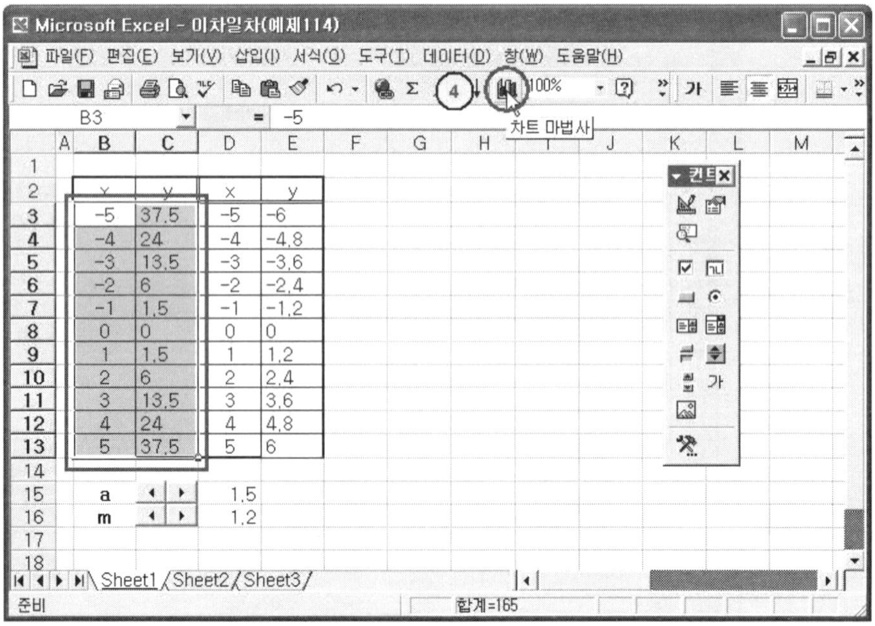

⑤ **[차트 마법사]**에서 **[분산형]**을 선택하고 **[확인]**을 누르면 다음과 같이 이차함수의 11개의 점의 좌표가 나타난 차트가 만들어진다.

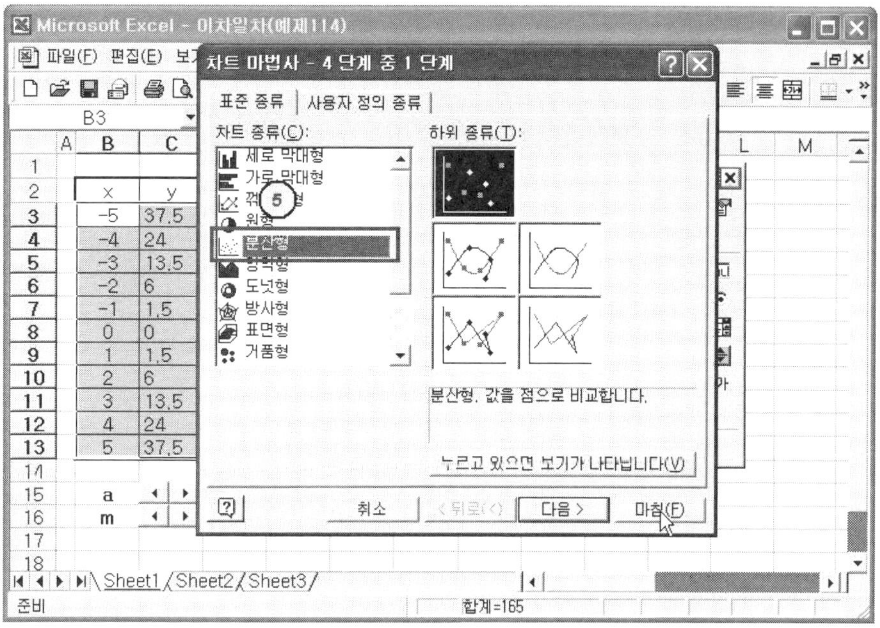

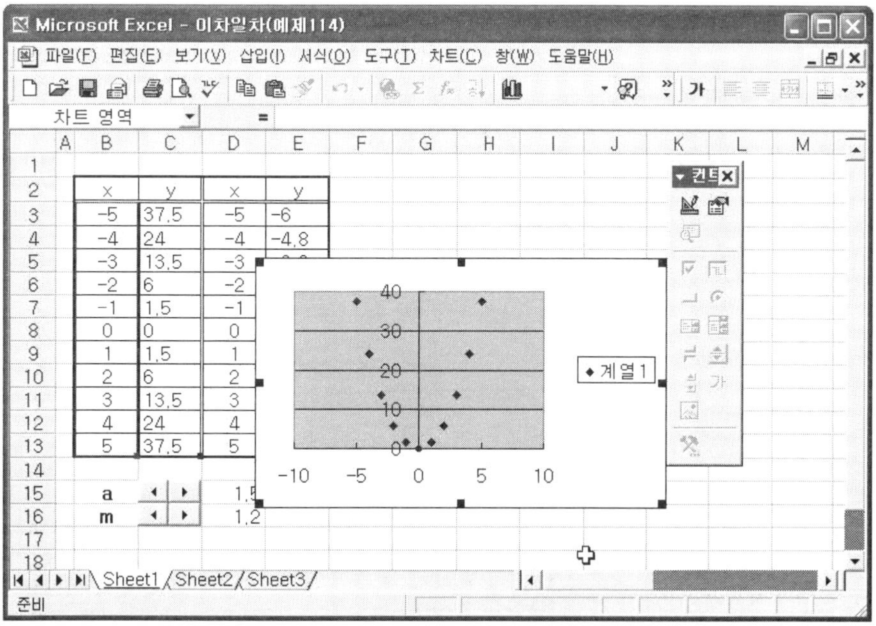

단계 (3) 차트에 직선의 좌표 추가하기

① 직선의 좌표도 동일한 차트에 나타내기 위하여 먼저 이차함수의 11개의 좌표 중 임의의 한 점을 선택한 후 메뉴에서 **[차트 ⇒ 원본 데이터]**를 선택한다.

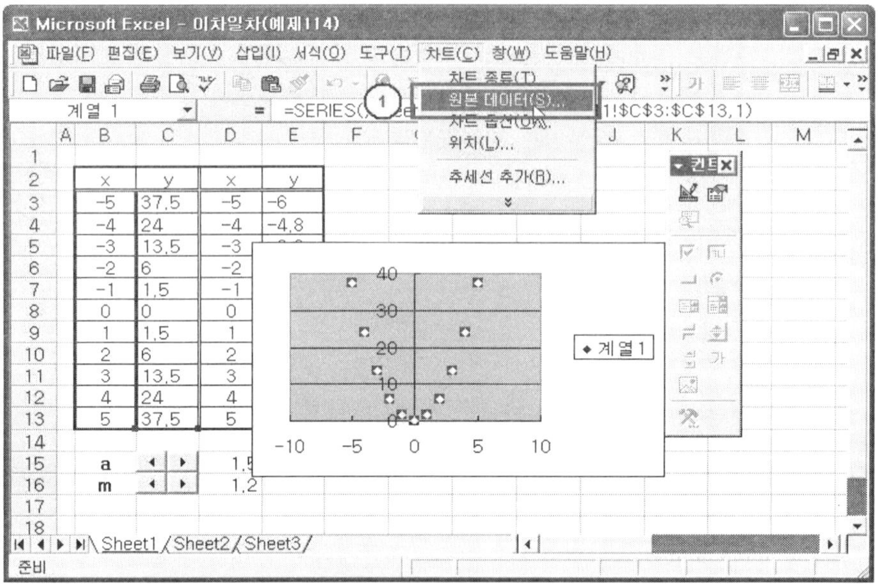

② **[원본 데이터]** 대화상자의 **[계열]** 탭에서 계열을 [추가]하면 "계열2"가 생긴다.

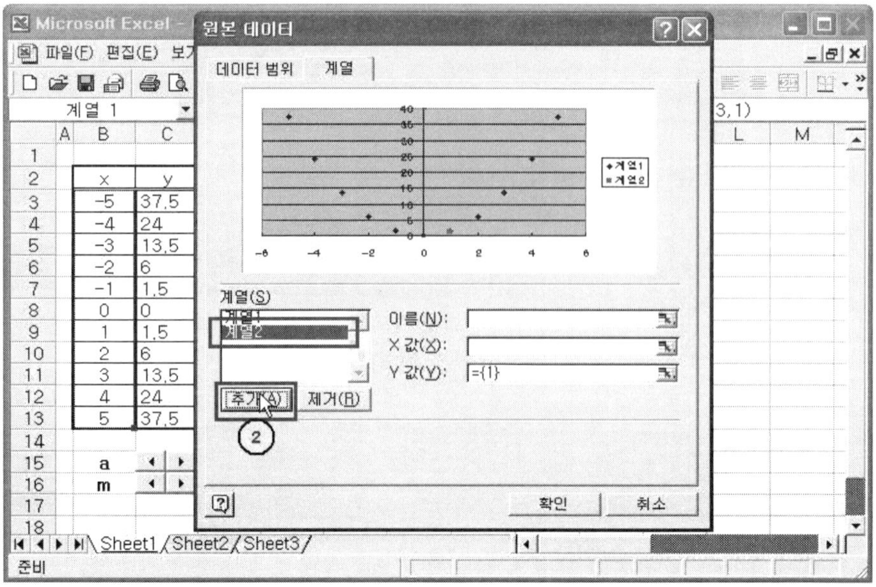

③ [원본 데이터] 대화상자에서 [이름], [X값], [Y값]에 다음과 같이 입력하고 [확인]을 누르면 다음과 같이 직선의 점들이 차트에 나타난다.

이름 ⇒ "직선"

X값 ⇒ "=Sheet1!$D$3:$D$13"　　　　Y값 ⇒ "=Sheet1!$E$3:$E$13"

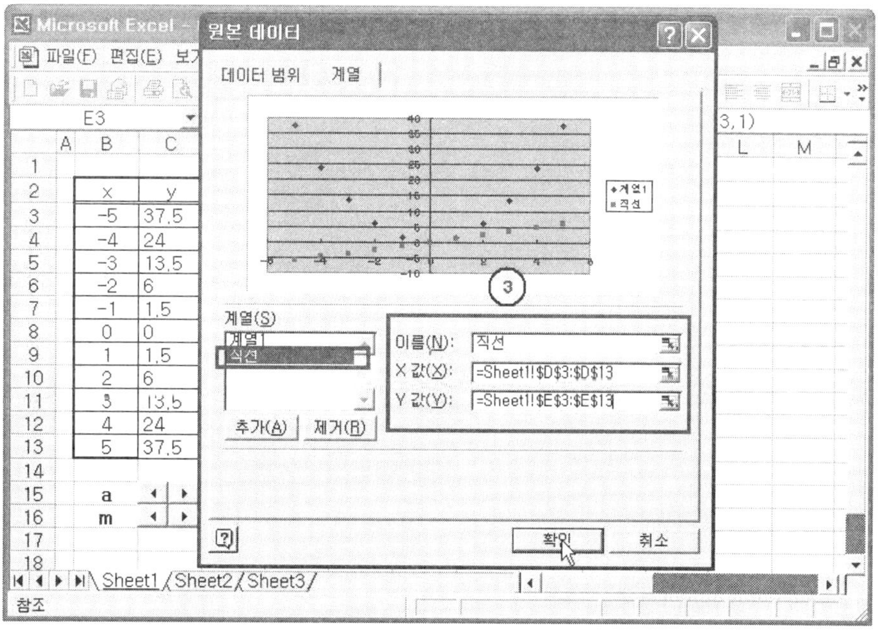

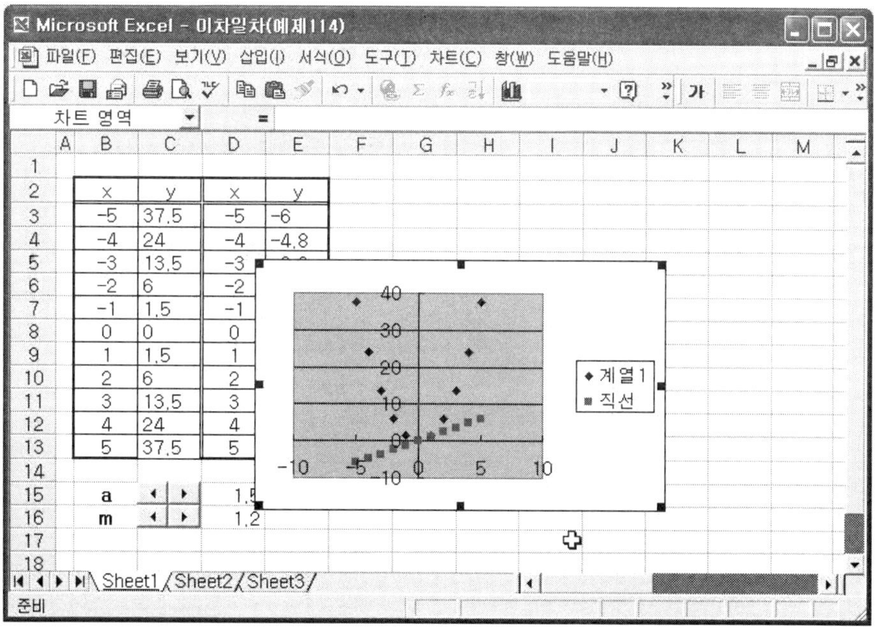

단계 (4) 추세선으로 연결하기

위의 차트에서 추세선으로 연결하여 각 두 함수의 그래프를 완성하고 축의 범위를 고정하여 나타내자.

① 이차함수의 임의의 한 점을 선택하여 메뉴에서 **[차트 ⇒ 추세선 추가]**를 선택한다.

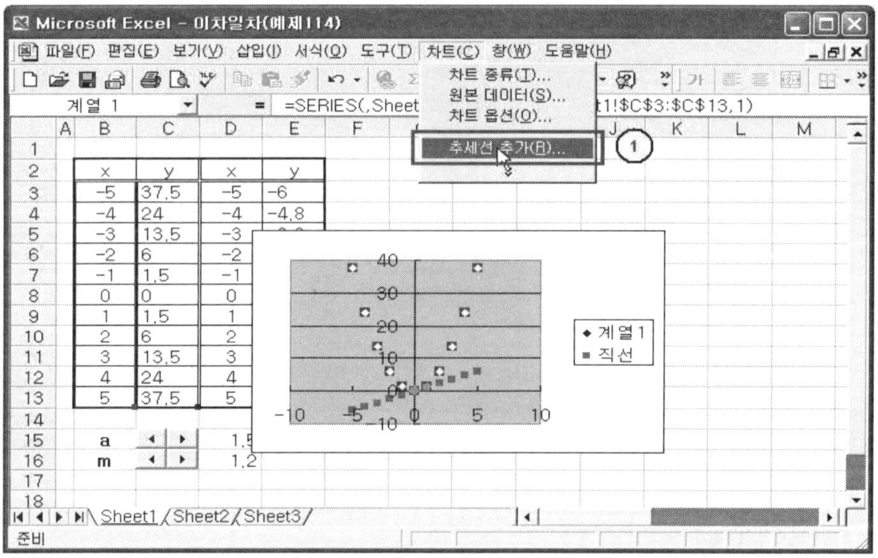

② **[추세선]** 대화상자에서 **[다항식]**에 차수는 "2"로 하여 **[확인]**을 누르면 이차함수의 그래프가 나타난다.

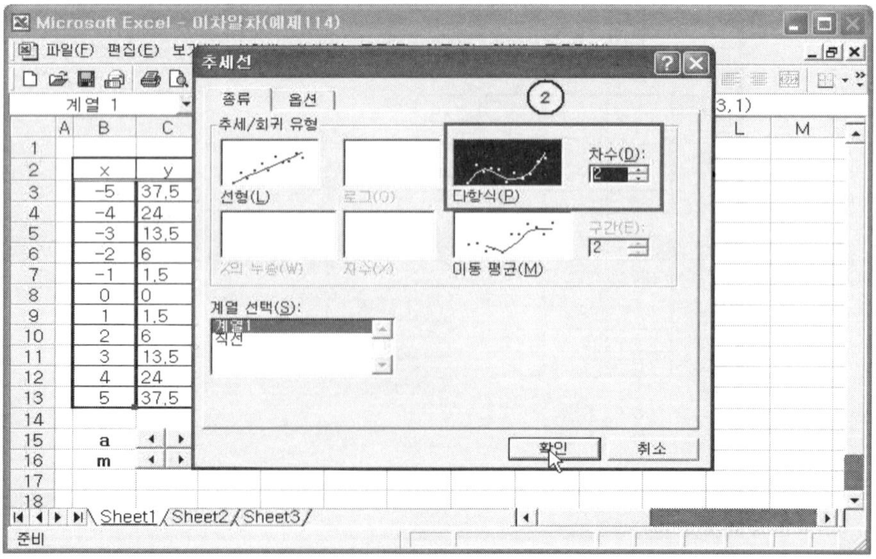

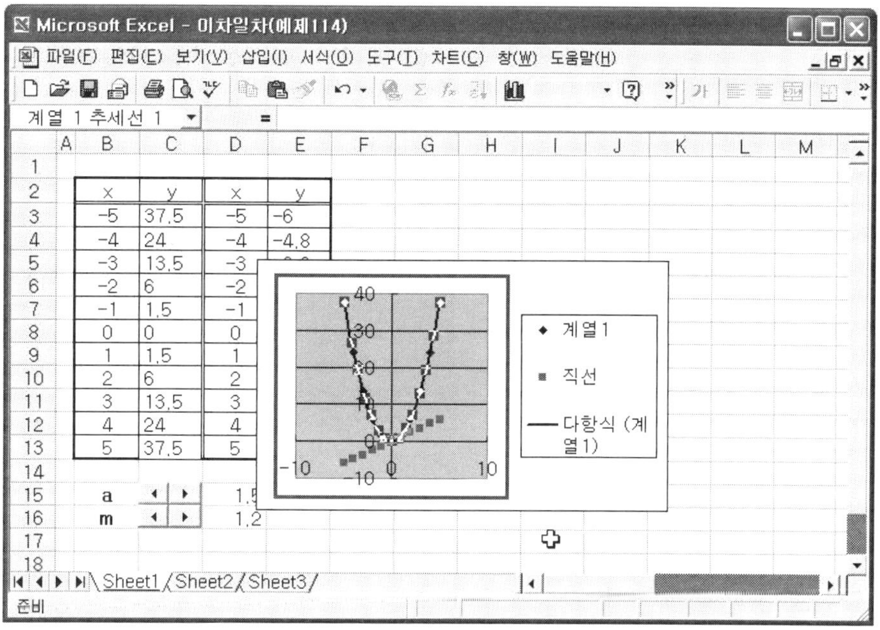

③ 직선의 임의의 한 점을 선택하고 **[추세선]** 대화상자를 불러내고, **[추세선]** 대화상자에서 **[선형]**을 선택하고 **[확인]**을 누르면 다음과 같은 직선의 그래프도 나타난다.

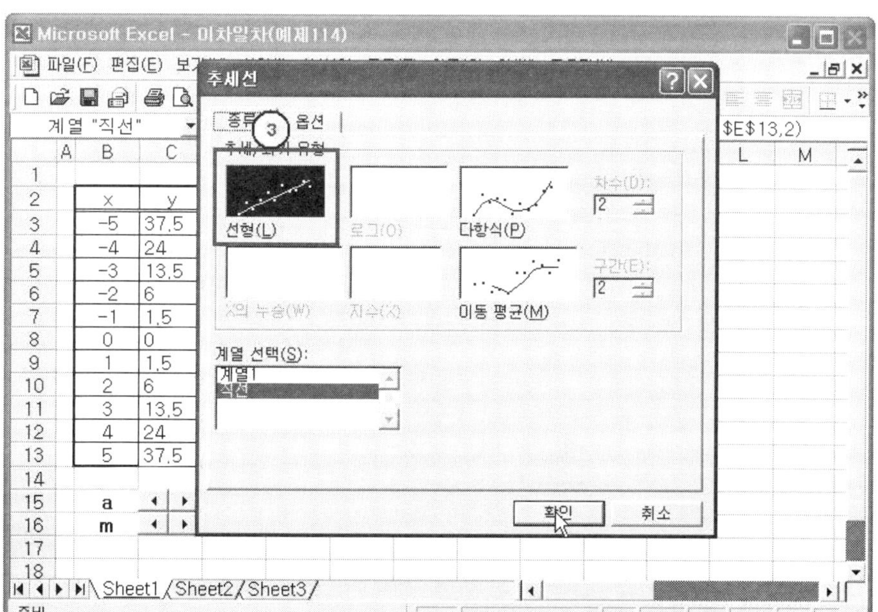

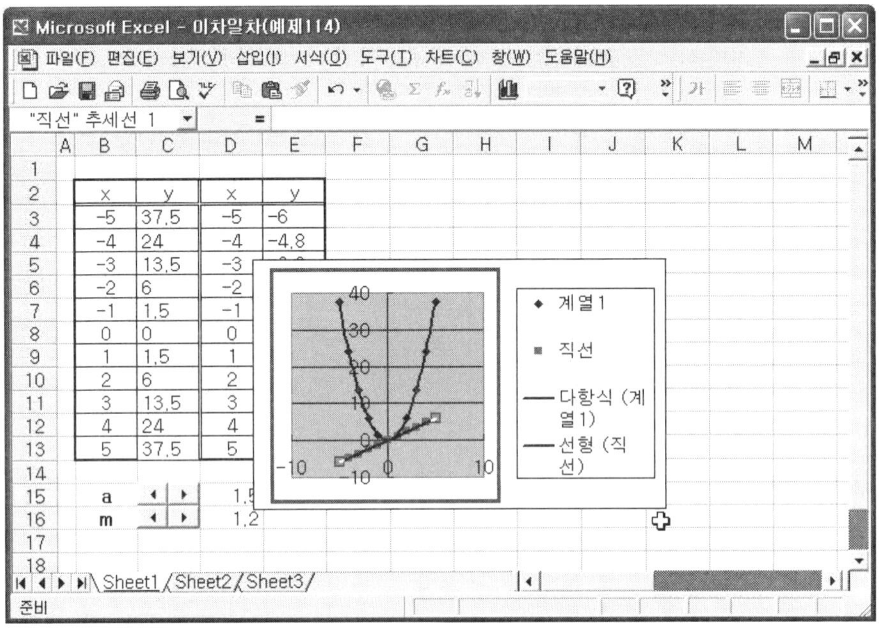

④ 앞의 예제 1.1.3과 같은 방법으로 축의 범위를 각각 -5부터 5까지 조정하여 나타내면 다음과 같은 그래프가 나타난다.

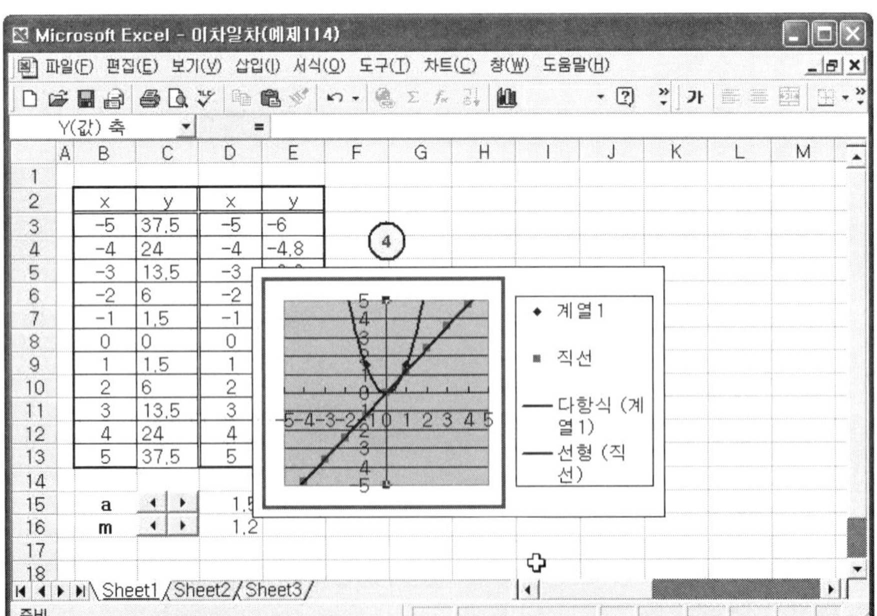

⑤ "범례"는 없애버리고 차트의 크기를 조정하여 나타내면 다음과 같다.

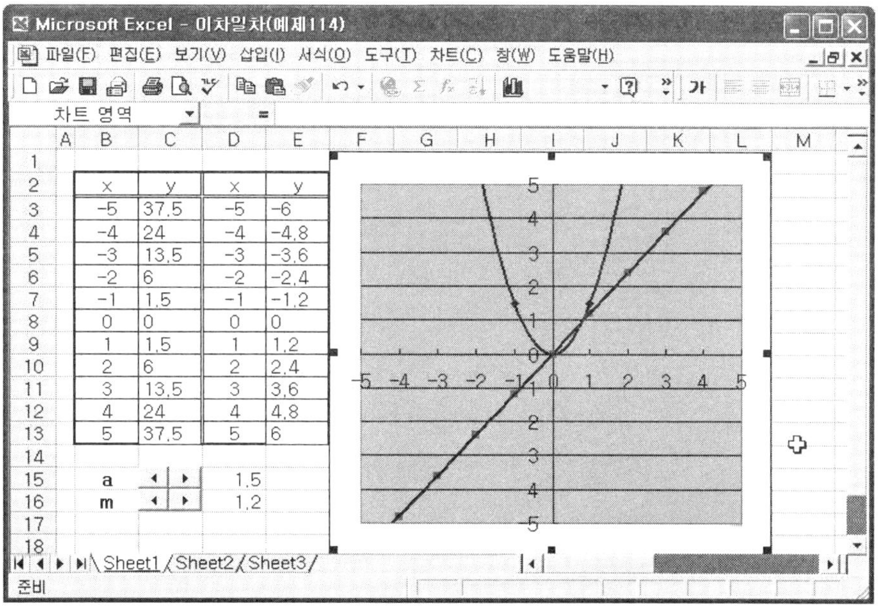

⑥ 앞의 차트에서 a와 m의 "스핀단추"를 누르면 차트의 그래프가 바뀌는 모습을 관찰할 수 있다. 앞의 예제 1.1.3에서와 같이 그림 영역의 **[색]**과 **[주 눈금선]**의 모양 등을 결정하여 다음과 같은 모양으로 나타내어보자.

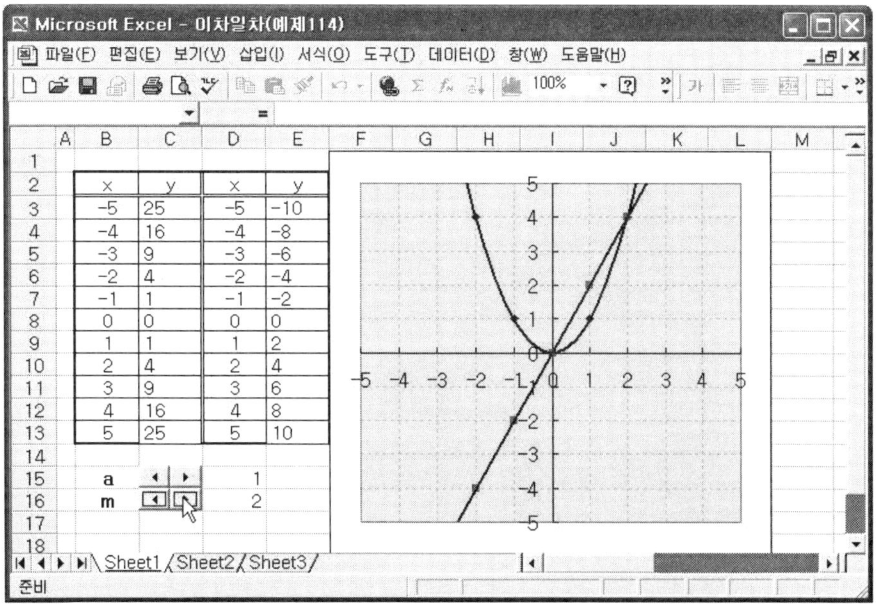

차트등록하여 사용하기

차트를 이용하여 함수의 그래프를 만들 때마다 축의 범위를 −5부터 5까지 지정하였고, 격자점을 만드는 등 차트의 모양을 결정하였다.

차트를 만들 때마다 차트에 나타나는 여러 가지 사항들을 항상 동일하게 만들어도 상관이 없으나 만들 때마다 동일하게 지정하는 것이 간단한 것은 아니므로 한번 만들어 놓은 차트의 모양을 저장하여 다른 함수의 그래프를 나타낼 때 불러와 사용하면 동일한 차트로서 함수의 그래프를 나타낼 수 있을 것이다.

만들어 놓은 차트를 특정한 곳에 등록하여 다른 함수의 그래프를 만들 때 사용할 수 있도록 하는 방법 ⓐ~ⓕ에 대해 알아보자.

ⓐ 앞의 예제 1.1.4에서 만들어진 차트를 선택하고 메뉴에서 **[차트⇒차트 종류]**를 선택한다.

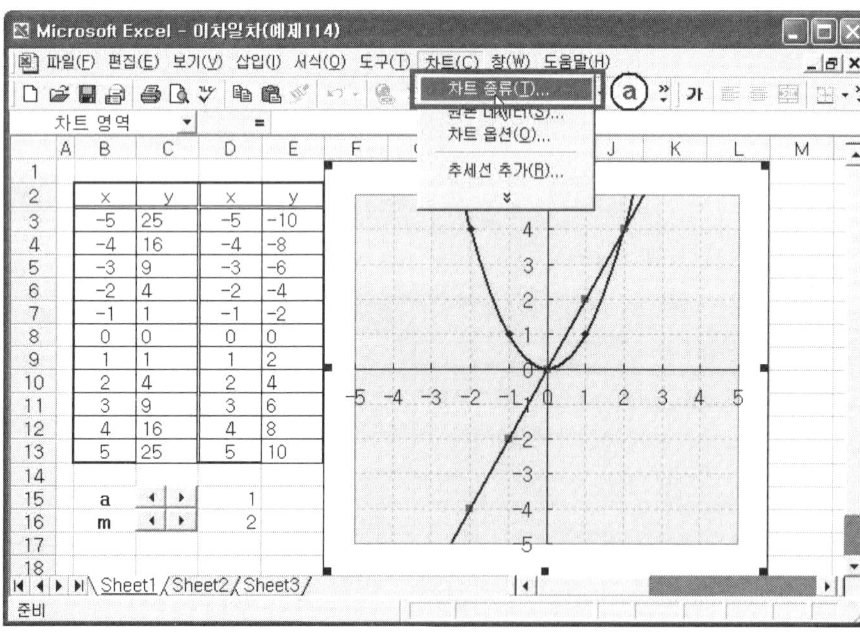

ⓑ **[차트 종류]** 대화상자의 **[사용자 정의 종류]** 탭에서 **[사용할 서식]**을 **[사용자 정의]**로 선택한다. 그러면 **[차트 종류]**는 "기본"만 나타난다. 여기에 만들어진 차트의 기본적인 모양을 추가할 것이다.

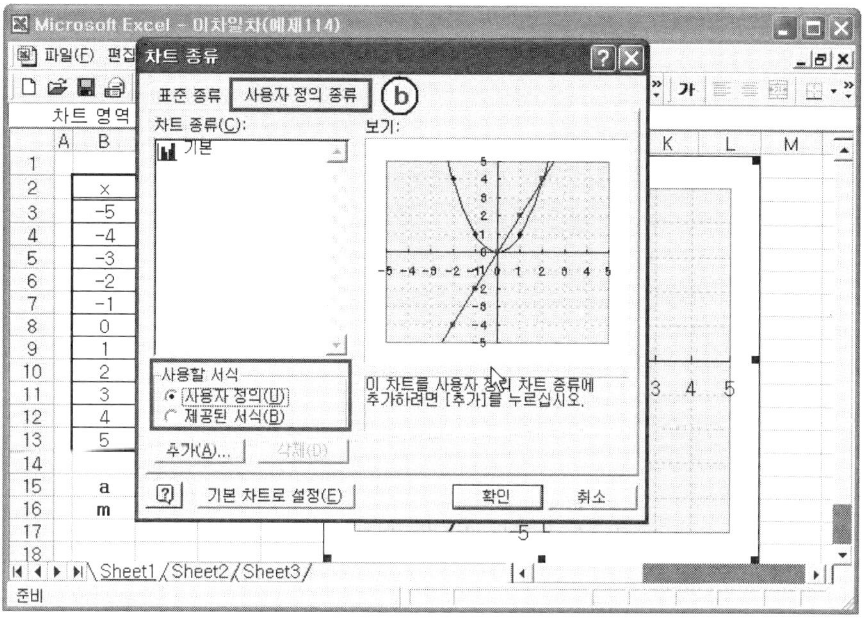

ⓒ **[추가]** 단추를 누르면 **[사용자 정의 차트 종류 추가]** 대화상자가 나타난다.

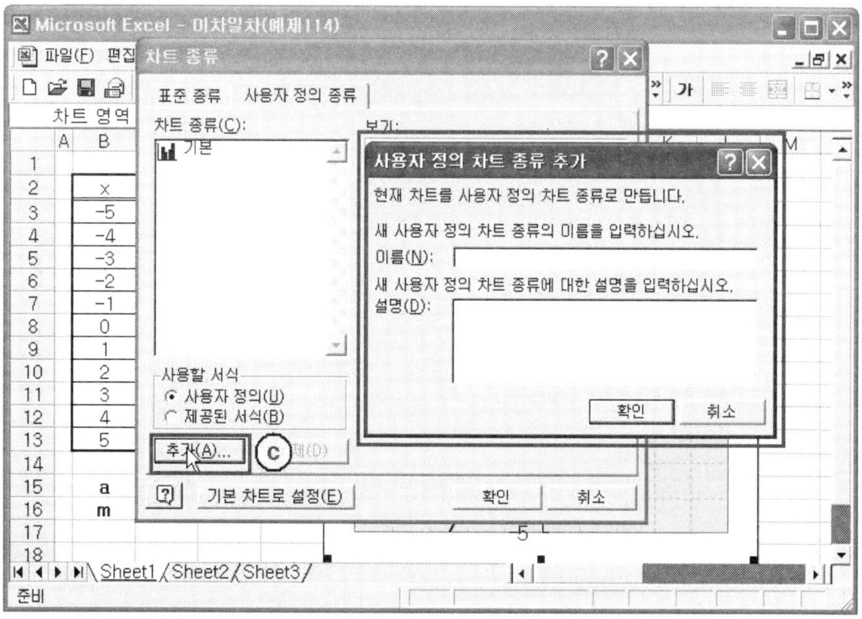

ⓓ 차트 **[이름]**을 "기본좌표평면", 차트에 대한 **[설명]**을 적당하게 입력하고 [확인]을 누르자.

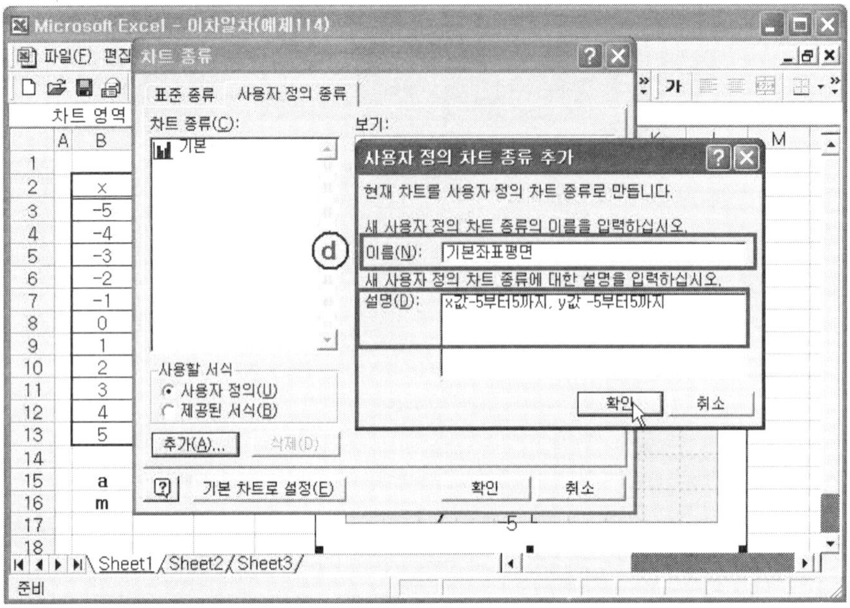

ⓔ **[차트 종류]**에 "기본좌표평면", 차트 미리보기 바로 아래에 차트에 대한 설명이 나타나는 것을 볼 수 있다. 여기에서 **[확인]**을 누르면 새로운 차트 종류가 사용자 정의로서 저장되어 있다.

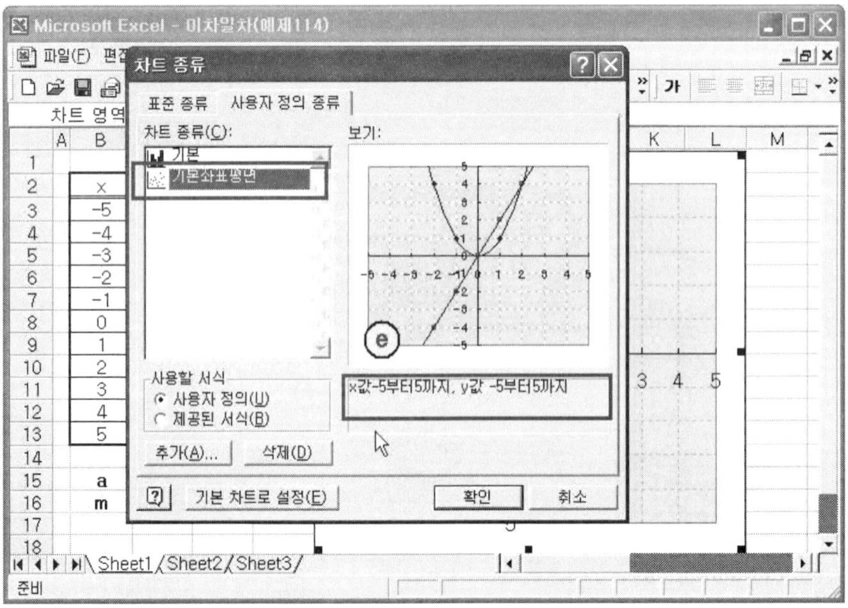

ⓕ 새로운 시트(Sheet)의 적당한 셀에 이차함수 $y=x^2$의 지나는 세 점의 좌표를 입력한 후 이 세 점을 선택하여 **[차트 마법사]**를 선택하자. **[사용자 정의 종류]** 탭에서 "사용할 서식"을 **[사용자 정의]**로 선택하고 **[차트 종류]**를 "기본좌표평면"으로 선택하고 **[확인]**을 누르면 다음과 같이 정의된 차트에서 이차함수의 그래프가 나타난다.

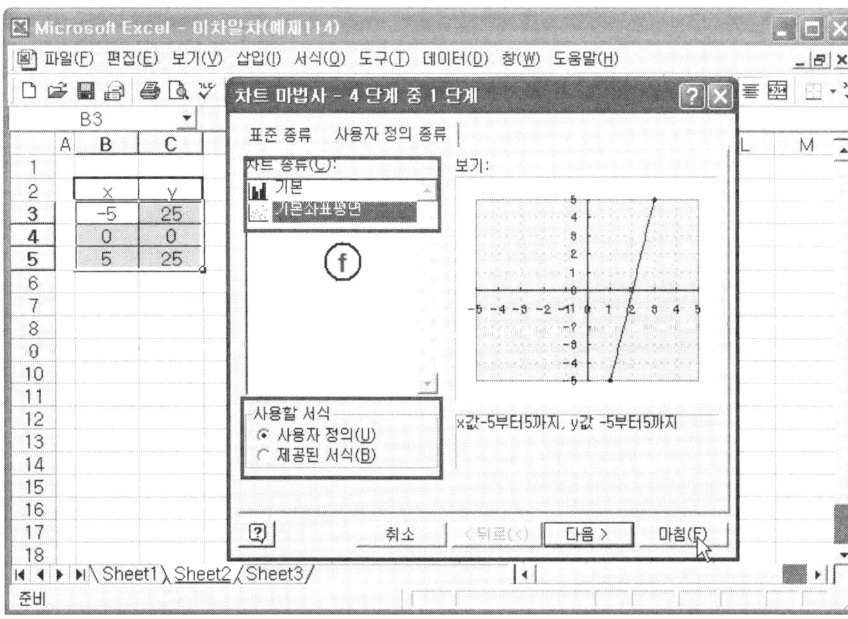

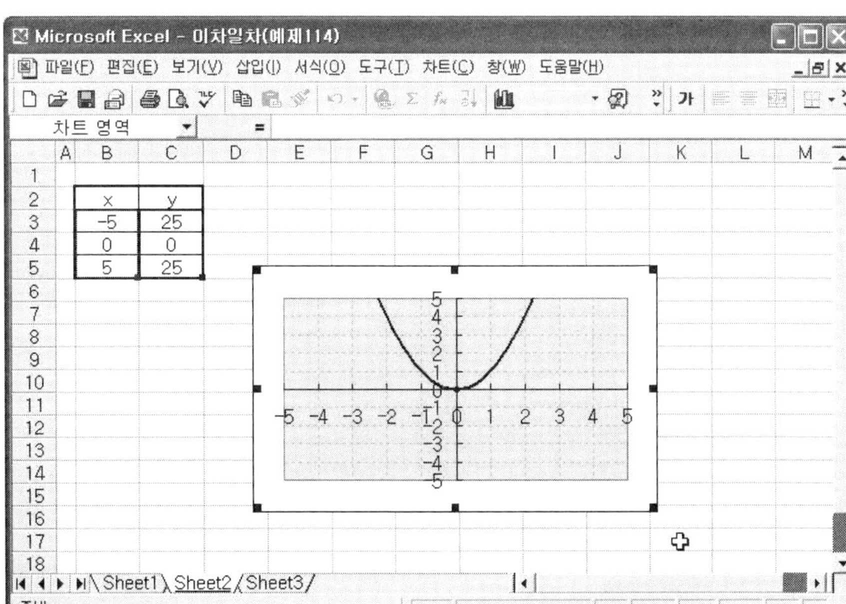

연습문제 1.1

※ 해답은 인제대학교 창의력교육센터(http://ecc.inje.ac.kr)로 접속해서 **[자료실 ⇒ 생각하는 수학 ⇒ "엑셀활용(2권)"]**에 실려있다.

1. 스핀단추 또는 스크롤 막대를 이용하여 상수 p의 값에 따라 변하는 이차함수 $y=(x-p)^2$의 그래프를 만들어라. 또, 이차함수 $y=x^2$의 그래프와 함께 한 차트에 나타내고, p값에 따라 두 함수의 차이가 기하학적으로 나타나게 만들어라.

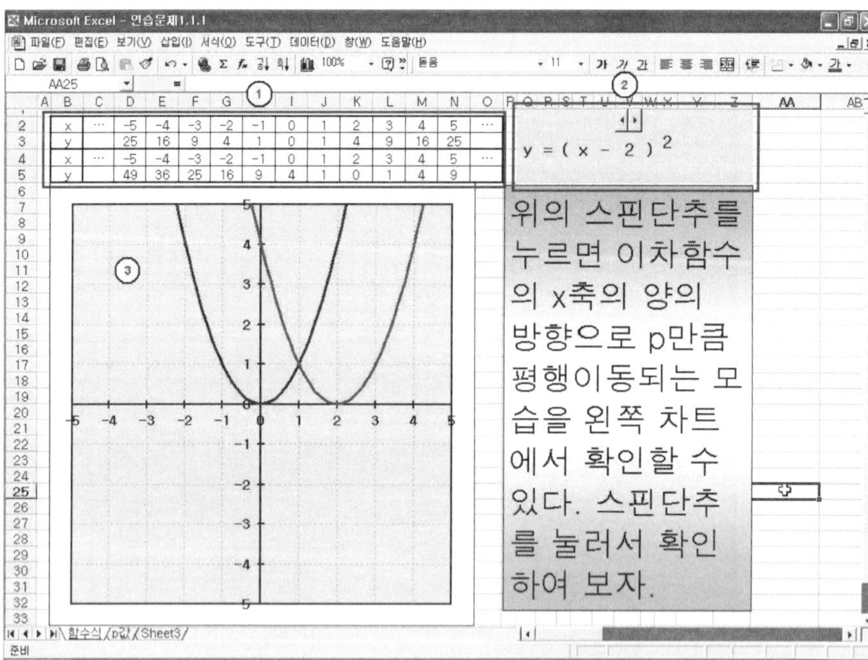

2. 스핀단추 또는 스크롤 막대를 이용하여 상수 a, p, q의 값에 따라 변하는 이차함수 $y=a(x-p)^2+q$의 그래프를 만들어라. 또, 이차함수 $y=x^2$의 그래프와 함께 한 차트에 나타내고, a, p, q 값에 따라 두 함수의 차이가 기하학적으로 나타나게 만들어라.

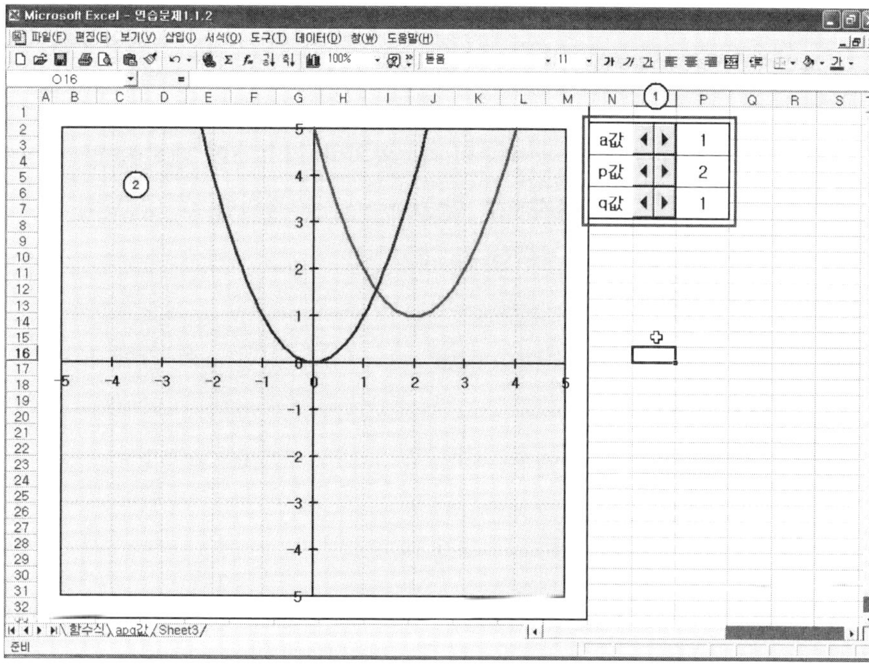

3. 스핀단추 또는 스크롤 막대를 이용하여 상수 a, b, c, m, n의 값에 따라 변하는 이차함수 $y=ax^2+bx+c$와 일차함수 $y=mx+n$의 그래프를 만들어라.

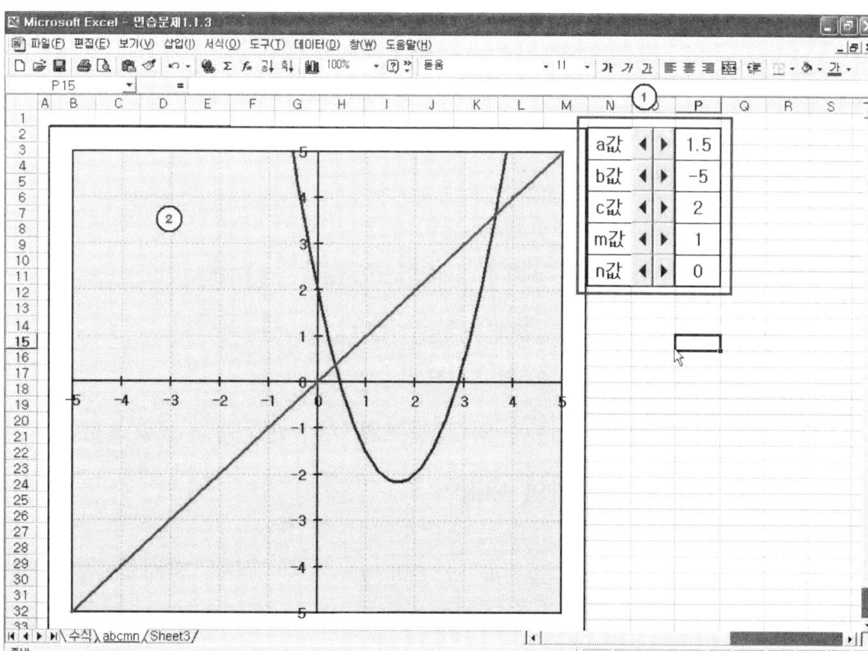

1.2 지수·로그함수의 그래프

a가 1이 아닌 양의 실수일 때, 임의의 실수 x에 대하여 양의 실수 a^x의 값은 단 하나로 정하여지므로 함수 $y=a^x$를 정의할 수 있고 이 함수 $y=a^x$를 a를 밑으로 하는 **지수함수**라고 한다.

지수함수 $y=a^2(a>0,\ a\neq 1)$의 그래프는 a의 값에 따라서 다음과 같이 구분된다.

ⓐ $a>1$　　　　　　　　　　ⓑ $0<a<1$

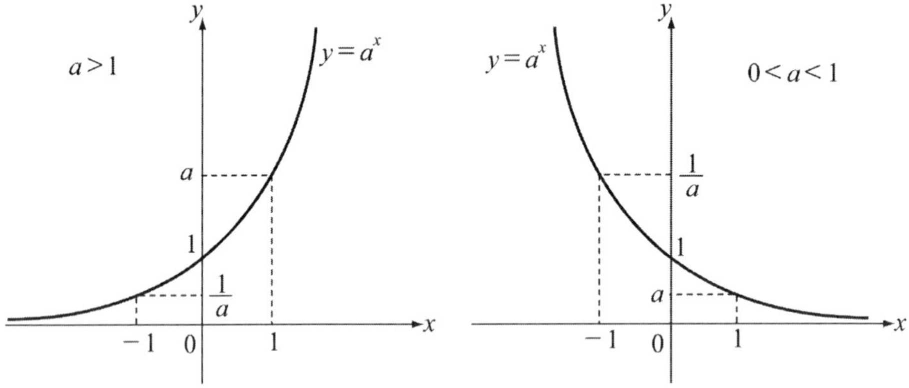

위의 그래프에서 지수함수 $y=a^x(a>0,\ a\neq 1)$가 다음과 같은 성질이 있음을 쉽게 알 수 있다.

① 정의역은 실수전체의 집합이고 치역은 양의 실수 전체의 집합이다.

② $a>1$일 때는 증가함수이고, $0<a<1$일 때는 감소함수이다.

③ 그래프는 항상 점 (0, 1)과 점 (1, a)를 지난다.

④ 그래프는 x축을 점근선으로 한다.

⑤ 지수함수 $y=\left(\frac{1}{a}\right)^x$의 그래프와 지수함수 $y=a^x(a>0,\ a\neq 1)$의 그래프는 y축에 대하여 대칭이다.

한편, 지수함수 $y=a^x(a>0,\ a\neq 1)$는 실수 전체의 집합에서 양의 실수 전체의 집합으로의 일대일대응이므로 우리는 양의 실수 전체의 집합을 정의역으로 하는 이 지수함수의 역함수가 존재함을 알 수 있다.

로그의 정의로부터

$$y = a^x \, (a > 0,\ a \neq 1) \quad \Leftrightarrow \quad x = \log_a y$$

이므로 $y = a^x \, (a > 0,\ a \neq 1)$ 역함수는 $y = \log_a x \, (a > 0,\ a \neq 1)$임을 알 수 있다. 이 함수를 a를 밑으로 하는 **로그함수**라고 하며, 이 함수의 그래프는 지수함수 $y = a^x$의 그래프와 $y = x$에 대하여 대칭이므로 다음과 같다.

ⓐ $a > 1$ ⓑ $0 < a < 1$

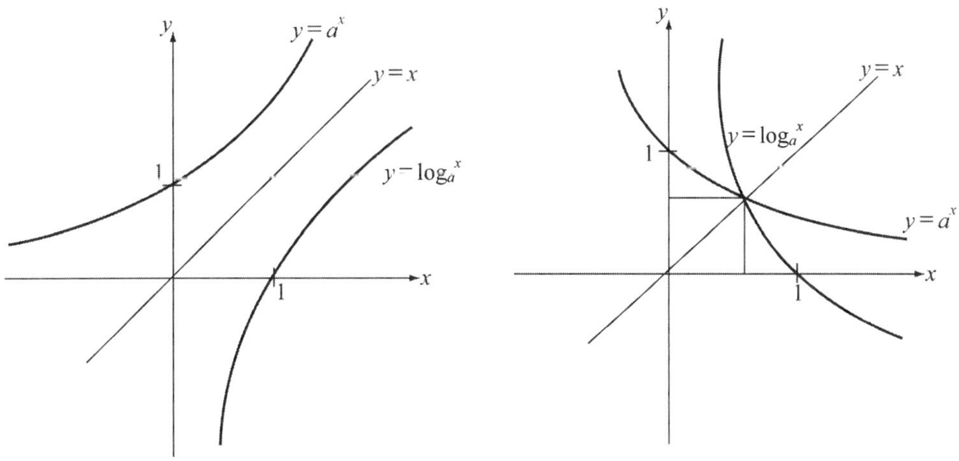

이 그래프들로부터 우리는 다음과 같은 로그함수 $y = \log_a x$의 성질을 쉽게 알 수 있다.

① 정의역은 양의 실수 전체의 집합이고 치역은 실수 전체의 집합이다.

② $a > 1$일 때는 증가함수이고, $0 < a < 1$일 때는 감소함수이다.

③ 그래프는 항상 점 (1, 0)과 점(a, 1)을 지난다.

④ 그래프는 y축을 점근선으로 한다.

⑤ $y = \log_a x$와 $y = a^x$의 그래프는 직선 $y = x$에 대하여 대칭이다.

앞의 1. 1절에서는 대부분 추세선의 기능을 사용하여 다항함수 중 이차함수의 그래프를 차트에 그려보았다. 이 단원에서는 추세선의 기능을 사용하여 지수·로그함수의 그래프를 차트에 그려보자.

먼저, 다음 예제 1.2.1을 이용하여 밑의 값이 2인 지수함수의 그래프를 그려보자.

예제 1.2.1 지수함수 $y = 2^x$의 그래프를 그려보자.

풀이 아래에 제시된 9개의 지시문을 순서대로 따라해보자.

① 임의의 셀에 다음 그림과 같이 x좌표를 나타내어보자.

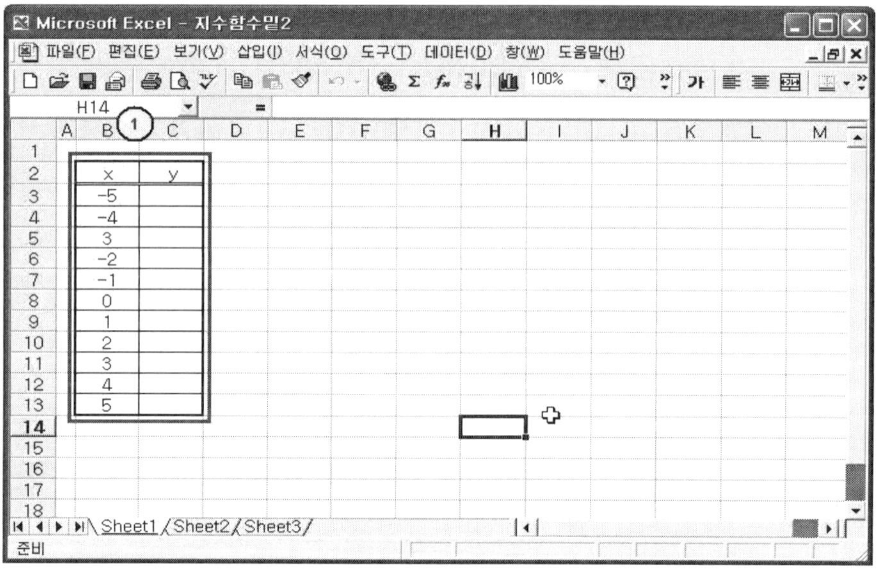

② x좌표가 -5일 때 함수값을 나타내기 위해 셀 C3에 수식 『=2^B3』을 입력하면 함수값이 나타난다.

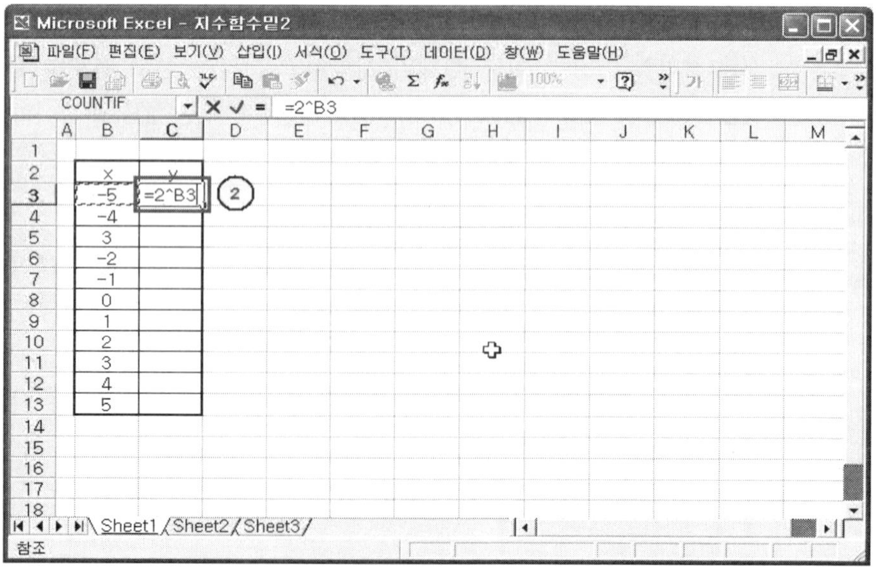

③ 셀 C3을 선택한 후 “채우기 핸들”을 이용하여 x값 5까지 수식을 복사하면 x좌표에 대한 모든 함수값이 나타난다.

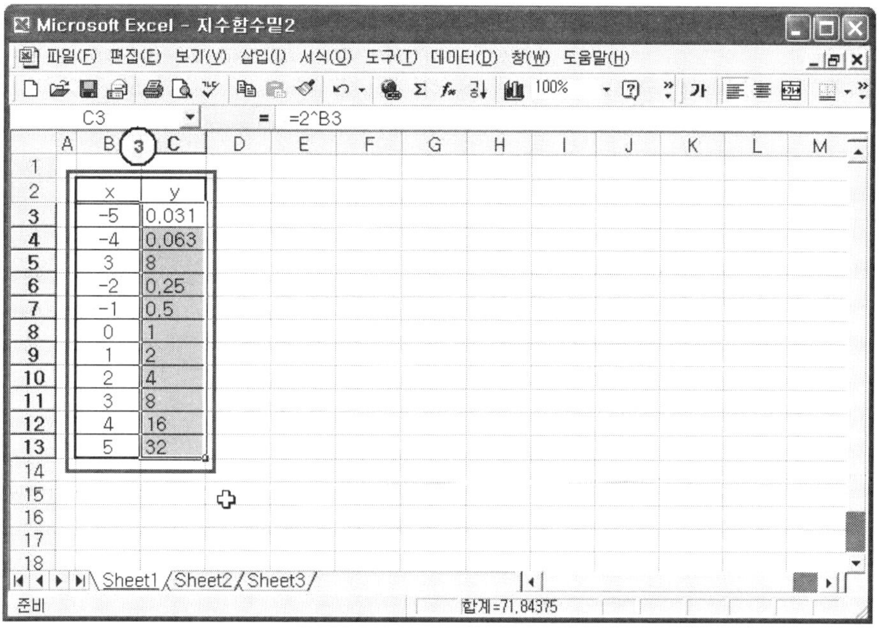

④ 만들어진 점의 좌표를 선택하여 표준도구모음에 **[차트 마법사]**를 선택한다.

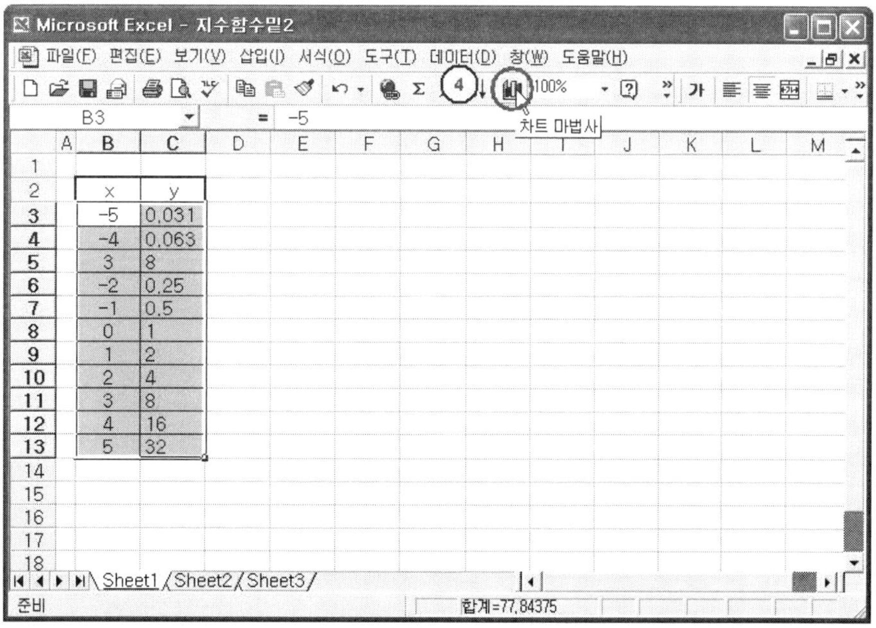

⑤ "차트 마법사"에서 표준 종류를 선택하지 않고 앞에서 만들었던 사용자 정의 차트를 이용하여 점의 좌표를 차트에 나타내자. **[차트 마법사]**에서 **[사용자 정의 종류]** 탭을 선택하고 **[차트 종류]**를 "기본좌표평면"을 선택하고 **[마침]**을 누르자. 그러면 다음과 같이 그래프가 그려진다.

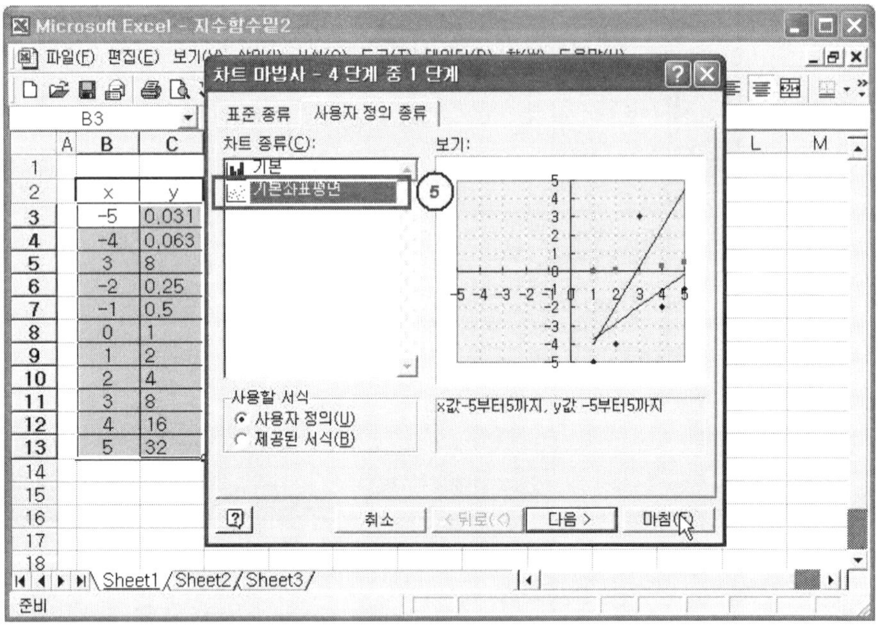

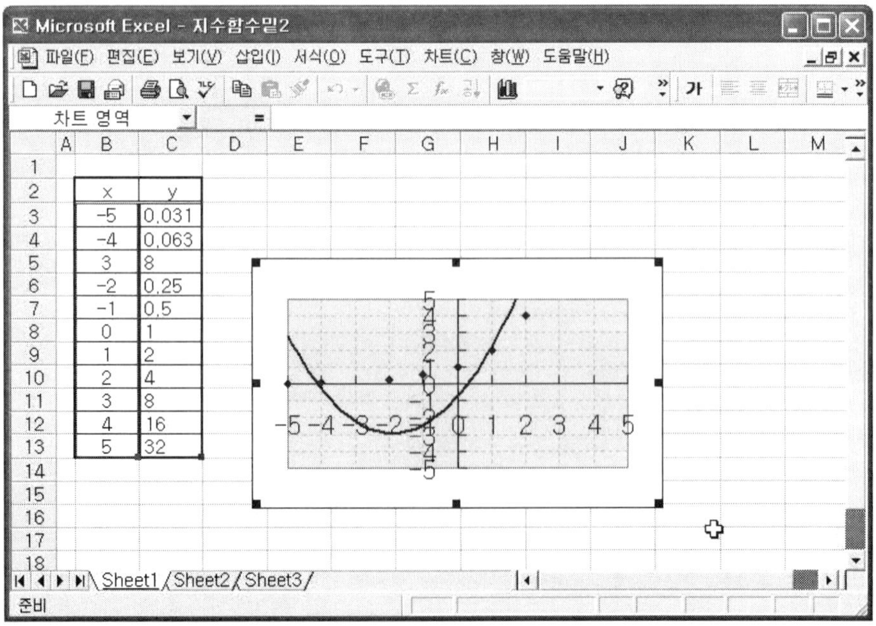

Tip

앞의 그림을 보면 지수함수의 그래프가 아닌 이차함수 그래프 모양으로 추세선이 그려져 있다. 이것은 차트종류에서 사용자정의를 추세선이 포함된 이차함수로 등록했기 때문이다. 일반적으로 차트를 사용자정의로 등록시킬 때에는 추세선을 지우고 등록시킨다. 그러면 단순히 점들만 좌표로 나타나는 차트가 등록된다.

⑥ 추세선을 선택하고 메뉴에서 **[서식 ⇒ 선택한 추세선]**을 선택한다.

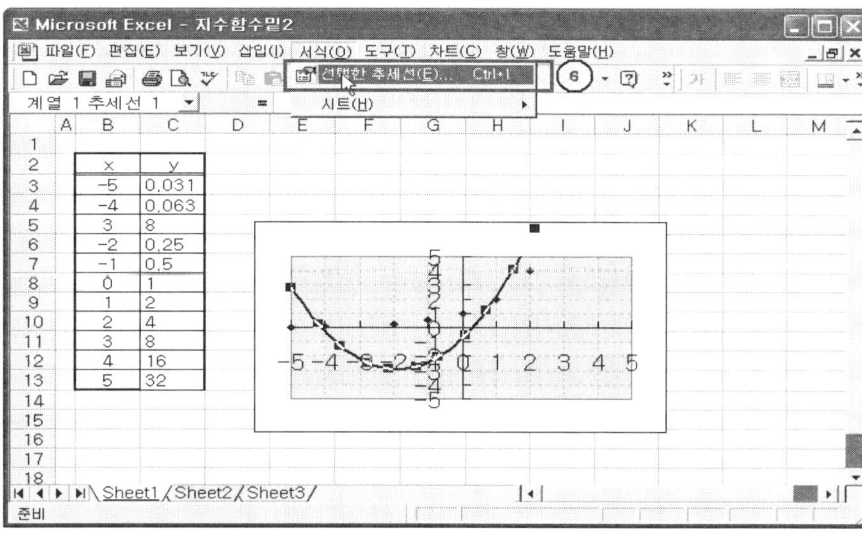

⑦ **[추세선 서식]** 대화상자의 종류탭에서 "지수"를 선택하고 **[확인]**을 누르면 밑이 2인 지수함수의 그래프를 나타낼 수 있다.

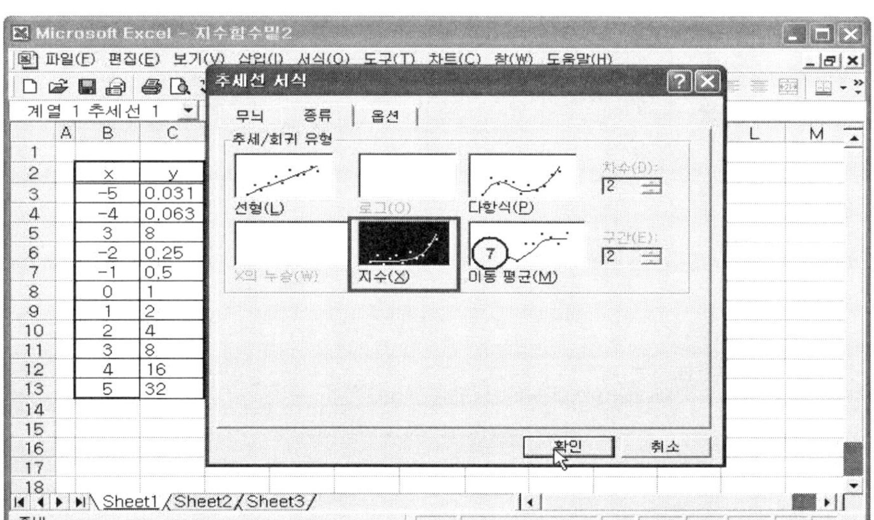

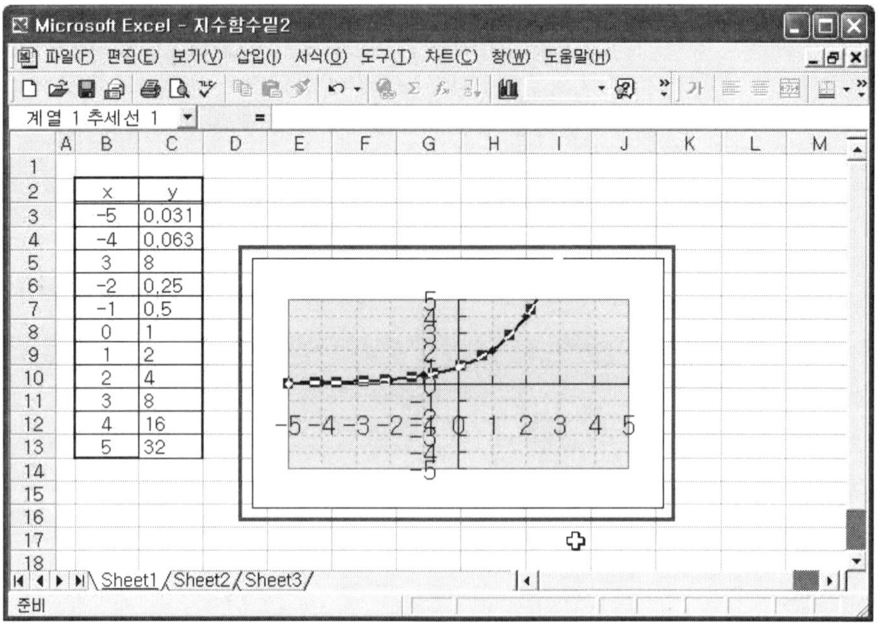

⑧ 차트의 크기를 적당하게 조절하여 나타내면 다음과 같은 지수함수의 그래프를 얻을 수 있다.

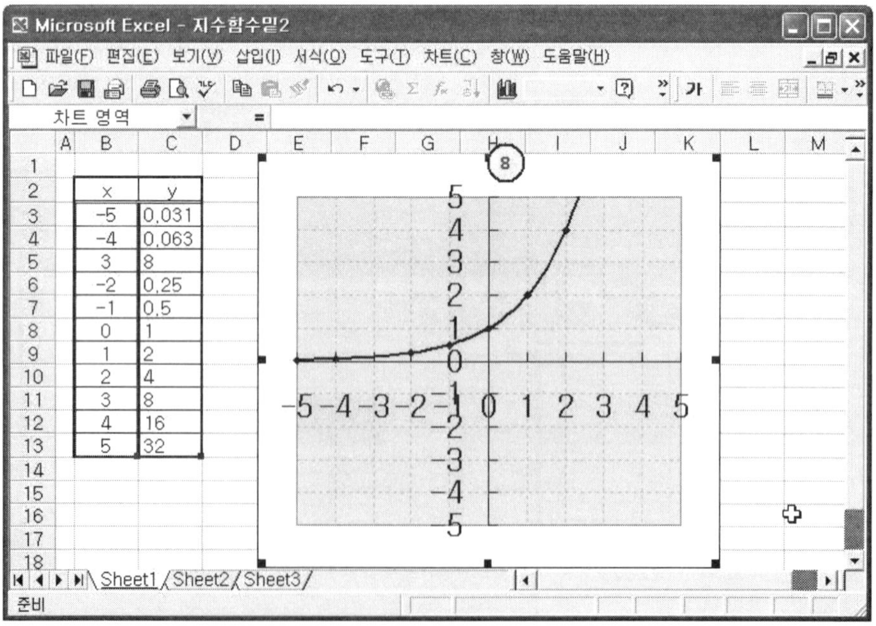

⑨ 위의 그림에서 숫자의 크기가 너무 커서 조금 작게 바꾸고, 축의 모양도 적당하게 바꾸면 다음과 같은 그래프가 완성된다.

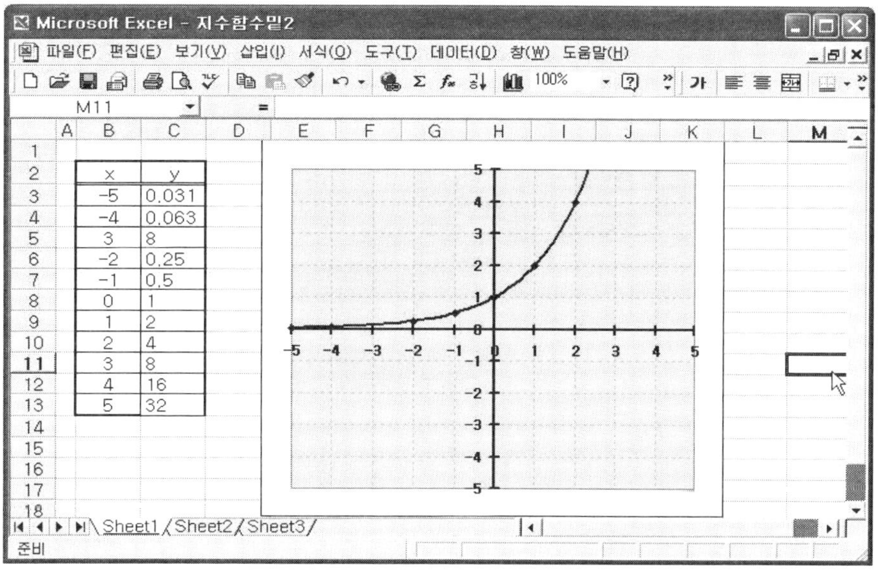

참고

■ 차트 다시 등록하기

완성된 차트에서 추세선을 삭제하고 다시 차트를 등록하자. 먼저 [추가] 단추를 누르고 이름을 기존에 있는 "기본좌표평면"으로 지정하고 설명을 간단히 입력하고 [확인]을 누른다.

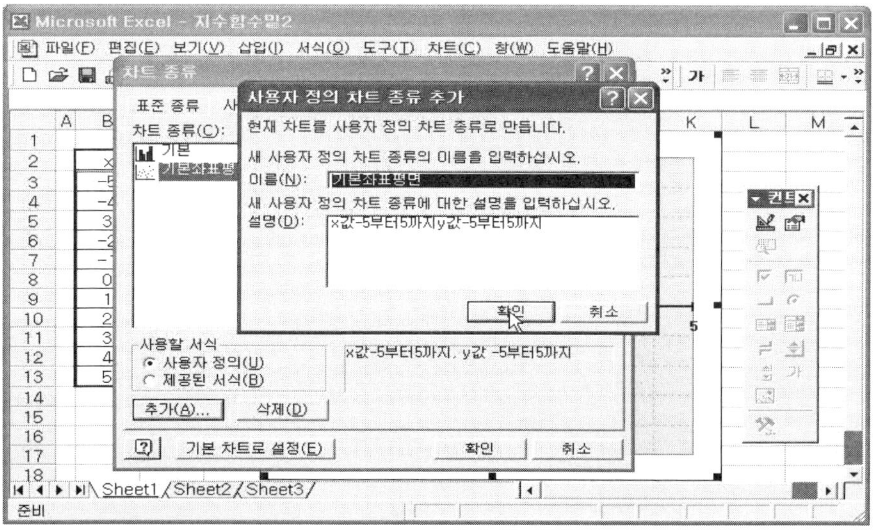

"기존의 사용자 정의 서식을 바꾸시겠습니까?"라는 대화상자가 나타난다. **[확인]**을 누르면 사용자 정의 차트가 새롭게 바뀐다.

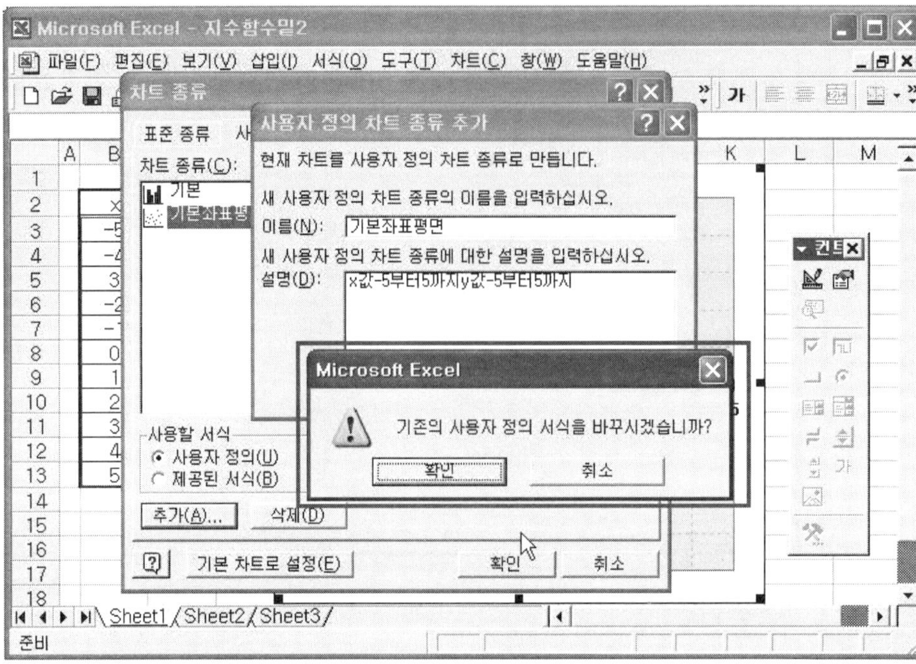

나의 노트

예제 1.2.2 $y=a^x$, $y=\left(\frac{1}{a}\right)^x$의 그래프 :

스핀단추를 활용하여 밑의 값 a가 2에서 5까지 1씩 증가하도록 하여 지수함수 $y=a^x$, $y=\left(\frac{1}{a}\right)^x$의 그래프를 그려보자.

풀이 아래에 제시된 2단계의 14개 지시문을 순서대로 따라해보자.

단계 (1) 좌표 만들기

① 다음 그림과 같이 x좌표와 스핀단추를 만들자.

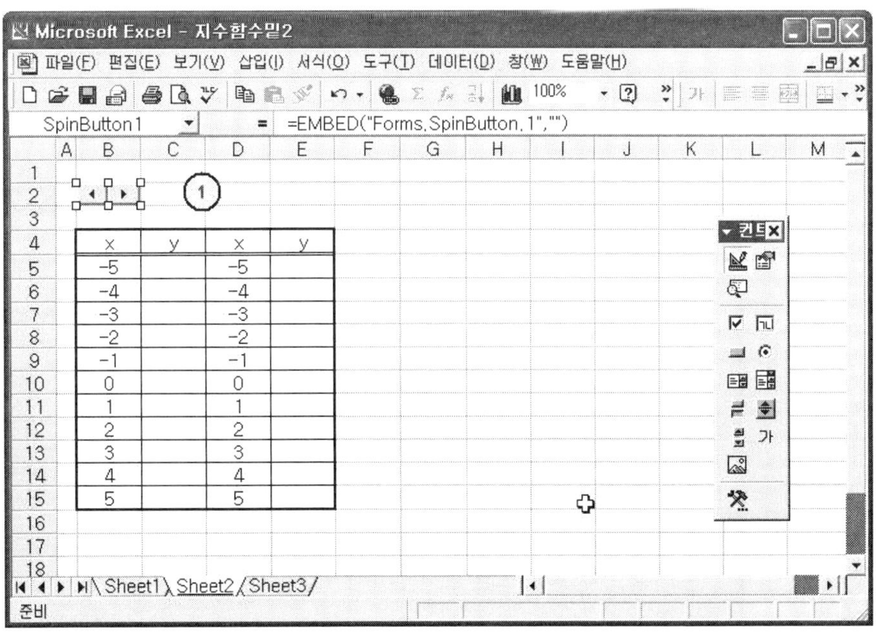

② 스핀단추의 **[속성]**을 다음과 같이 지정하자.

속성	LinkedCell	Max	Min	SmallChange
값	C2	5	2	1

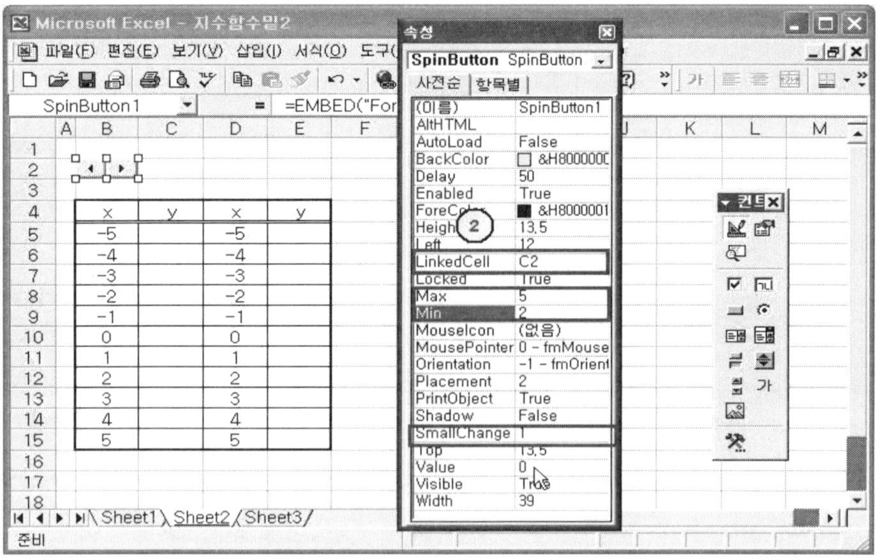

③ [속성] 대화상자를 닫고 [디자인 모드 끝내기] 단추를 누른 후 스핀단추를 누르면 셀 C2의 값이 2부터 5까지 1씩 바꾸어지는 것을 확인할 수 있다.[이름상자]에 셀 C2의 이름을 “밑”으로 부여하자.

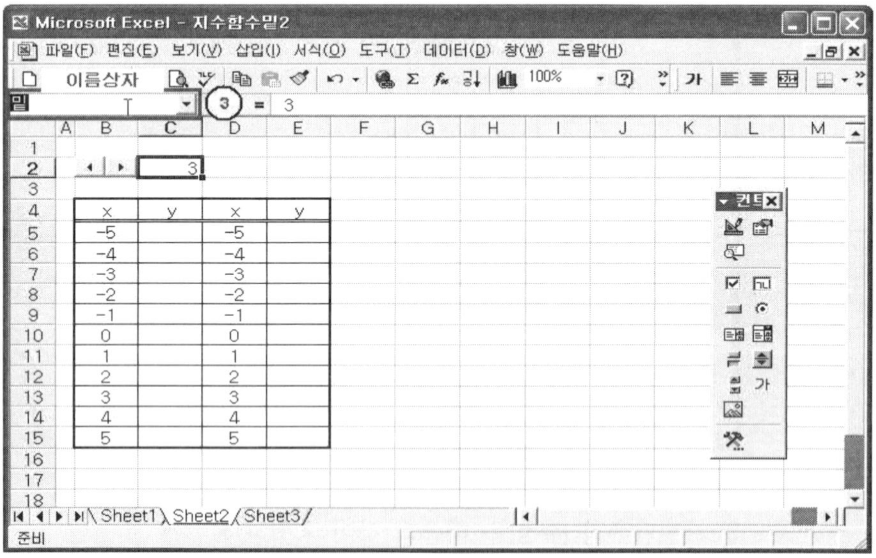

참고

셀에 이름을 부여하는 방법은 보통 [이름정의] 대화상자에서 지정하지만 여기서는 간단하게 [이름상자]에 “밑”이라는 이름을 직접 입력하여도 이름을 부여할 수 있다.

④ x가 -5일 때 지수함수 $y=a^x$의 함수값을 셀 C5에 넣기 위해 셀 C5에 수식 『=밑^B5』을 입력하면 다음 그림과 같이 함수값을 얻는다.

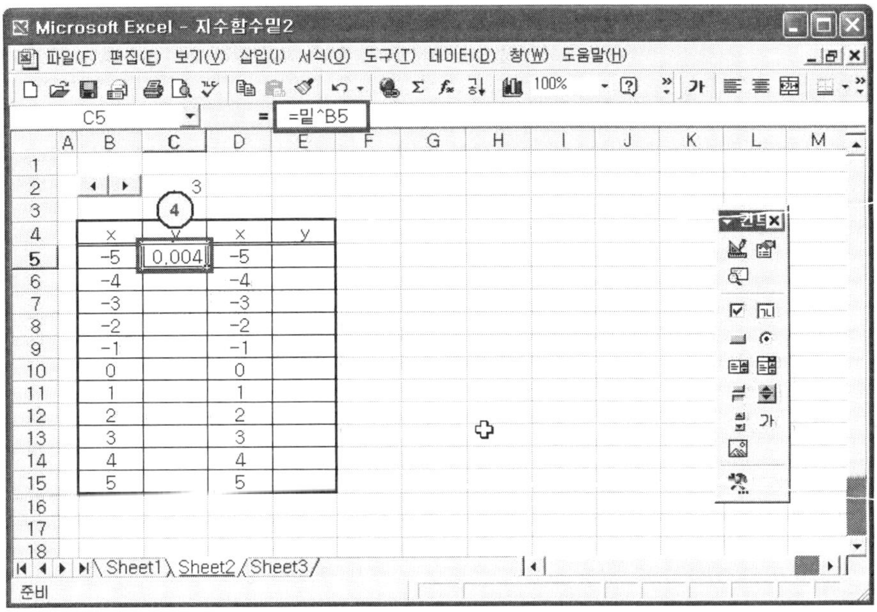

⑤ 채우기 핸들을 이용하여 셀 C5에 주어진 수식을 셀 C15까지 복사를 하면 모든 함수값을 얻을 수 있다.

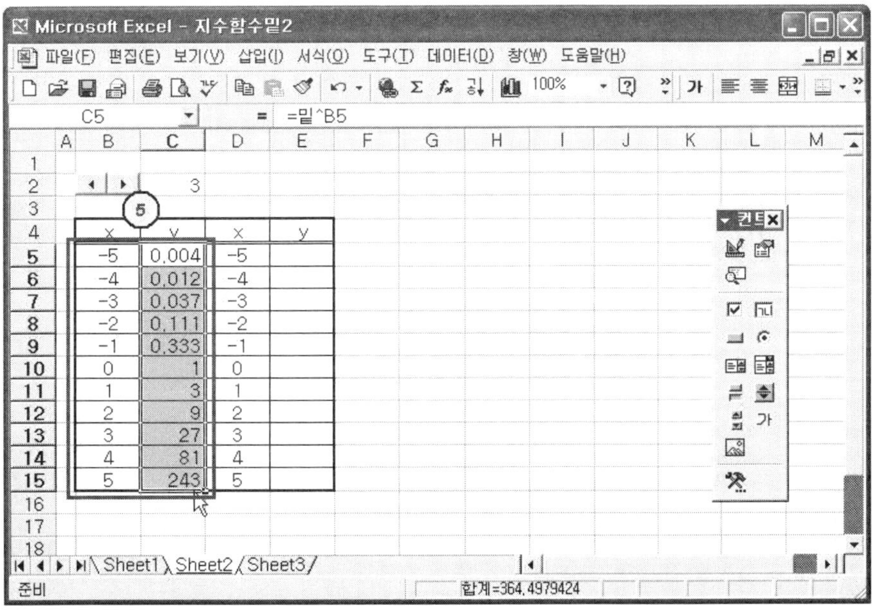

⑥ x값이 -5일 때 지수함수 $y=\left(\frac{1}{a}\right)^x$의 함수값을 셀 E5에 넣기 위해 수식 『=(1/밑)^D5』을 입력하면 다음 그림과 같이 함수값을 얻을 수 있다.

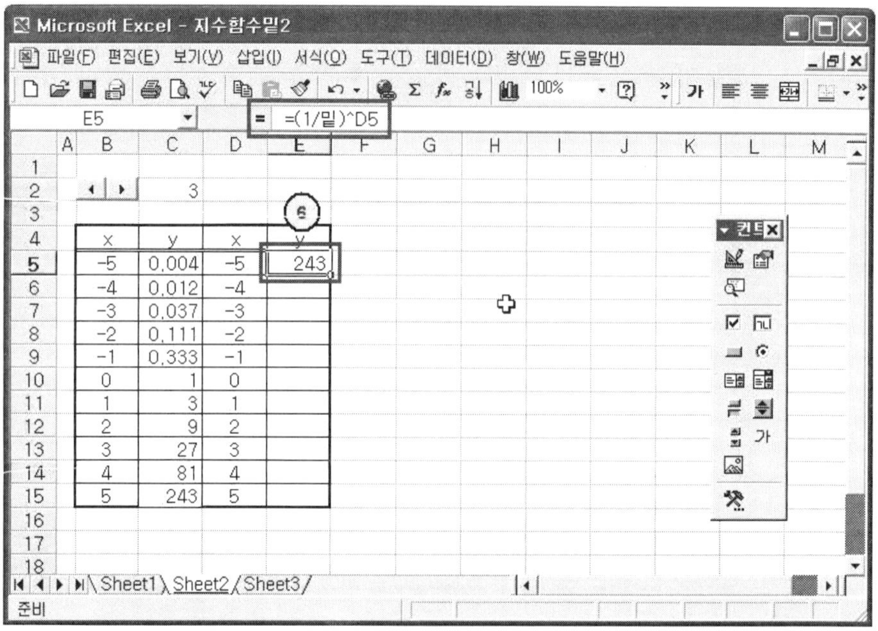

⑦ 나머지 함수값도 "채우기 핸들"을 이용하면 다음과 같이 얻을 수 있다.

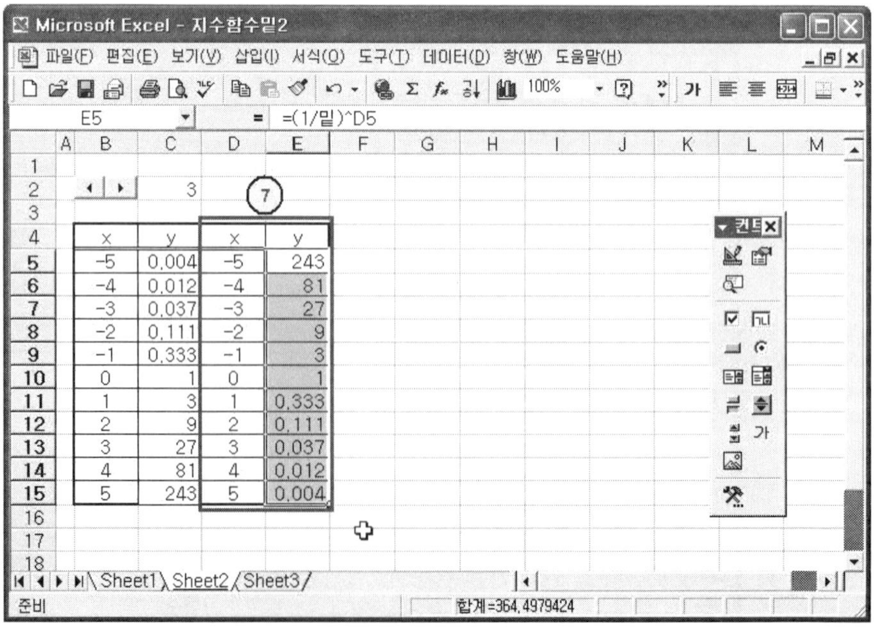

단계 (2) 차트에 지수함수 그래프 만들기

① 지수함수 $y=a^x$의 점의 좌표를 선택하여 표준도구모음의 **[차트 마법사]**를 선택하자.

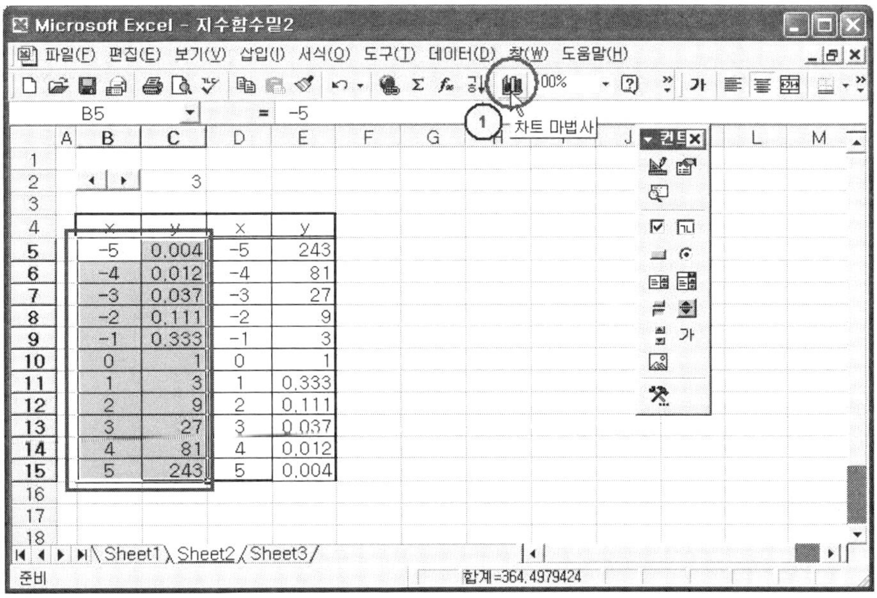

② **[차트 마법사]**에서 **[사용자 정의 종류]** "기본좌표평면"을 선택하면 다음 그림과 같이 지수함수 $y=a^x$의 그래프가 나타난다.

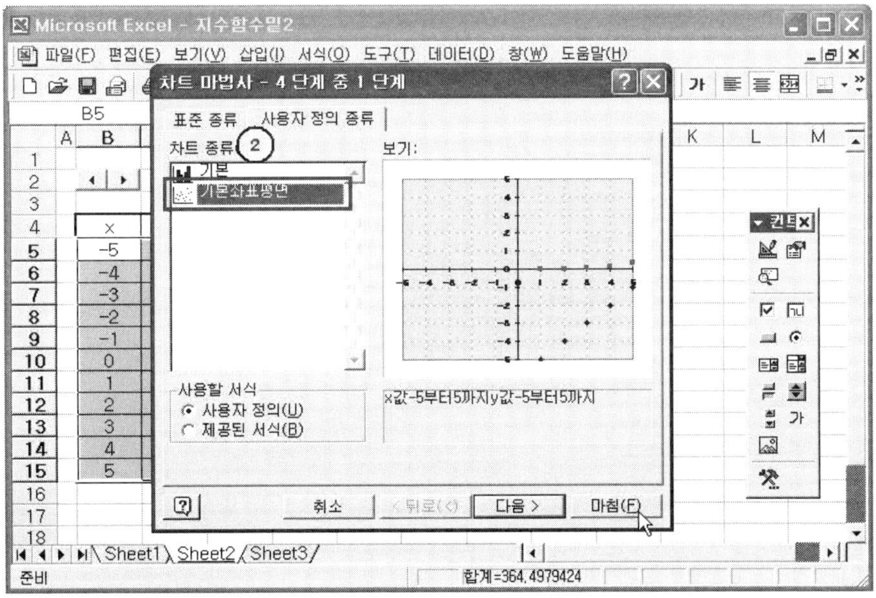

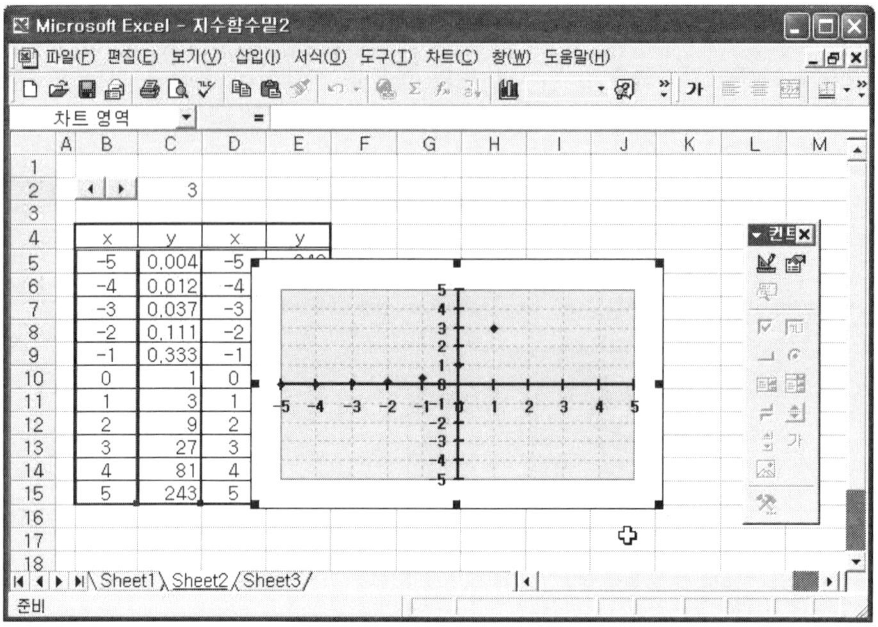

③ 차트에 지수함수 $y=\left(\frac{1}{a}\right)^x$ 의 점의 좌표를 추가하자. 차트의 임의의 점을 선택하고 메뉴에서 **[차트 ⇒ 원본 데이터]**를 선택한다.

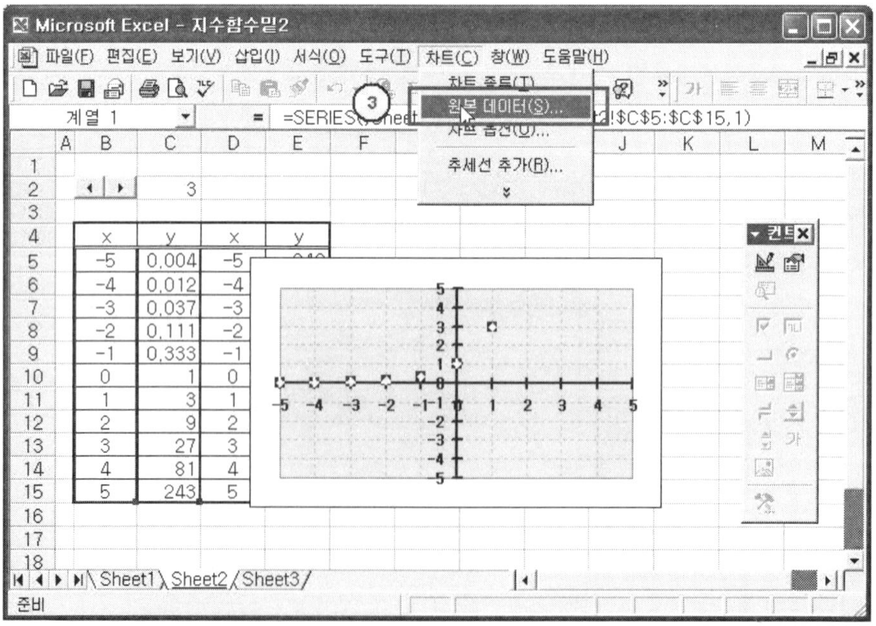

④ [원본 데이터] 대화상자에서 [계열]을 추가하고 [이름], [X 값](=Sheet2!$D$5:$D$15)과 [Y 값](=Sheet2!$E$5:$E$15)을 입력하면 다음 그림과 같이 지수함수 $y=\left(\frac{1}{a}\right)^x$의 좌표가 차트에 추가된 것을 확인할 수 있다.

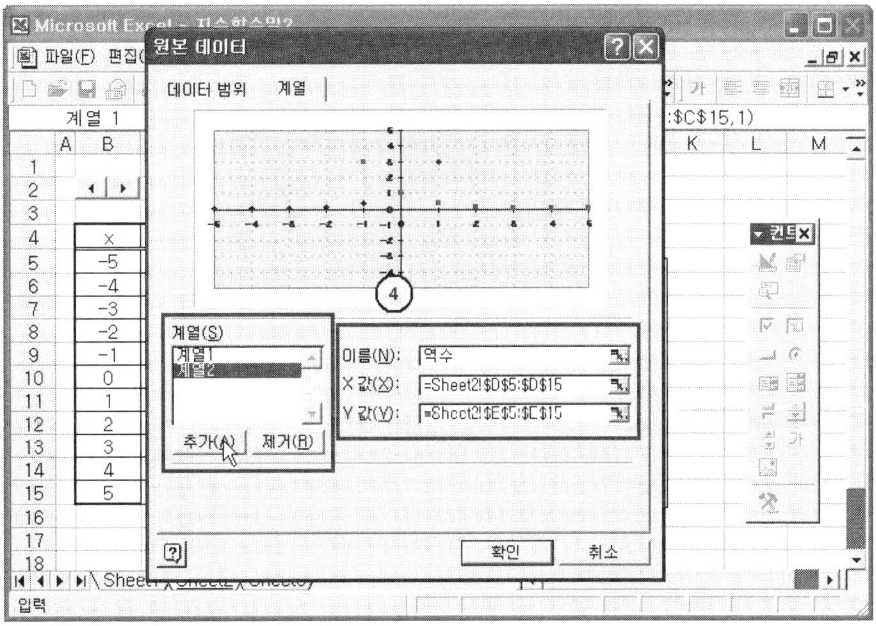

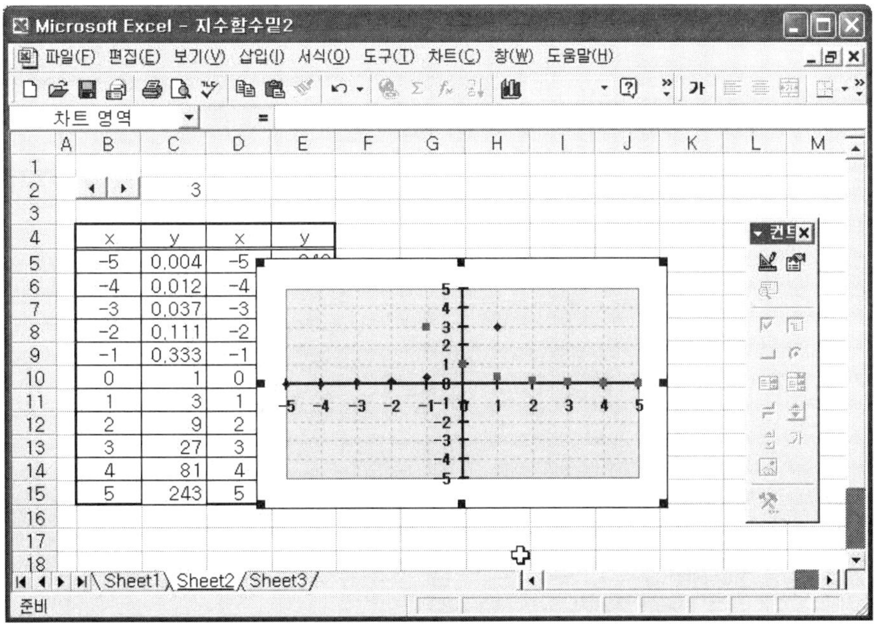

⑤ 지수함수 $y=a^x$의 좌표들을 추세선을 이용하여 연결하면 다음 그림과 같이 나타난다.

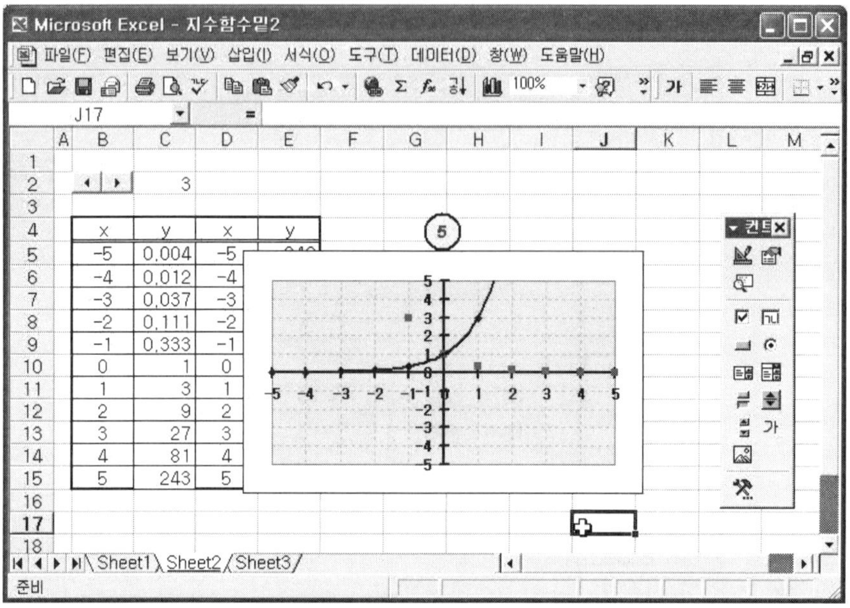

⑥ 나머지 지수함수 $y=\left(\frac{1}{a}\right)^x$의 좌표들도 추세선을 이용하여 연결하면 다음 그림과 같다.

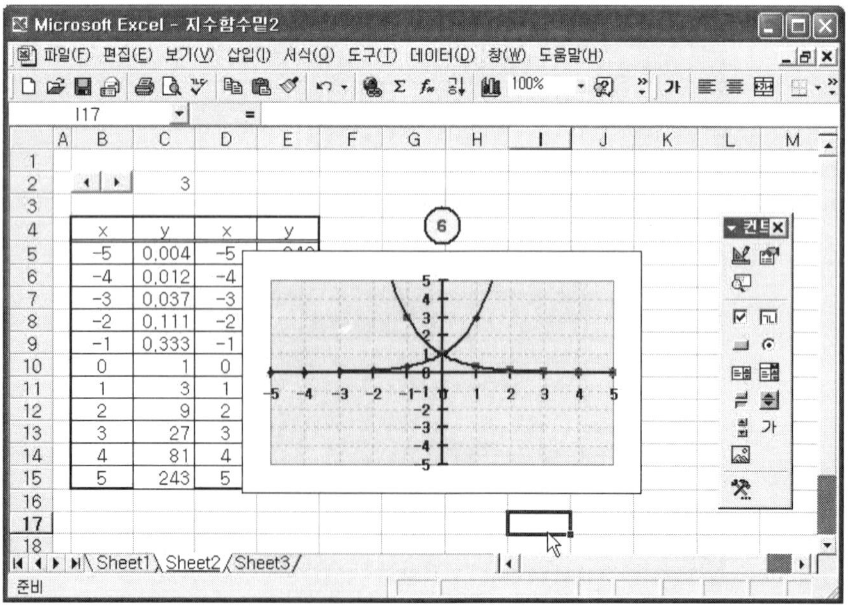

⑦ 두 지수함수를 구별하기 쉽게 추세선의 색을 적당하게 지정하고 차트의 크기를 조정하면 다음과 같이 나타난다.

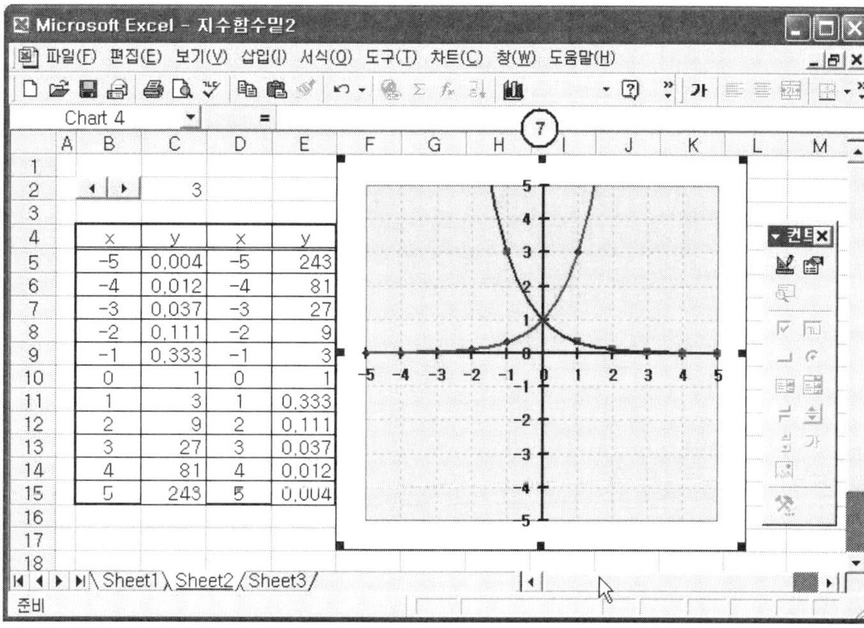

위의 그림에서 스핀단추를 누르면 밑의 값이 2에서 5까지 1씩 변하는 지수함수의 그래프를 확인할 수 있다.

나의 노트

예제 1.2.3 로그함수 $y=\log_2 x$ 의 그래프를 그려보자.

풀이 로그함수의 정의역은 양의 실수이다. 로그함수의 점의 좌표를 나타낼 때 처음 시작하는 x좌표의 값을 0에 가까운 아주 작은 값을 택하면 된다. 보통 0.00001로 나타내면 된다.

아래에 제시된 7개의 지시문을 순서대로 따라해보자.

① x좌표를 다음 그림과 같이 나타내자.

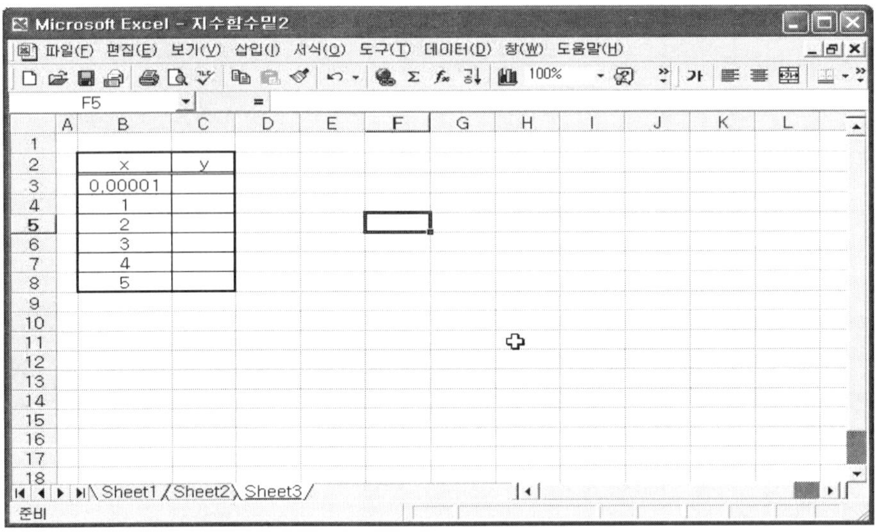

② 셀 C3에 로그함수 $y=\log_2 x$ 의 함수값을 얻기 위해 수식 『=LOG(B3,2)』을 입력하면 된다.

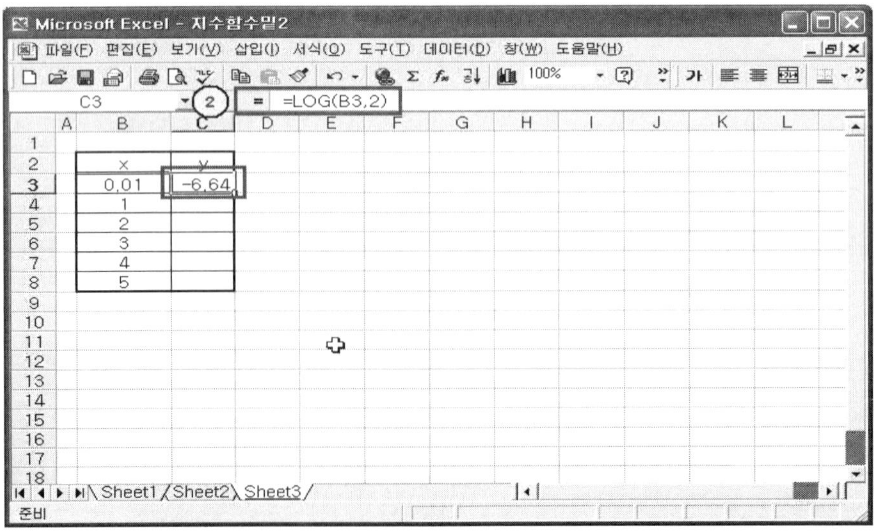

참고

수식 LOG는 다음과 같은 형식으로 나타낸다.

LOG(셀주소, 밑)

③ 나머지 x값에 대한 함수값을 "채우기 핸들"을 이용하여 다음과 같이 얻을 수 있다.

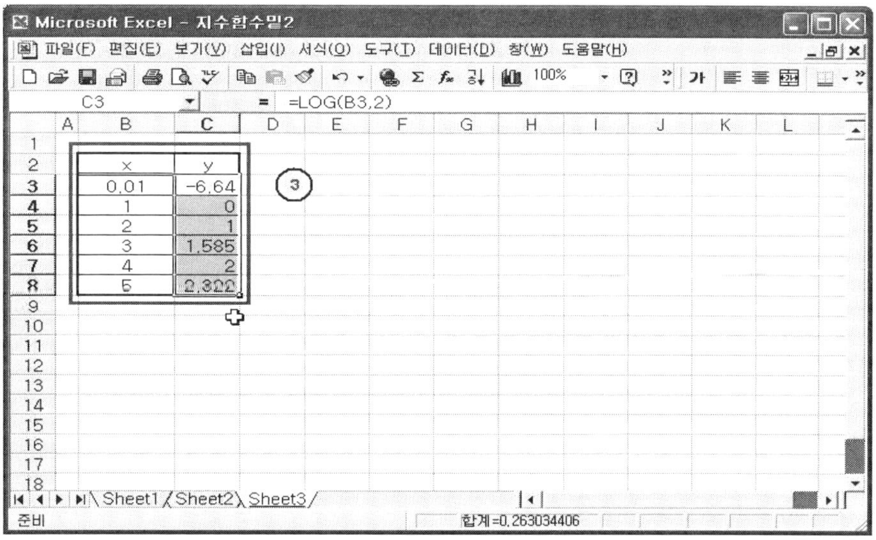

④ 로그함수의 지나는 점들을 선택하여 **[차트 마법사]**를 통하여 차트에 점들을 나타내면 다음과 같다.

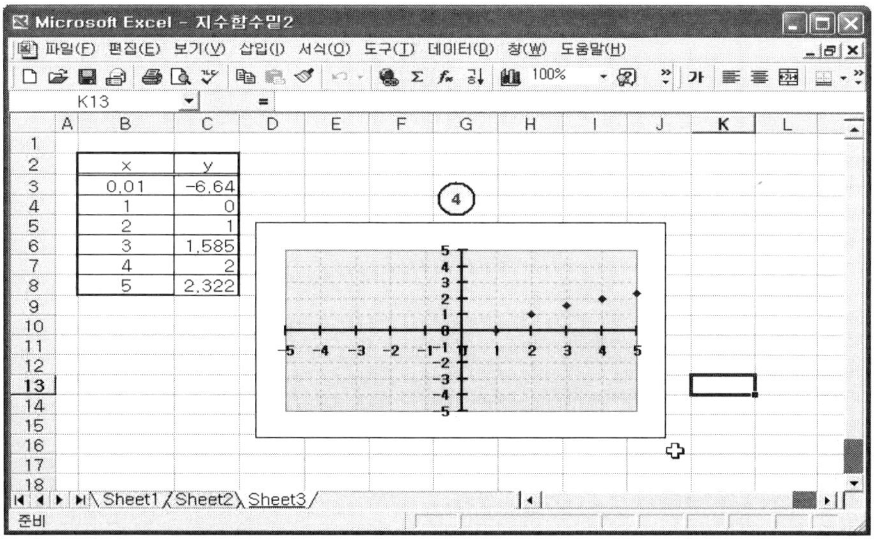

⑤ 로그함수의 임의의 점을 선택한 후 메뉴에서 **[차트 ⇒ 추세선 추가]**를 선택한다.

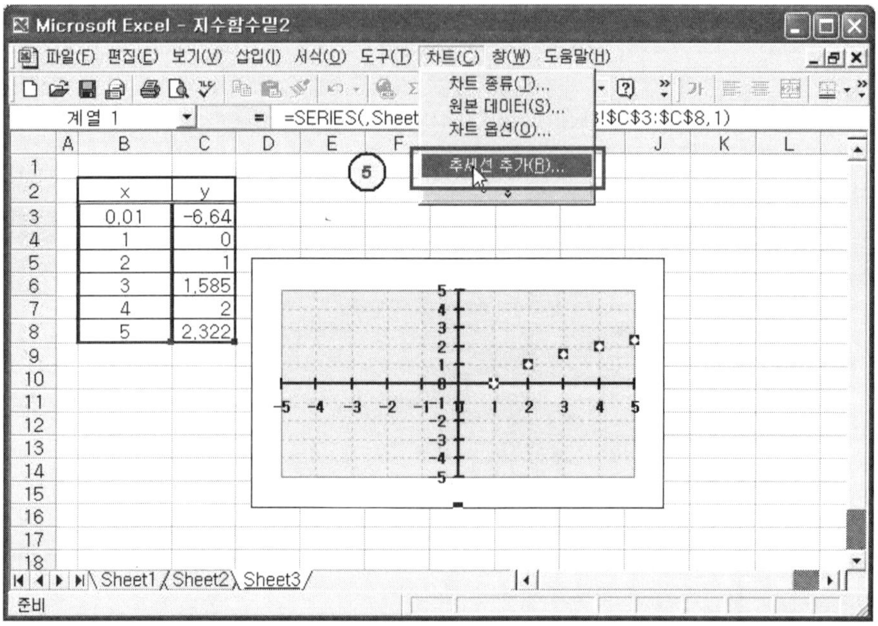

⑥ **[추세선]** 대화상자에서 종류를 '로그'로 선택하면 다음과 같은 로그함수의 그래프가 나타난다.

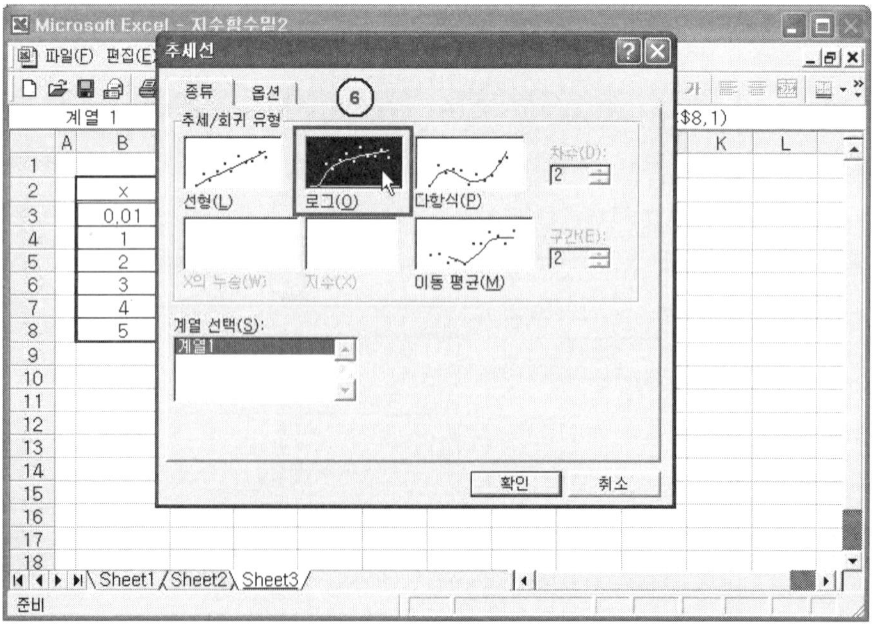

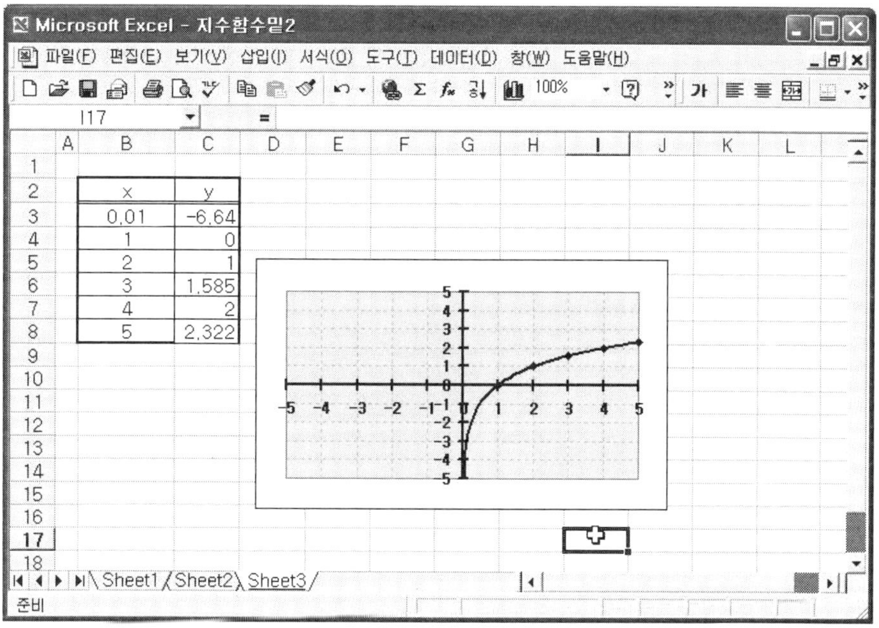

⑦ 로그함수의 추세선의 [서식]을 지정하고 차트의 크기를 적당하게 조절하면 다음과 같은 로그함수의 그래프가 나타난다.

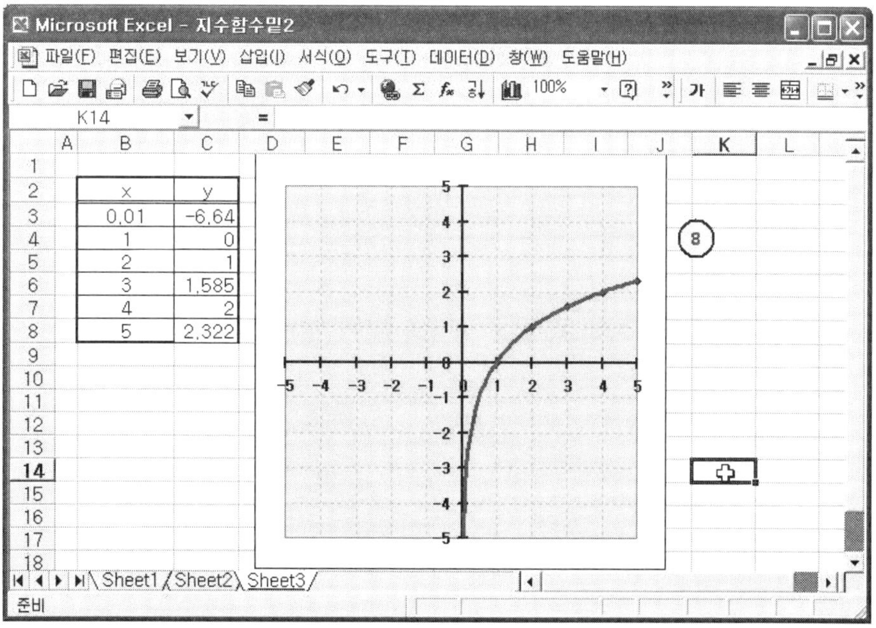

예제 1.2.4 스핀단추를 이용하여 지수함수 $y = a^x$ 와 로그함수 $y = \log_a x$ 의 그래프를 나타내어보자(단, 밑의 값을 1.2부터 4까지 0.2씩 변하도록 만들어보자.)

풀이 아래에 제시된 7개의 지시문을 순서대로 따라해보자.

① 스핀단추와 지수·로그함수의 x 좌표를 다음과 같이 만들어보자.

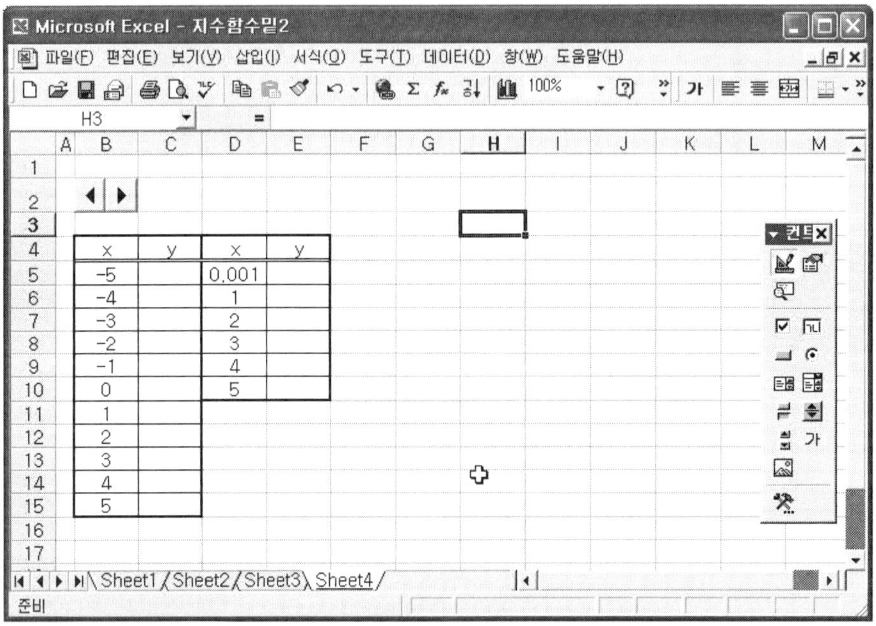

② 스핀단추의 **[속성]**을 다음과 같이 부여하자.

속성	LinkedCell	Max	Min	SmallChange
값	AA2	40	12	2

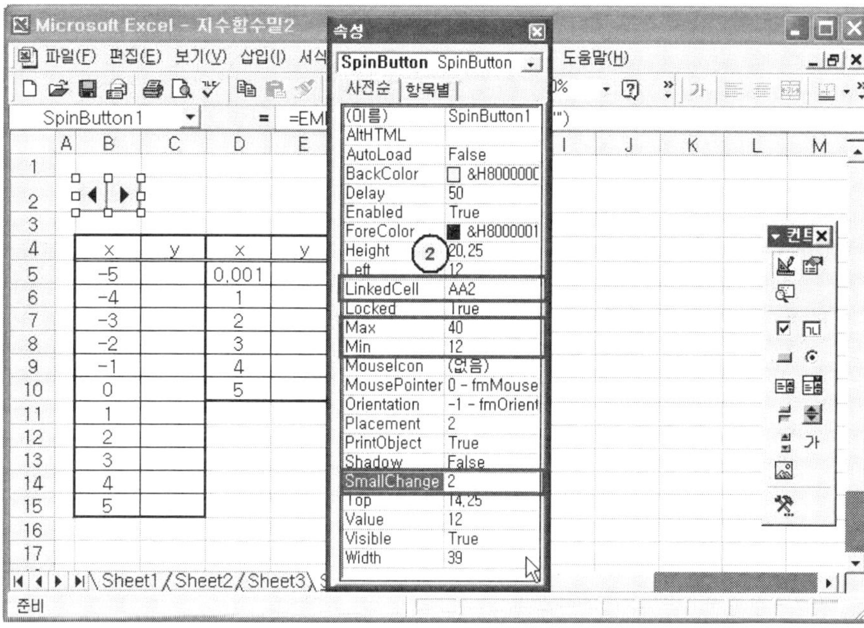

③ [디자인 모드 끝내기] 단추를 누른 후 셀 C2에 수식 『=AA2/10』를 입력하면 1.2에서 4까지 0.2씩 변하는 지수·로그함수의 밑의 값을 얻을 수 있다.

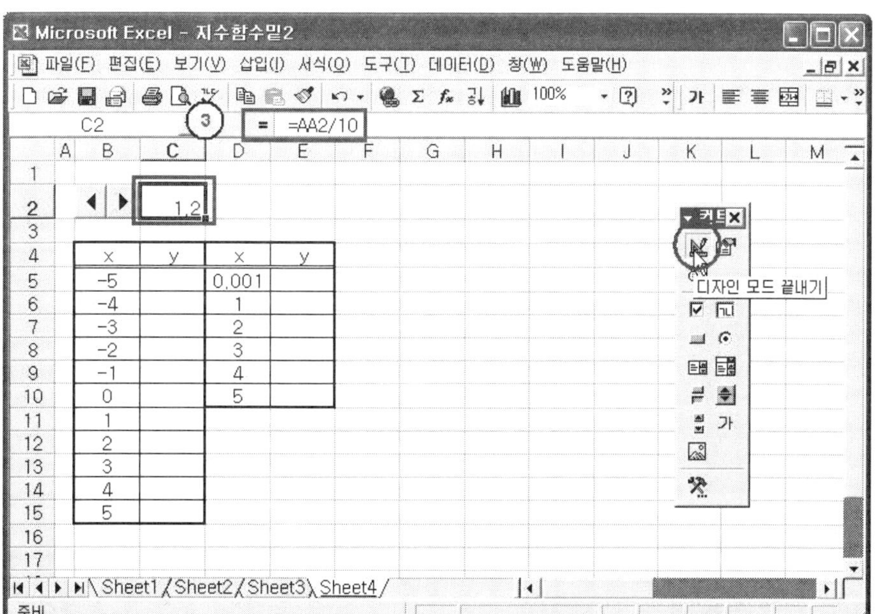

④ 지수·로그함수의 밑의 값이 있는 셀 C2에 이름을 "값밑"으로 부여하자.

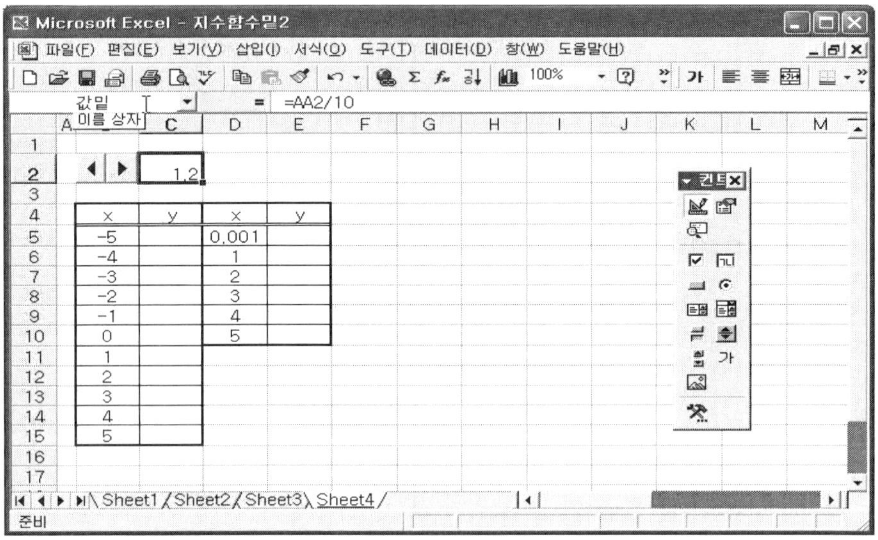

참고

보통 한 파일 내에서 동일한 이름을 부여하지는 않는다. 이미 Sheet2에 "밑"이라는 이름이 부여되어 있기 때문에 다른 이름 "값밑"을 부여하는 것이다.

⑤ 셀 C5와 셀 E5에 지수함수와 로그함수의 함수값을 나타내기 위해 각 수식 『=값밑^B5』과 『=LOG(D5, 값밑)』을 입력하자.

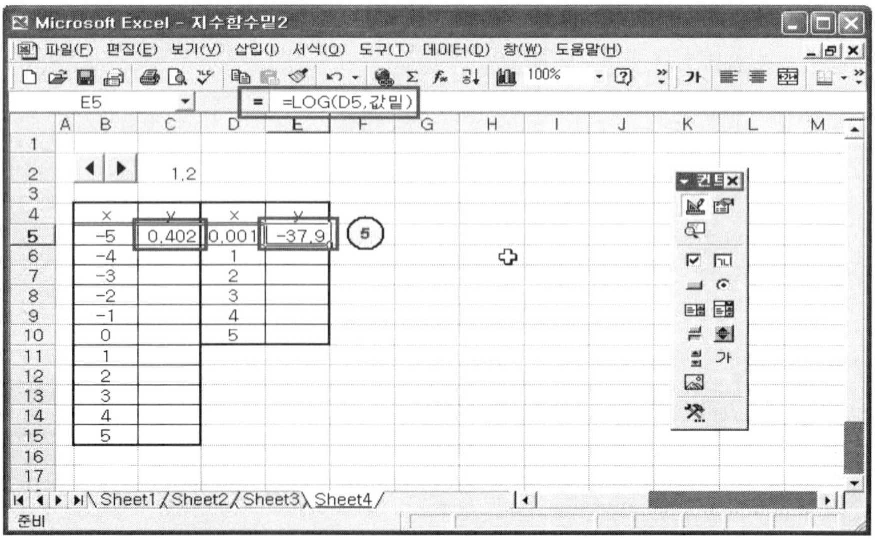

⑥ “채우기 핸들”을 이용하여 두 함수의 함수값을 모두 구하자.

⑦ 앞의 예제 2.1.1과 2.1.3과 같은 방법으로 차트에 지수함수와 로그함수의 그래프를 나타내면 다음과 같은 그림을 얻을 수 있다.

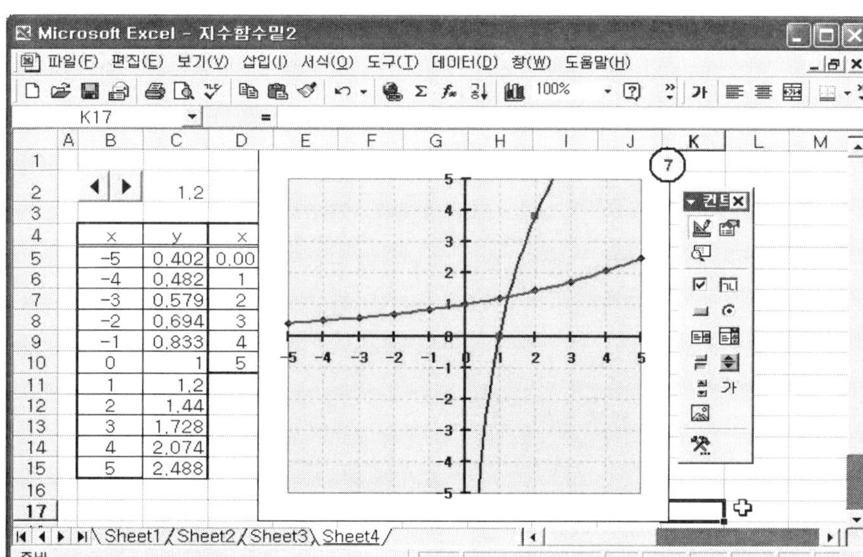

“스핀단추”를 누르면 변하는 밑의 값에 따른 지수함수와 로그함수의 그래프를 확인할 수 있다.

연습문제 1.2

※ 해답은 인제대학교 창의력교육센터(http://ecc.inje.ac.kr)로 접속해서 **[자료실 ⇒ 생각하는 수학 ⇒ "엑셀활용(2권)"]**에 들어가면 볼 수 있다.

1. "스핀단추"를 이용하여 지수함수 $y=a^x$와 로그함수 $y=\log_a x$의 밑의 값이 0.1에서 0.9까지 0.1씩 변하는 그래프를 만들어라. 또, 동일한 차트에 직선 $y=x$도 같이 나타내어라.

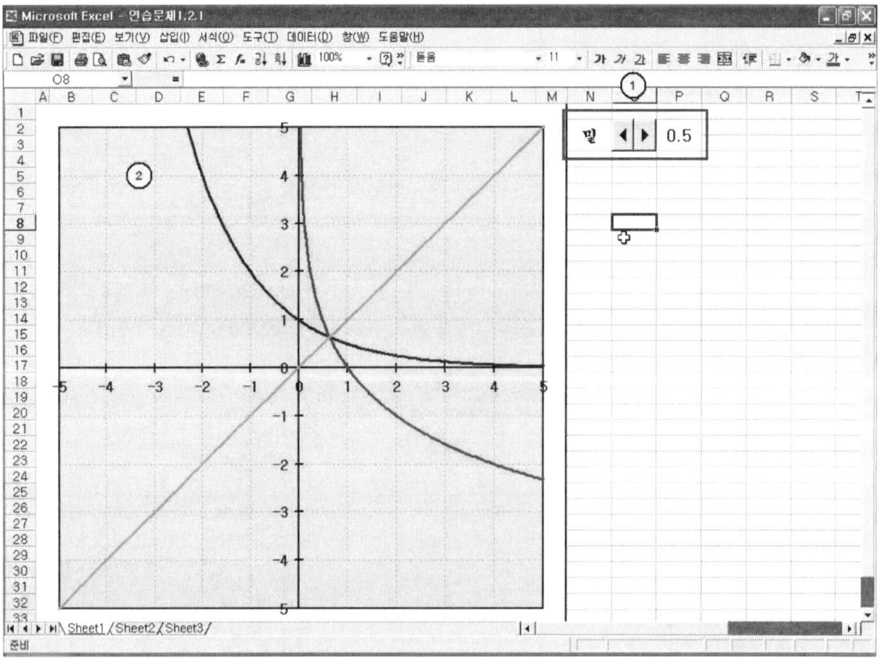

나의 노트

2. "스핀단추"를 이용하여 지수함수 $y=a^x$, $y=(\frac{1}{a})^x$와 로그함수 $y=\log_a x$, $y=\log_{\frac{1}{a}} x$의 그래프를 동일한 차트에 만들어 보아라.

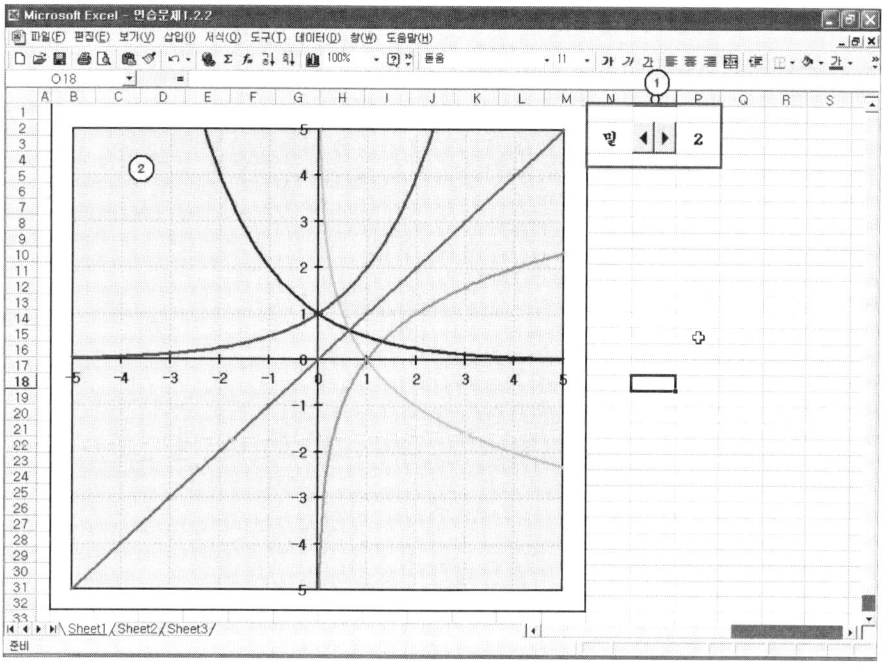

나의 노트

1.3 삼각함수의 그래프

아래 그림과 같이 반지름이 r이고 중심이 O인 원이 있을 때 임의의 실수 x에 대하여, 양면 x축 부분을 시초선으로 하고 θ인 각의 동경이 이 원과 만나는 점을 $P(a,b)$라고 하자.

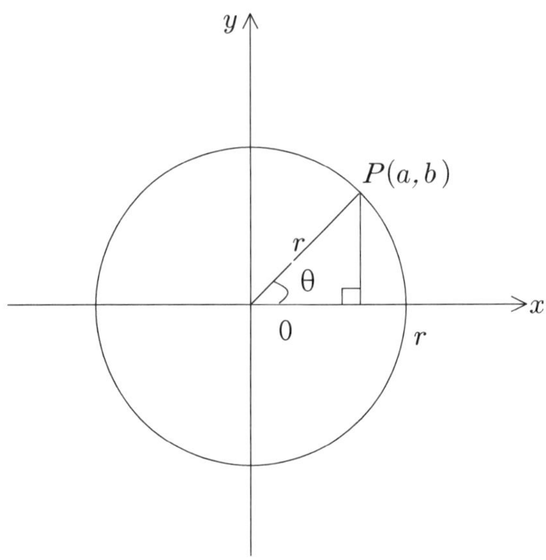

그러면 임의의 실수 θ에 대하여, θ에 대한 비

$$\frac{b}{r},\ \frac{a}{r},\ \frac{b}{a}(a \neq 0),\ \frac{r}{b}(b \neq 0),\ \frac{r}{a}(a \neq 0),\ \frac{b}{a}(a \neq 0)$$

들의 값은 하나의 실수가 되므로 다음과 같은 함수들을 정의할 수 있다.

$$\sin\theta = \frac{b}{r},\qquad \cos\theta = \frac{a}{r},\qquad \tan\theta = \frac{b}{a}(a \neq 0),$$

$$\csc\theta = \frac{r}{b}(b \neq 0),\qquad \sec\theta = \frac{r}{a}(a \neq 0),\qquad \cot\theta = \frac{b}{a}(a \neq 0)$$

위의 함수들을 통틀어서 삼각함수라고 하며, 정의로부터 다음과 같은 성질이 성립함을 쉽게 알 수 있다.

① $\tan\theta = \dfrac{\sin\theta}{\cos\theta}$ ② $\cot\theta = \dfrac{\cos\theta}{\sin\theta}$

③ $\csc\theta = \dfrac{1}{\sin\theta}$ ④ $\sec\theta = \dfrac{1}{\cos\theta}$

⑤ $\cot\theta = \dfrac{1}{\tan\theta}$

앞의 1.1절과 1.2절에서 배웠듯이 보통 추세선으로 나타낼 수 있는 함수로는 다항함수와 지수함수, 로그함수 등이 있다. 그러나 이와 같은 함수와 달리 삼각함수, 분수함수, 무리함수 등은 추세선으로 나타낼 수 없다. 추세선으로 나타낼 수 없는 함수의 그래프는 어떻게 차트에 나타낼 수 있을까? 약간의 편법이지만 점의 좌표를 차트에 나타낼 수 있기 때문에 차트에 나타내는 점의 개수를 많이 만들면 점들이 하나의 곡선의 모양으로 보일 수 있다.

여기서 삼각함수의 그래프를 나타내는 방법을 소개 한다.

나의 노트

예제 1.3.1 삼각함수 $y = \sin\theta$의 그래프를 그려보자.

풀이 아래에 제시된 2단계의 14개 지시문을 순서대로 따라해보자.

단계 (1) 삼각함수 $y = \sin\theta$의 그래프를 정의역 -3.14부터 7까지 그리기

① 삼각함수의 정의역에 해당되는 첫 번째 θ값 -3.14을 셀 B3에 입력하자.

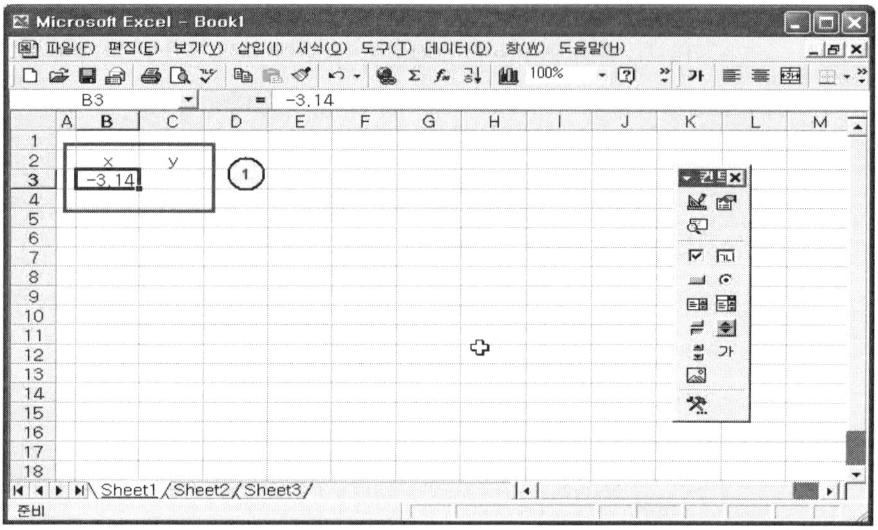

② 정의역의 값을 -3.14부터 7까지 0.01의 간격으로 셀 B4부터 입력하려고 한다. 입력하는 방법은 여러 가지가 있지만 동일한 간격으로 자동으로 입력하려고 한다. 먼저 셀 B3을 선택한 상태에서 메뉴의 **[편집 ⇒ 채우기 ⇒ 연속 데이터]**를 선택하면 **[연속 데이터]** 대화상자가 나타난다.

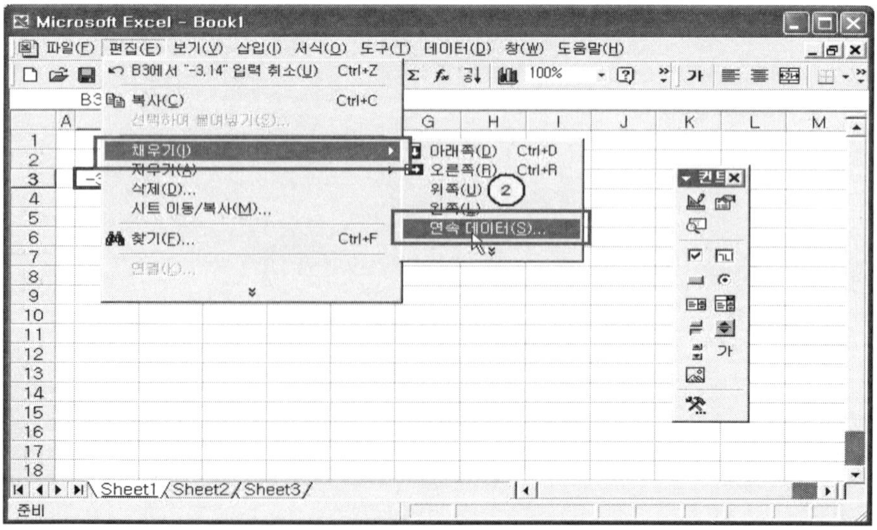

③ **[연속 데이터]** 대화상자에서 **[방향]**은 "열", **[종류]**는 "선형", **[단계값]**은 "0.01", **[종료값]**은 "7"을 입력하면 -3.14부터 0.01씩 증가하여 7까지 정의역의 x값을 얻을 수 있다.

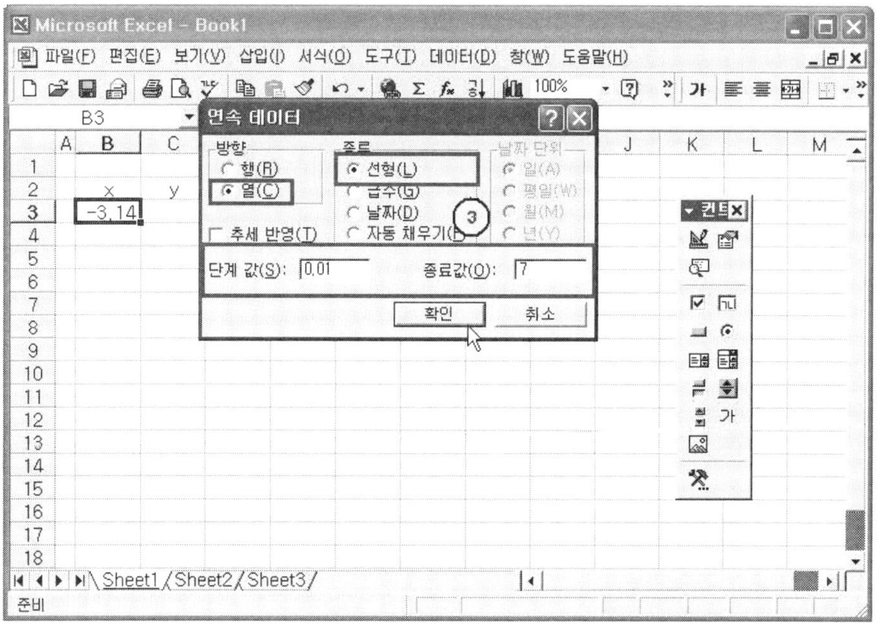

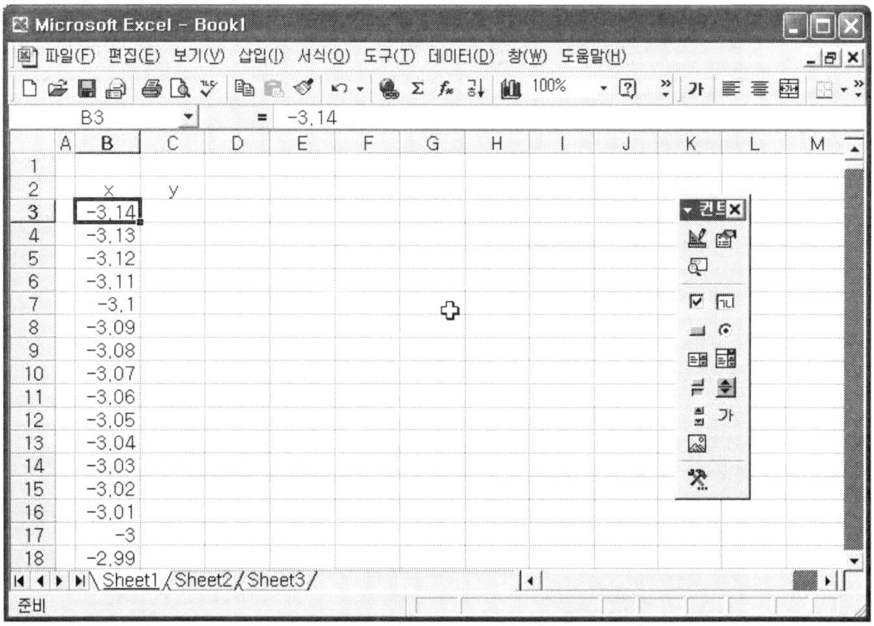

④ 셀 C3에 x값 -3.14에 대한 함수값을 얻기 위해 수식 『=sin(B3)』을 입력한다.

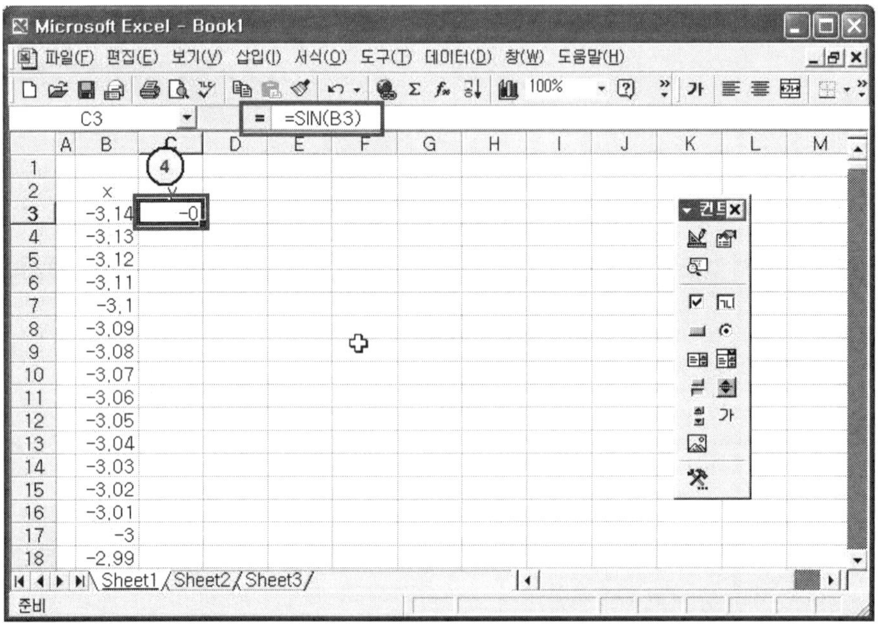

⑤ "채우기 핸들"을 이용하여 모든 정의역 x값에 대하여 함수값을 구하면 다음과 같다.

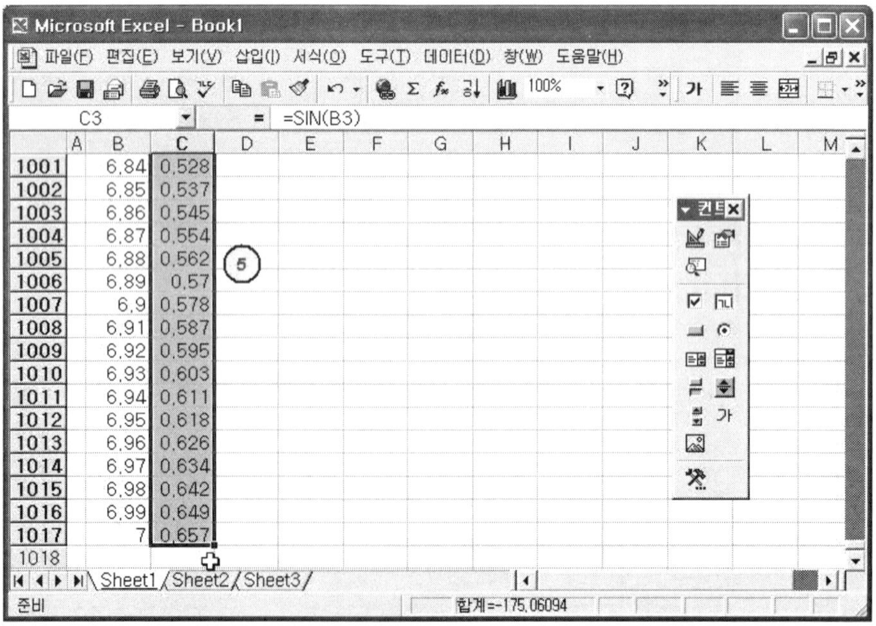

⑥ 모든 좌표를 선택한 뒤 표준도구모음의 **[차트 마법사]**를 선택한다.

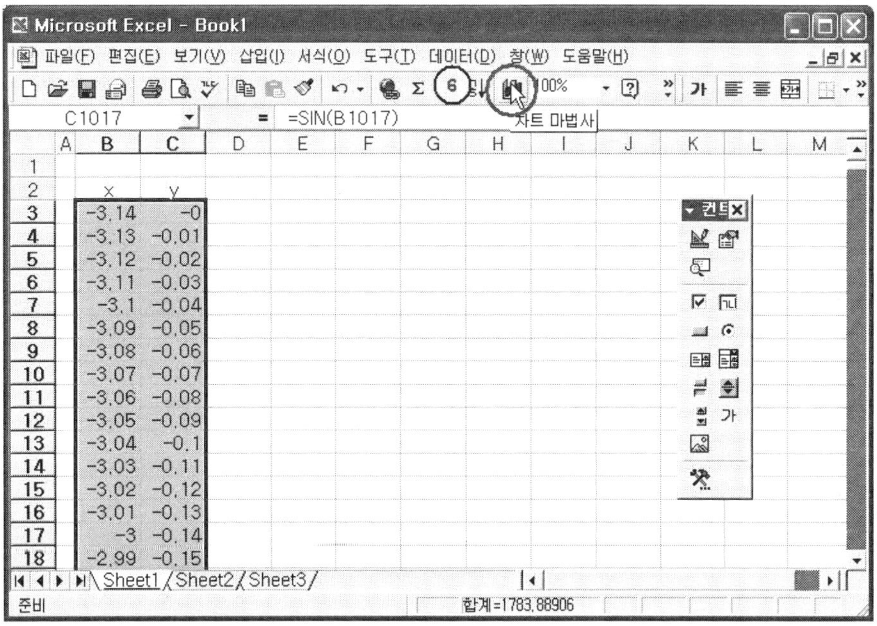

⑦ "차트 마법사"에서 **[차트종류]**는 "분산형"(점만 나타내는 것)을 선택하면 다음과 같은 차트가 완성된다.

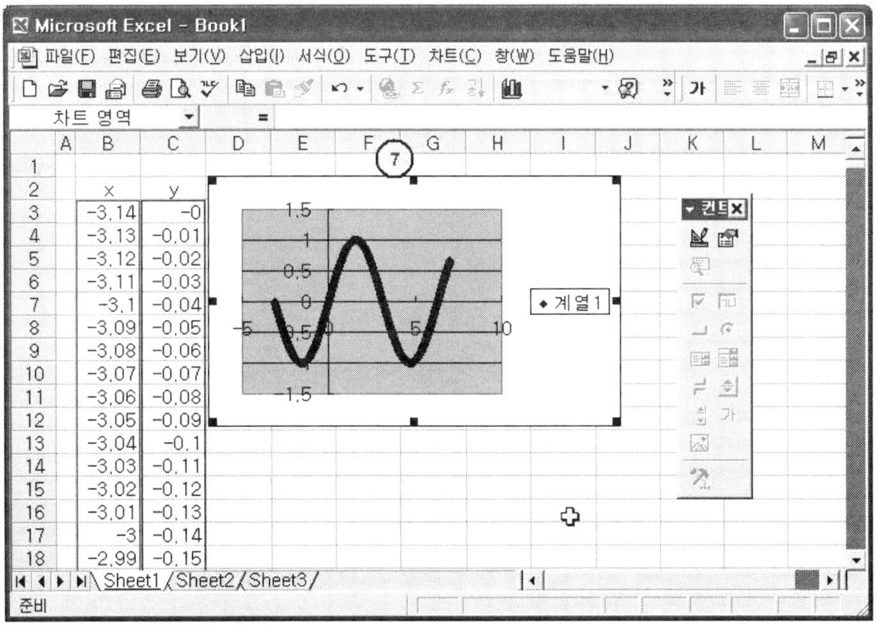

⑧ 만들어진 차트에서 "범례"를 지우고 차트의 크기를 적당하게 조절하면 다음과 같은 그래프를 얻을 수 있다.

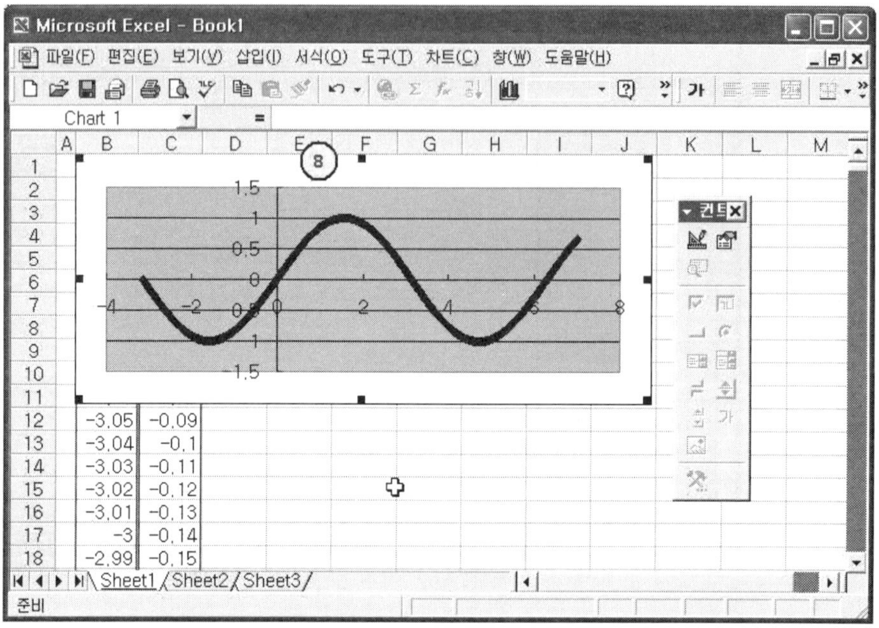

단계 (2) 차트 다듬기

삼각함수 $y = \sin\theta$는 주기가 2π인 주기함수이다. 따라서 x축의 눈금을 $-\pi$, π, 2π 등으로 나타내면 삼각함수의 주기성을 쉽게 이해할 수 있을 것이다. 하지만, GSP, Cabri같은 수학전용 프로그램에서와 같이 엑셀에서도 이와 같은 값을 축의 눈금으로 나타낼 수 없다. 그렇다고 전혀 나타내지 않으면 주기성을 잘 표현할 수 없으므로, 이런 문제점을 보완하기 위해 보통 π의 근사값으로 눈금을 나타내어 주기성을 이해하는데 조금이나마 도움이 될 수 있게 하자. 여기서는 π의 근사값으로 3.14라는 값을 사용하자.

① x축을 선택하고 메뉴에서 **[서식 ⇒ 선택된 축]**을 선택하여 **[축 서식]** 대화상자를 불러내자. **[눈금]**탭에서 **[최소값]**을 "-3.14", **[최대값]**을 "7", **[주단위]** "3.14", **[보조 단위]** "3.14"를 지정하면 다음과 같은 차트가 완성이 되어 조금이나마 삼각함수의 주기성을 나타낼 수 있다.

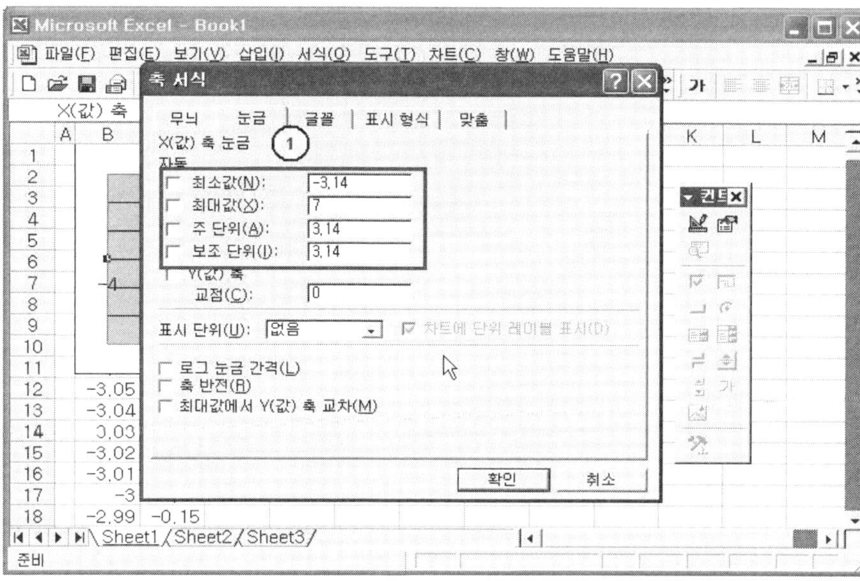

Tip 축의 "최소값"과 "주 단위"를 3.14로 나타내면 π의 근사값 3.14를 x축 위에 표현하게 되므로 주기성을 확보할 수 있다.

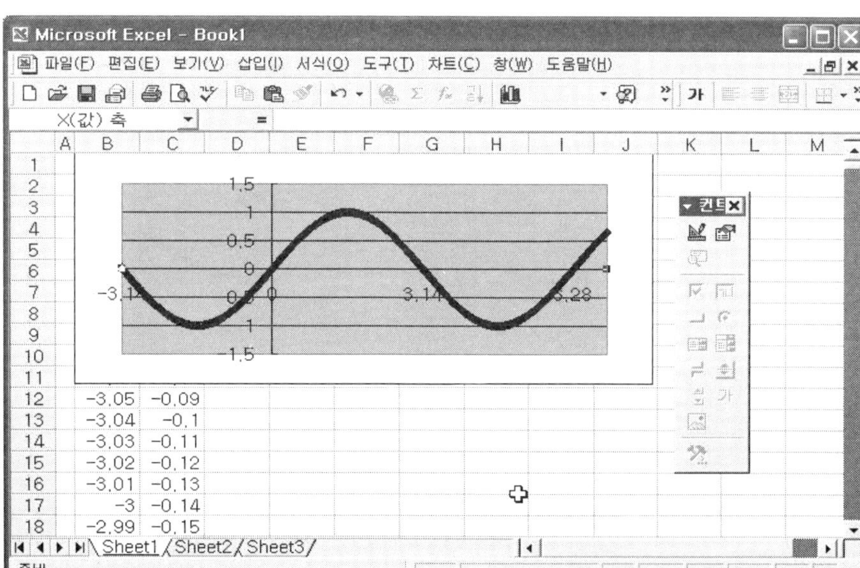

② 앞으로 삼각함수의 그래프에 사용될 차트를 **[사용자 정의]**에 등록하기 위해 y축의 범위도 -3부터 3까지 나타내면 다음과 같이 된다(**[축 서식]**에서 눈금의 범위를 지정한다).

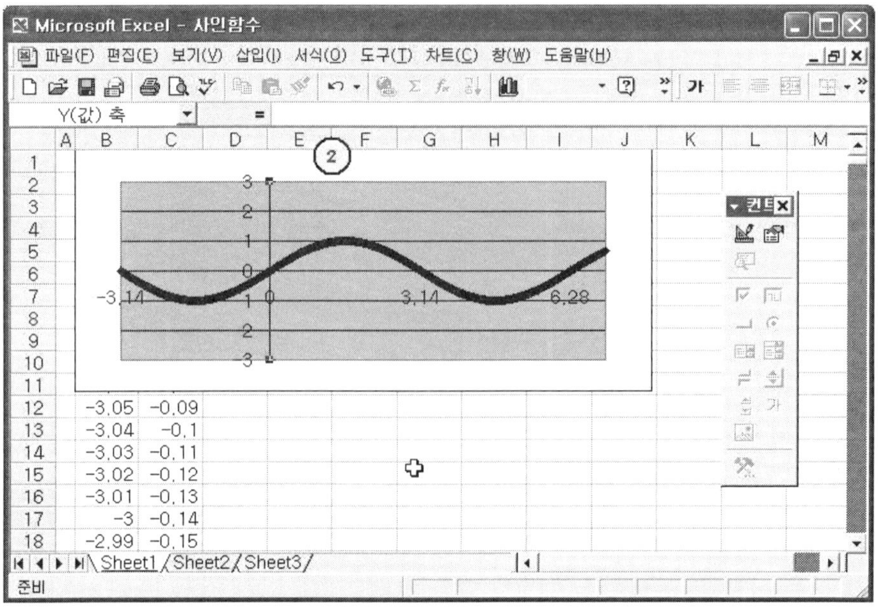

③ 그림영역의 "색"을 적당하게 바꾸고, y축 주 눈금선의 "모양"과 "색"을 결정하면 다음과 같이 된다.

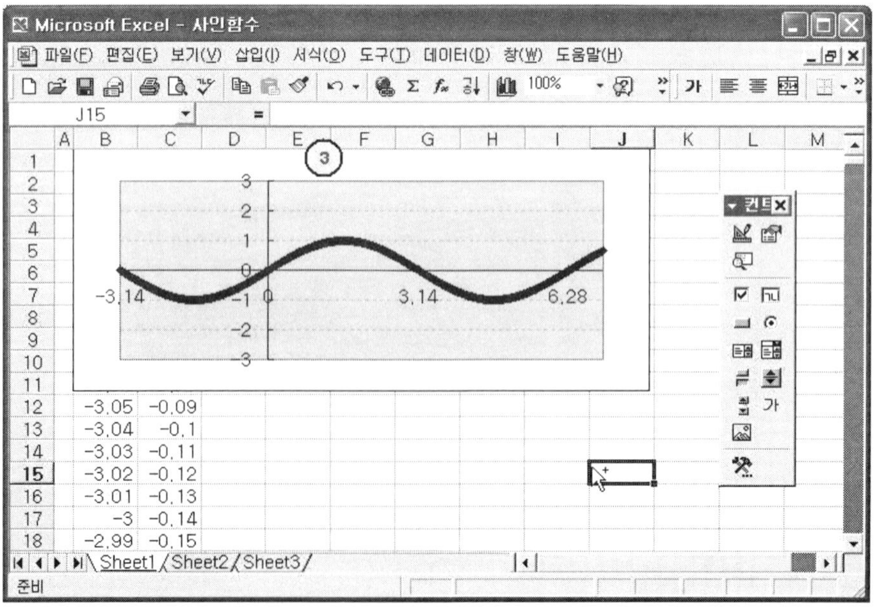

④ 삼각함수의 그래프가 조금 두껍게 그려져 있다. 그래프의 두께를 조금 얇게 고쳐주자. 그런데, 삼각함수의 그래프는 추세선을 이용한 것이 아니라 점들을 사용하여 나타낸 것이므로 점의 모양에서 점의 "크기"를 조정하여 주면 된다. 먼저, 임의의 점을 선택하고 메뉴에서 **[서식 ⇒ 선택한 데이터 계열]**을 선택한다.

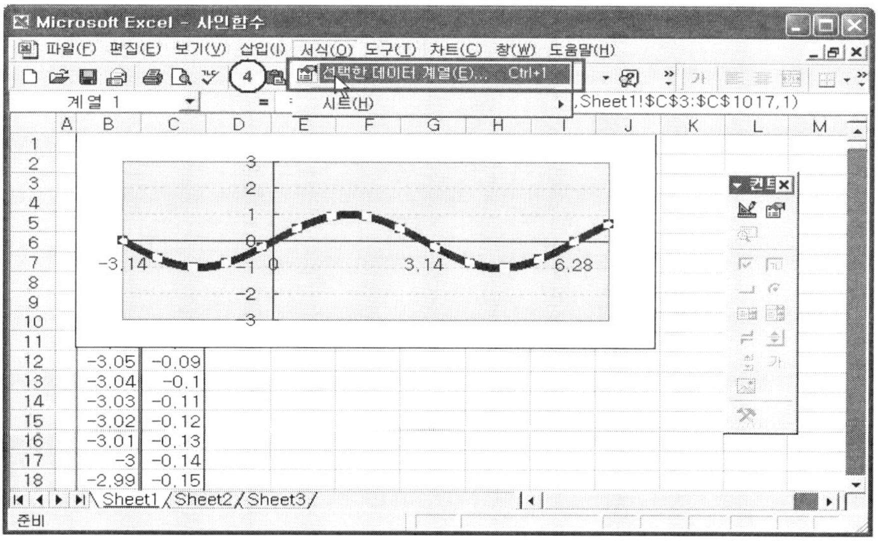

⑤ **[데이터 계열 서식]** 대화상자의 **[무늬]** 탭에서 **[표식]** 항목의 **[스타일]**, **[전경]**, **[배경]**, **[크기]**를 지정하면 된다. **[스타일]**은 점의 모양을 나타내고, **[전경]**과 **[배경]**은 점의 색을 지정한다. **[크기]**는 점의 크기를 나타난다. **[스타일]**에서 모양을 "원"으로 결정하고 **[전경]**과 **[배경]**을 적당한 같은 색으로 지정하며, 원의 크기는 조금 작게 나타내면 다음과 같은 차트가 완성된다.

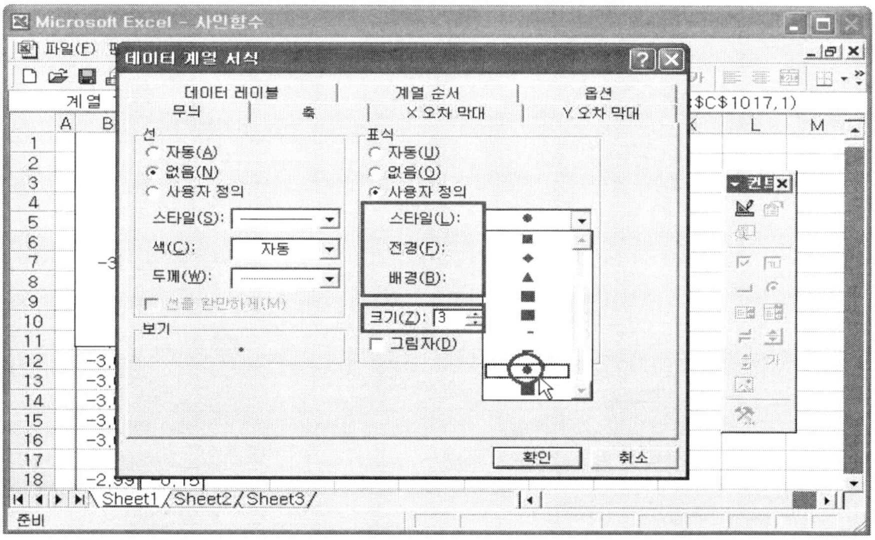

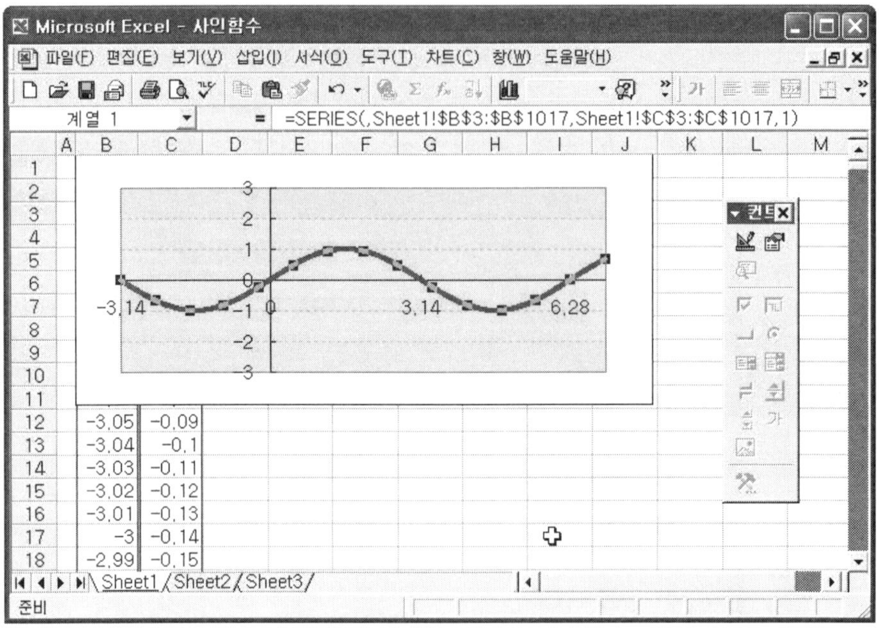

⑥ 만들어진 차트를 **[사용자 정의]**에 "삼각함수 좌표평면"이라는 이름으로 다음과 같이 등록하여 삼각함수의 그래프에서 사용하자.

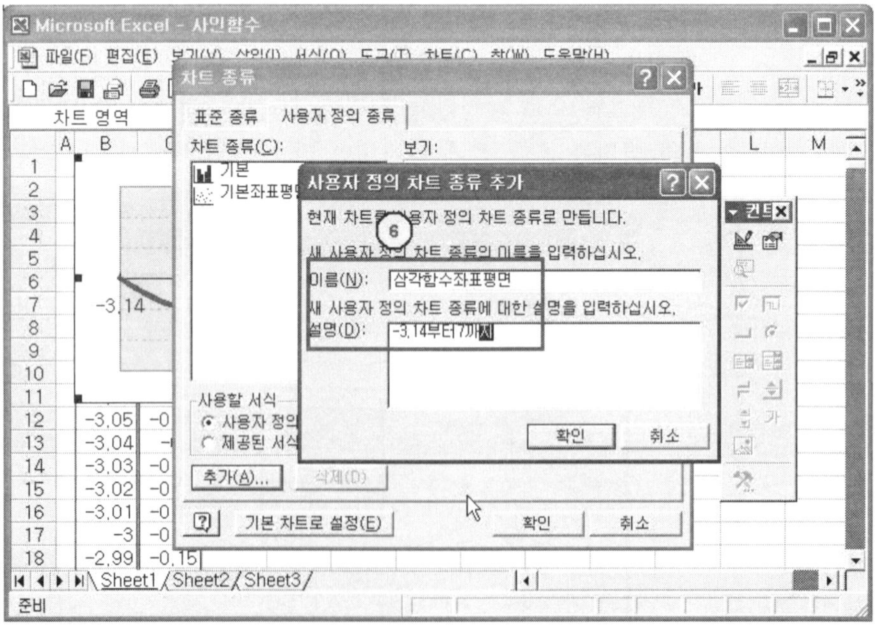

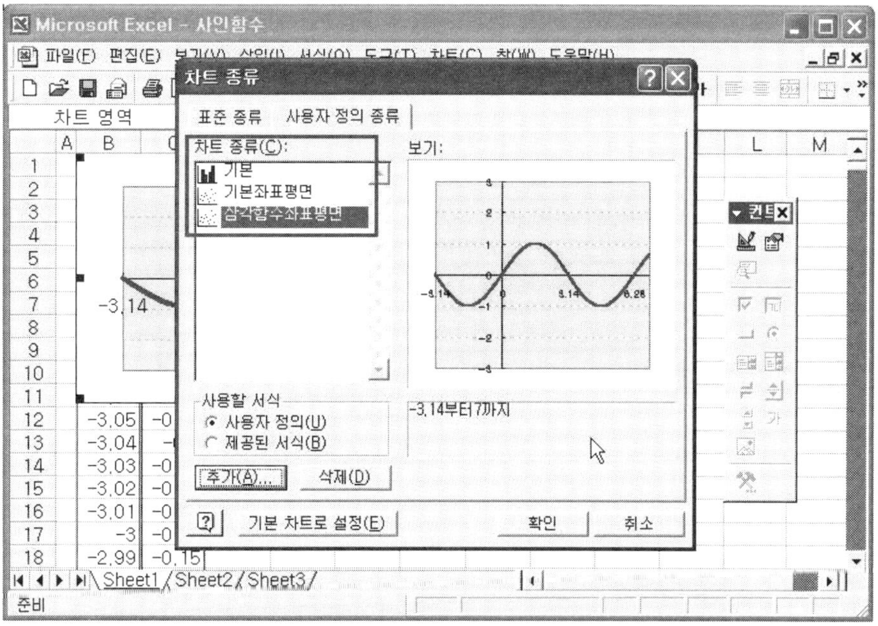
Microsoft Excel - 사인함수
차트 종류
표준 종류
사용자 정의 종류
차트 종류(C):
기본
기본좌표평면
삼각함수좌표평면
보기:
사용할 서식
사용자 정의(U)
제공된 서식(B)
추가(A)...
삭제(D)
-3.14부터7까지
기본 차트로 설정(E)
확인
취소
Sheet1
Sheet2
Sheet3
준비

나의 노트

예제 1.3.2 스핀단추를 이용하여 a값에 따른 삼각함수 $y=\sin a\theta$의 주기성에 대해 알아보자.

풀이 a의 값의 범위를 1부터 3까지 0.2씩 변할 때, 삼각함수의 주기의 변화를 관찰하자.

아래에 제시된 7개의 지시문을 순서대로 따라해보자.

① x의 값을 -3.14부터 7까지 0.01의 간격으로 만들고, 적당한 위치에 "스핀단추"를 만들자.

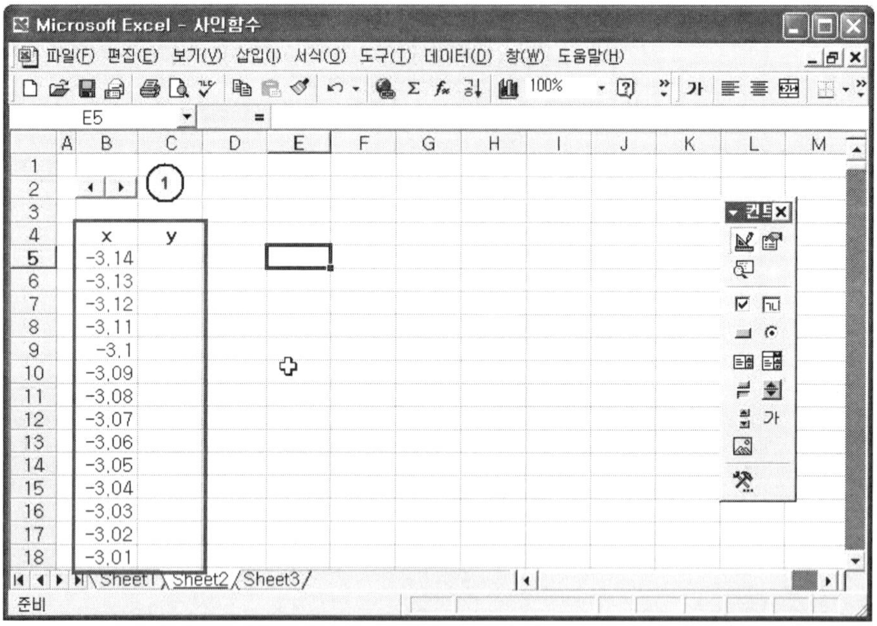

② 스핀단추의 **[속성]**을 아래 표와 같이 부여하고 셀 C2에 수식 『=AA2/10』을 입력하여 a의 값을 1부터 3까지 0.2씩 변하도록 하자.

속성	LinkedCell	Max	Min	SmallChange
값	AA2	30	10	2

[디자인 모드 끝내기] 단추를 누른 후 스핀단추를 누르면 셀 C2의 값이 변하는 것을 확인할 수 있다.

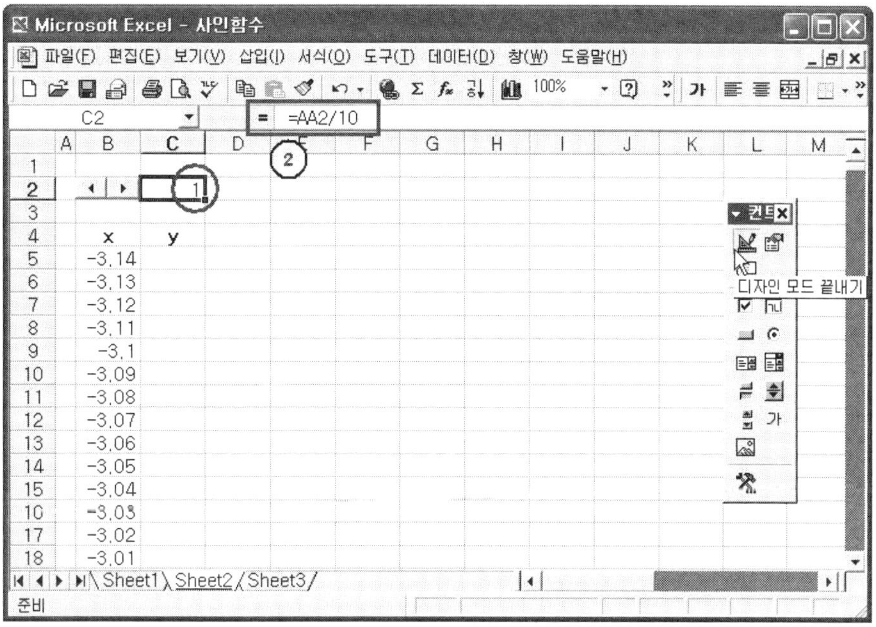

③ 셀 C2의 이름을 "주기"로 정의하자(이름상자에 "주기"를 입력하면 된다).

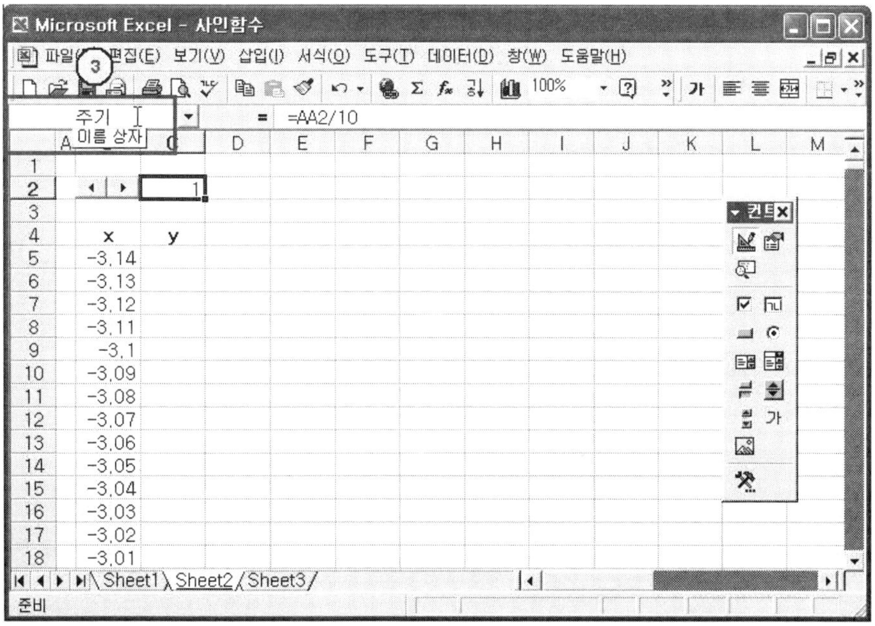

④ 셀 C5에 수식 『=SIN(주기*B5)』를 입력하면 x값 -3.14에 대한 사인함수 값이 나타난다.

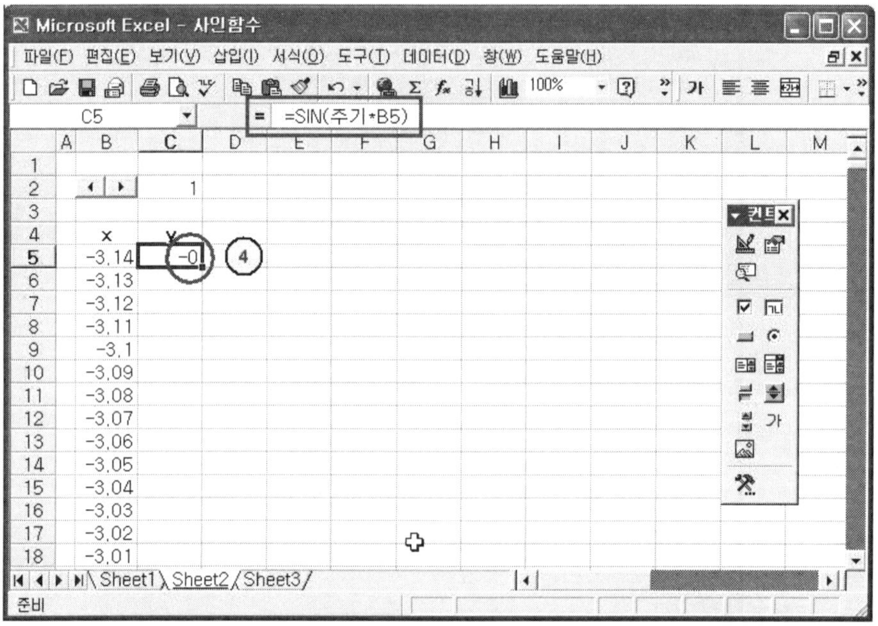

⑤ "채우기 핸들"을 이용하여 셀 C5에 주어진 수식을 셀 C1019까지 복사하자. 그러면 x좌표 -3.14부터 7에 대한 사인 함수값이 구해진다.

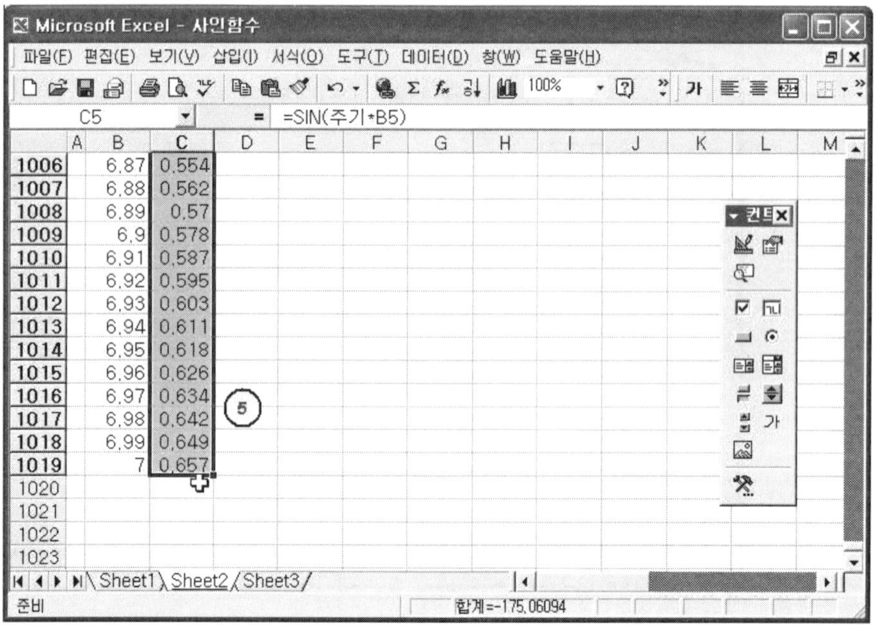

⑥ 전체 좌표를 선택하고 **[차트마법사]**를 이용하여 사인함수의 그래프를 만들자(**[차트 마법사]**의 **[사용자 정의]**의 "삼각함수좌표평면"을 선택하면 정의역의 범위가 -3.14부터 7까지 사인함수의 그래프를 얻을 수 있다).

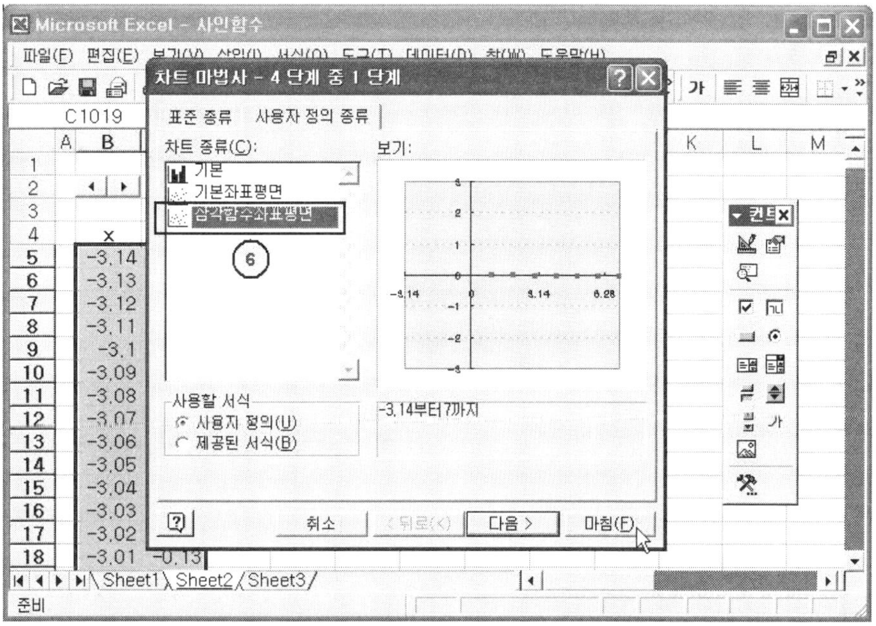

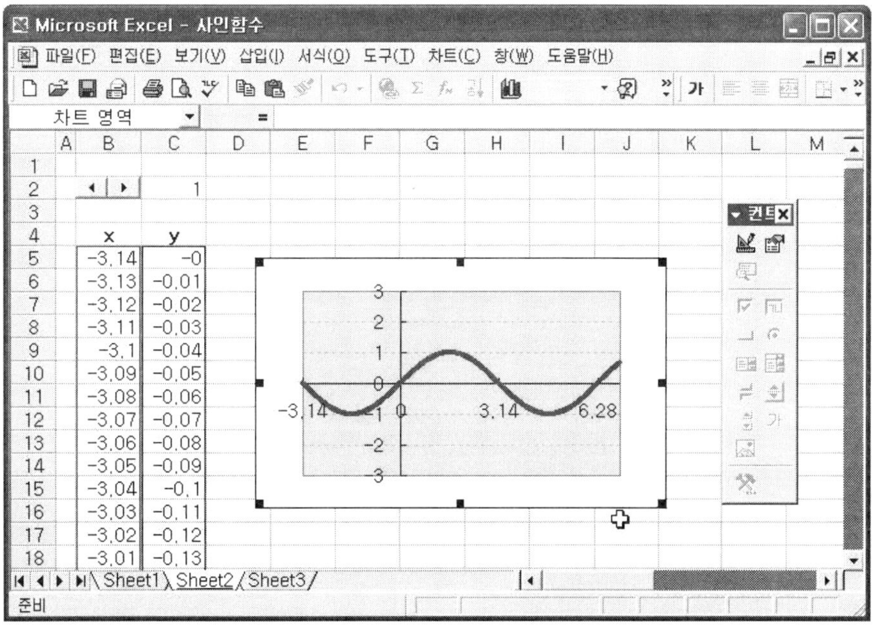

⑦ "스핀단추"를 누르면 a값에 따른 사인함수 그래프의 모습을 관찰할 수 있다.

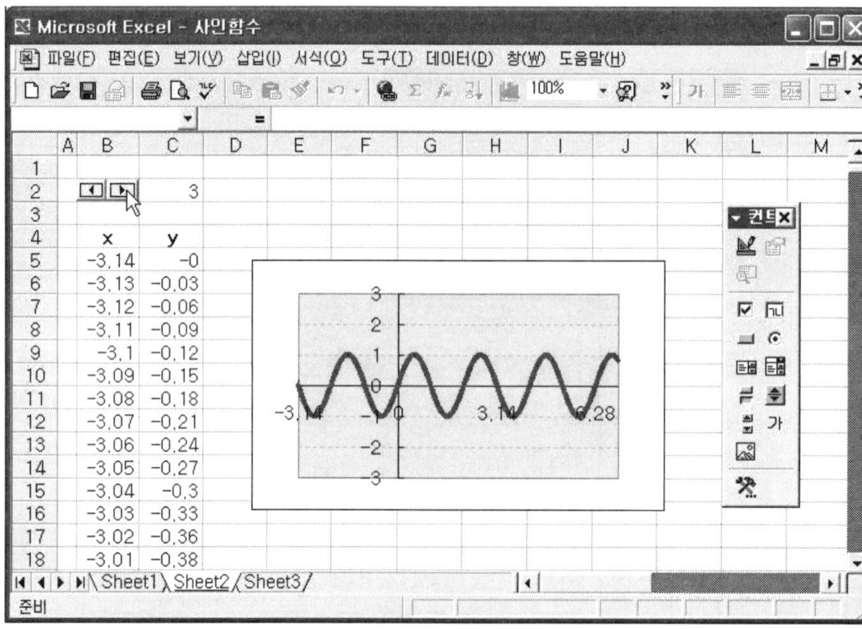

나의 노트

연습문제 1.3

※ 해답은 인제대학교 창의력교육센터(http://ecc.inje.ac.kr)로 접속해서 **[자료실 ⇒ 생각하는 수학 ⇒ "엑셀활용(2권)"]**에 들어가면 볼 수 있다.

1. 스핀단추를 이용하여 사인함수의 그래프와 같은 방법으로 코사인함수의 주기성을 나타내는 그래프를 만들어보아라.

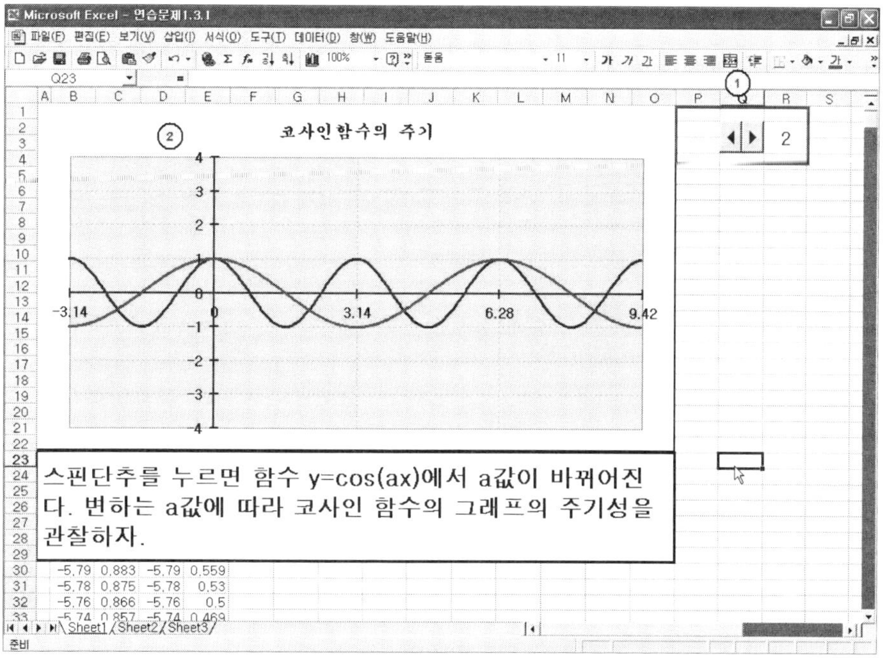

나의 노트

2. 스핀단추를 이용하여 사인함수 $y = a\sin bx + c$의 a, b, c값의 변화에 따른 최대값·최소값 및 주기를 나타내는 그래프를 차트에 나타내어라(단, 기본적인 사인함수 $y = \sin x$의 그래프도 같이 나타내어라).

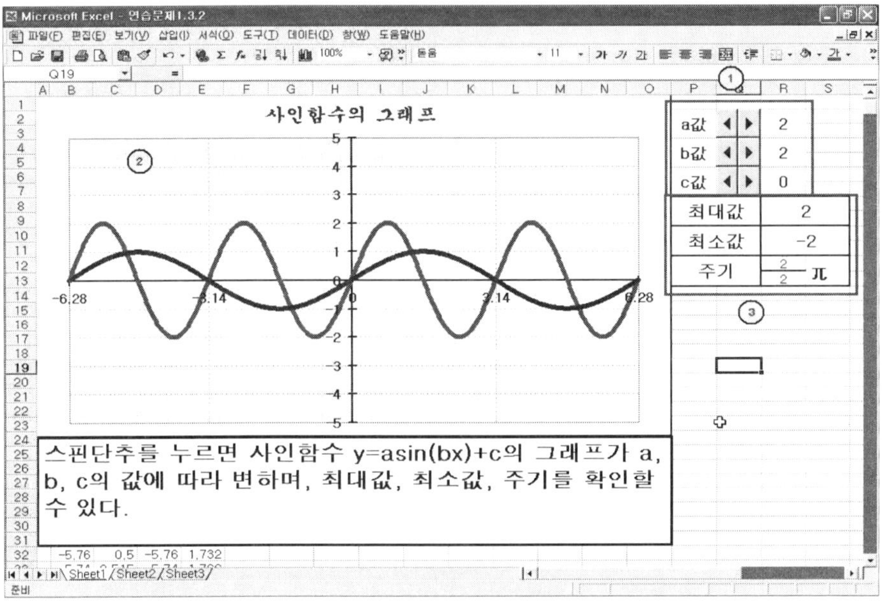

3. 스핀단추를 이용하여 사인함수 $y = a\sin bx + c$와 코사인함수 $y = a\cos bx + c$의 그래프를 한 차트에 같이 나타내어보자.

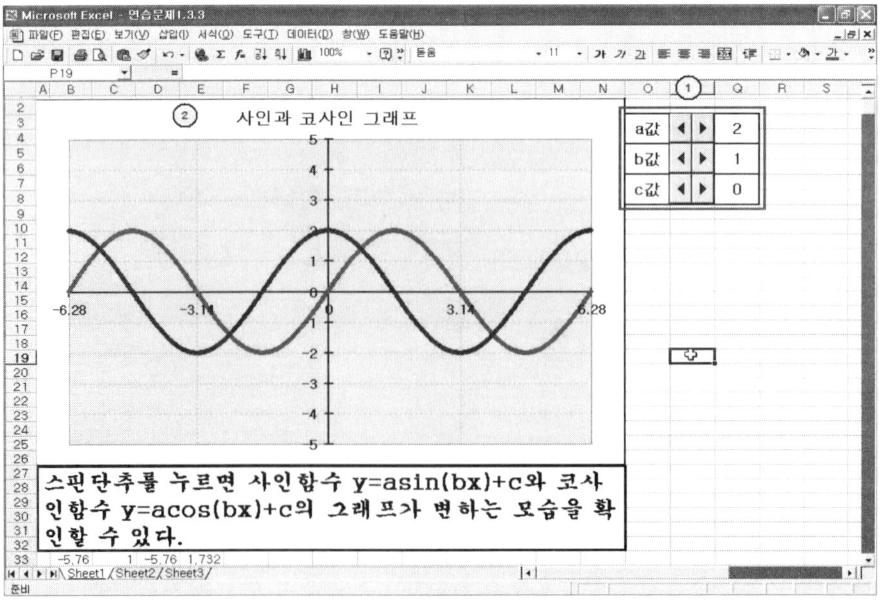

1.4 여러 가지 함수의 그래프

다양한 여러 가지 함수의 그래프를 엑셀로 나타내어 보자.

1.4.1. 매개변수함수

먼저, 매개변수함수의 그래프를 엑셀로 그려보자.

예제 1.4.1 $x = at - b\sin t,\ y = a - b\cos t$의 그래프를 그려라.

풀이

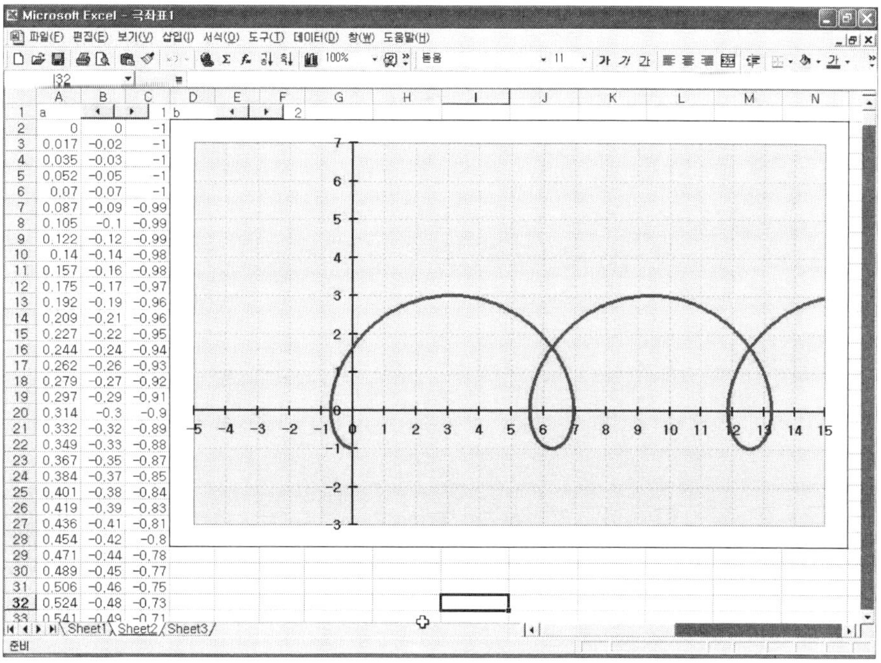

Tip 변하는 a, b의 값에 따라 함수의 그래프가 바뀐다. 위에서 a, b의 값은 1에서 5까지 1씩 변하는 값으로 만들어 주었다. 스핀단추를 눌러 a, b의 값에 따라 함수의 그래프를 관찰하여보자.

예제 1.4.2 $x=\dfrac{a\cos t}{1+\sin^2 t}$, $y=\dfrac{a\sin t\cos t}{1+\sin^2 t}$ 의 그래프를 그려라.

풀이

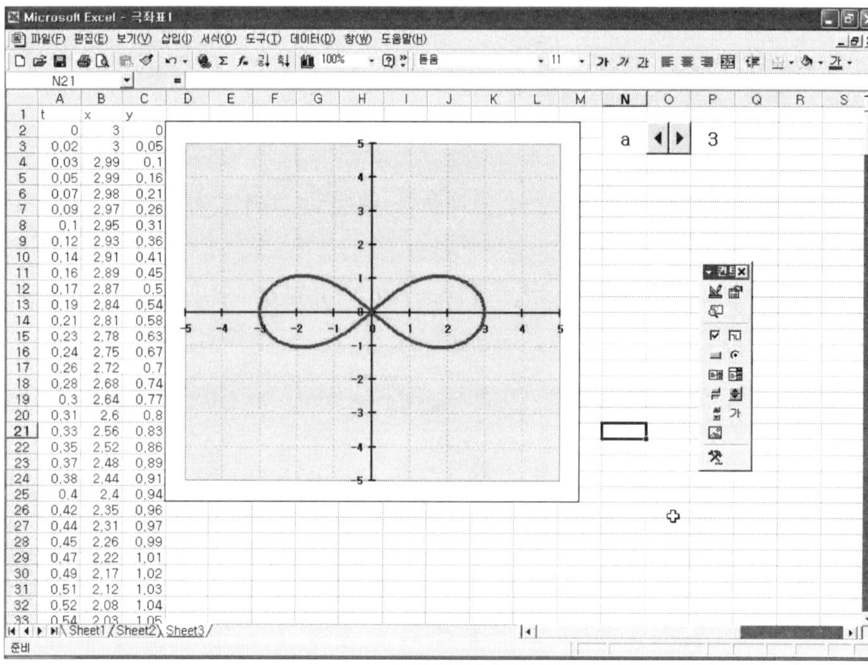

Tip 스핀단추를 누르면 a의 값에 따라 그래프의 변하는 모습을 관찰할 수 있다. 같은 방법으로 다음 매개변수함수의 그래프를 그려보자.

$$x=2a\cos t(1+\cos t),\ \ y=2a\sin t(1+\cos t)$$

나의 노트

1.4.2. 극좌표함수

극좌표함수의 그래프를 엑셀로 그려보자.

예제 1.4.3 $r=\theta$의 그래프를 그려라.

풀이 극좌표의 그래프를 엑셀에서 표현하려면 극좌표함수를 매개변수함수로 고쳐야 한다. 극좌표함수 $r=f(\theta)$를 매개변수함수로 고치려면 $x=f(\theta)\cos\theta$, $y=f(\theta)\sin\theta$와 같이 고치면 된다. 예를 들어, $r=\theta$라는 극좌표함수를 매개변수함수로 고치면 $x=\theta\cos\theta$, $y=\theta\sin\theta$가 된다. 그러므로 $r=\theta$의 그래프는 다음과 같다.

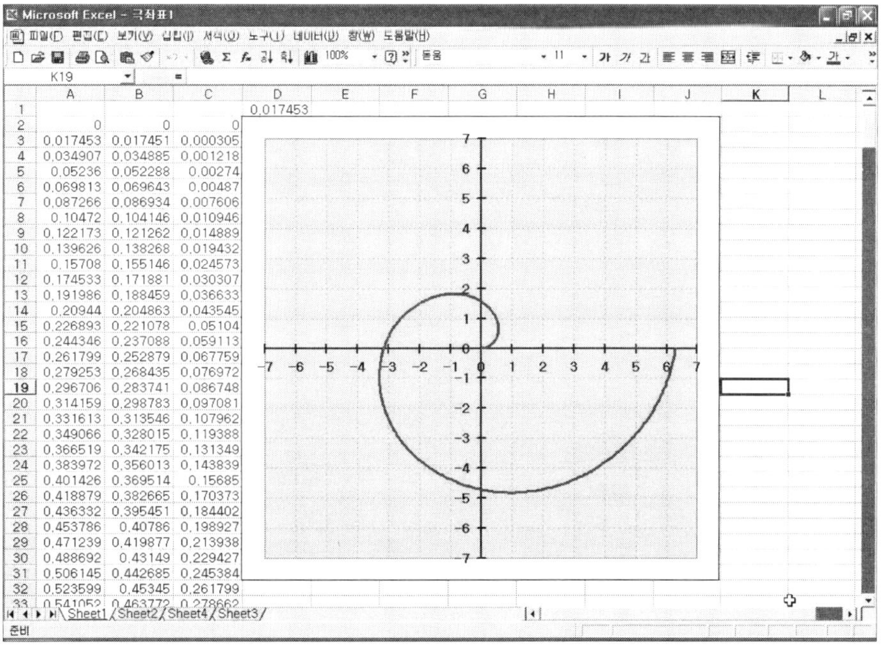

나의 노트

예제 1.4.4 극좌표 $r = \sin 3\theta$의 그래프를 정의역 0에서 π까지 그려라.

풀이 극좌표함수 $r = \sin 3\theta$의 그래프를 그리기 위해서는 이 함수를 매개변수함수 $x = \sin 3\theta \cos\theta$, $y = \sin 3\theta \sin\theta$로 바꾸면 된다.

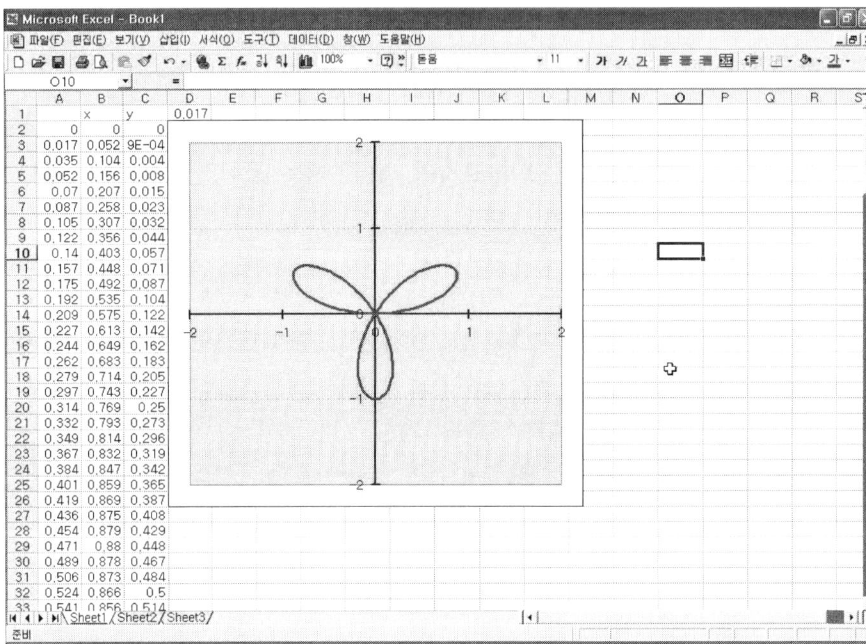

나의 노트

예제 1.4.5 스핀단추를 이용하여 극좌표함수 $r = \sin a\theta$ 의 그래프를 a 의 값에 따라 변하는 그래프로 표현하여보자.

풀이

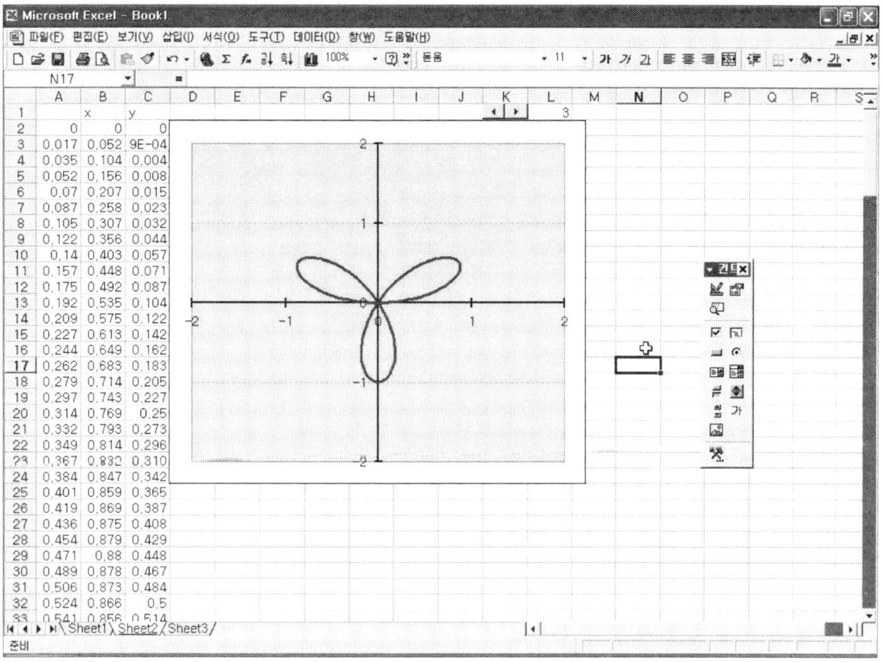

나의 노트

나의 노트

Chapter 02 통계

주어진 자료를 정리하는 방법에는 표나 그림 등의 시각적인 효과를 이용하는 방법과 평균이나 분산 등의 대표적인 값을 이용하는 방법이 있다. 표에 의해서 자료를 정리하는 방법으로 도수분포표를 만들고, 히스토그램을 만들 수 있는데 주어진 자료의 개수가 많으면 자료를 정리하여 그림으로 나타내는 것이 쉽지 않다. 많은 자료가 데이터로 주어지더라도 엑셀의 여러 가지 기능을 활용하면 간단하게 정리할 수 있는데, 이 장에서는 엑셀을 이용하여 도수분포표를 만들고 히스토그램, 누적도수분포표 등 중학교 과정에서 다루는 그림을 그려보고, 또 평균과 분산 등의 대표값을 엑셀의 함수식을 이용하여 간단하게 구하는 방법에 대해 알아보기로 한다.

2.1 자료의 정리 및 관찰

도수분포표는 주어진 자료에서 적당한 범위(조건)에 있는 값의 개수가 몇 개 있는지 나타내어 자료를 정리하는데 엑셀에서는 "COUNTIF"라는 함수식을 사용하여 만들 수 있다. 다음 예제 2.1.1을 통하여 도수분포표를 만들어보자.

예제 2.1.1 민규네 반 학생 30명의 줄넘기 기록을 조사한 것이다. 계급의 크기가 20인 도수분포표와 히스토그램을 만들어보자.

이름	회수	이름	회수	이름	회수
이기남	171	송정호	112	징필웅	146
배영식	118	고승형	184	한익섭	142
장기수	86	김영수	149	김종달	138
류장호	153	이대훈	165	김형근	195
김성규	120	박용훈	133	우영민	150
정기식	166	김인호	191	백수현	148
김유석	216	박민규	173	김영만	161
최정수	175	박수찬	143	이종민	100
박필수	150	하현식	152	최창식	170
박기수	147	오경근	127	이선원	207

풀이 아래 제시된 3단계의 23개 지시문을 순서대로 따라해보자.

단계 (1) 도수분포표 만들기

① 다음과 같이 주어진 자료를 입력하고 적당한 셀에 도수분포표의 작성에 필요한 계급의 구간을 정하여 입력하자.

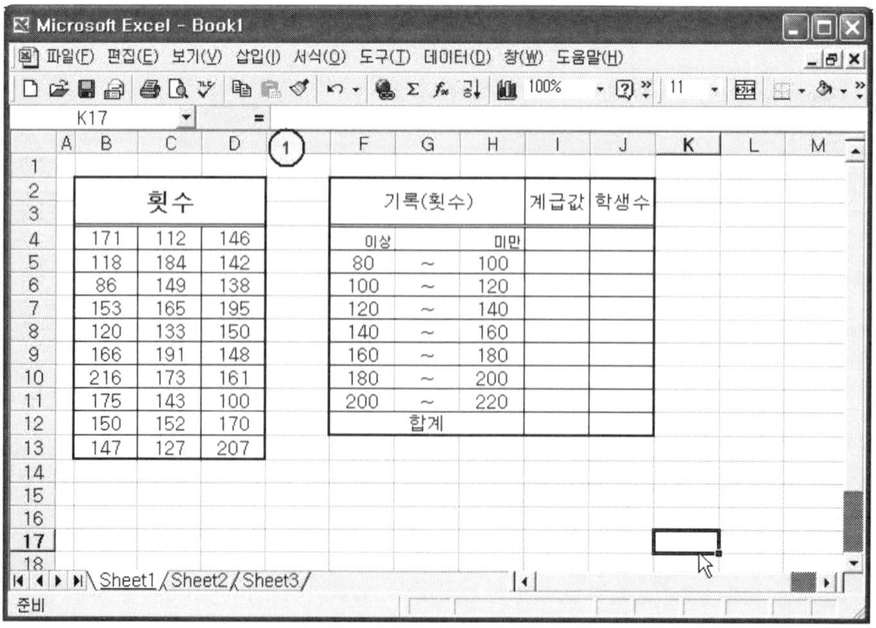

② 셀 I5부터 셀 I11까지 각각의 계급값을 직접 90, 110, 130, 150, 170, 190, 210을 입력하여도 상관 없으나 수식을 사용하여 각각의 계급값을 입력하자. 먼저 셀 I5에 수식 『=(F5+H5)/2』을 입력하면 계급값 90을 얻는다.

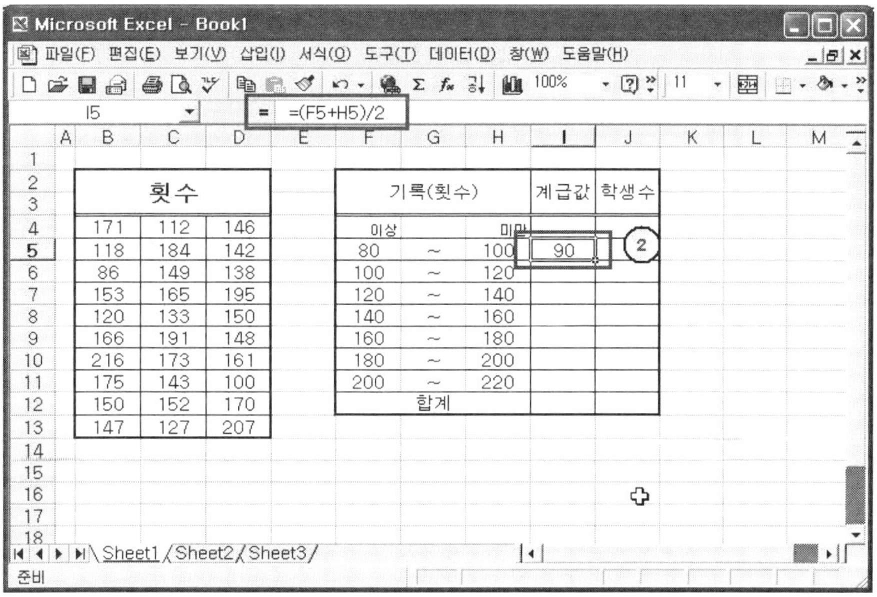

③ "채우기 핸들"을 이용하여 셀 I5의 수식을 셀 I6부터 셀 I11까지 복사하면 모든 계급값을 얻을 수 있다.

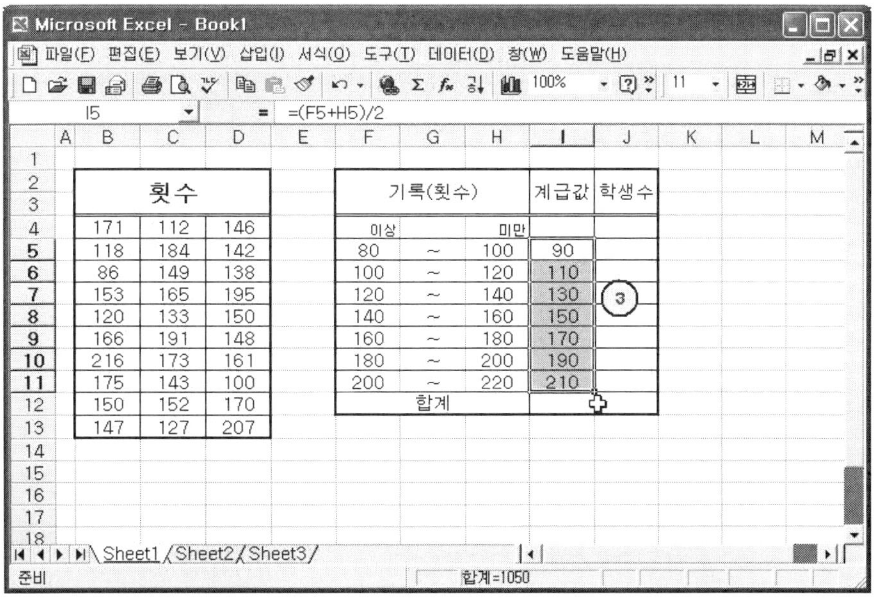

④ 셀 J5에 줄넘기 회수 80회 이상 100회 미만인 학생수를 넣기 위해 셀 J5에 다음과 같은 수식을 입력하자. 그러면 80회 이상 100회 미만의 학생수 1이 나타난다.

『=COUNTIF(B4:D13,"<100")』 또는『=COUNTIF($B$4:$D$13,"<100")』

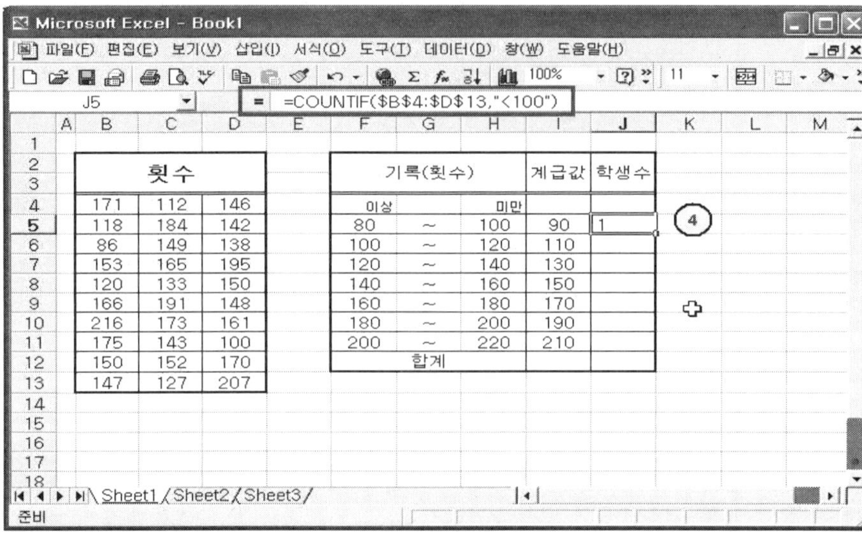

⑤ 셀 J6에 줄넘기 회수 100회 이상 120회 미만의 학생수를 입력하기 위해서는 120회 미만의 학생수에서 100회 미만의 학생수를 빼면 되므로 다음과 같은 수식을 입력하면 된다.

『=COUNTIF(B4:D13,"<120")-COUNTIF(B4:D13,"<100")』 또는

『=COUNTIF($B$4:$D$13,"<120")-COUNTIF($B$4:$D$13,"<100")』

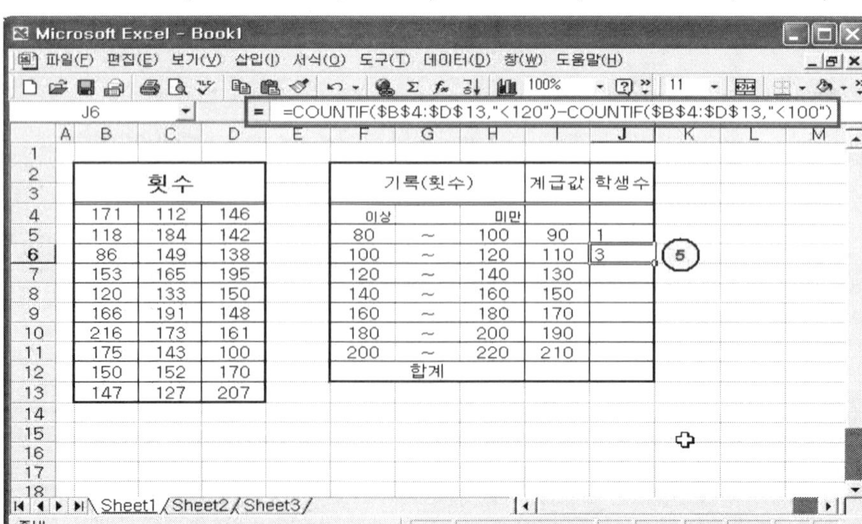

⑥ 계속해서 셀 J7에서 J11까지 다음과 같은 수식을 입력하면 각 계급에 해당되는 학생수를 나타낼 수 있다.

『=COUNTIF($B$4:$D$13,"< 140")-COUNTIF($B$4:$D$13,"<120")』

『=COUNTIF($B$4:$D$13,"< 160")-COUNTIF($B$4:$D$13,"<140")』

『=COUNTIF($B$4:$D$13,"< 180")-COUNTIF($B$4:$D$13,"<160")』

『=COUNTIF($B$4:$D$13,"< 200")-COUNTIF($B$4:$D$13,"<180")』

『=COUNTIF($B$4:$D$13,"< 220")-COUNTIF($B$4:$D$13,"<200")』

Tip 물론 수식을 입력하지 않고 "채우기 핸들"을 이용하여 수식을 복사한 후 조건식의 값을 바꿔주어도 상관이 없지만 줄넘기 횟수에 해당되는 셀의 주소는 절대주소로 표현해야만 한다. 또, 절대주소를 사용하지 않고 수식을 복사하려면 줄넘기 횟수에 해당되는 전체의 셀(B4:D13)에 이름을 부여하여 복사해도 상관이 없다.

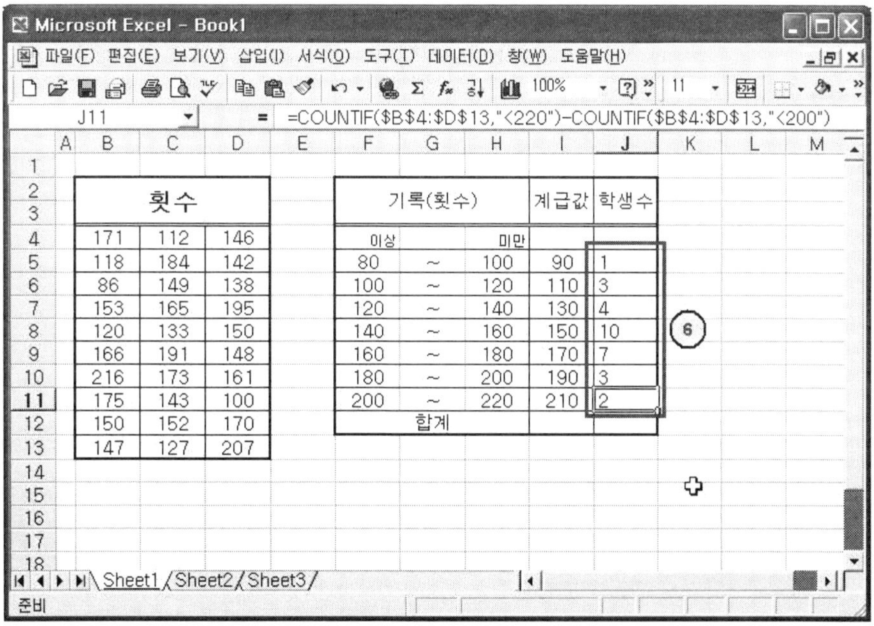

⑦ 도수분포표에서 셀 I12에 전체 학생수를 더하기 위해 셀 I12에 수식 『=SUM(I5:I11)』을 입력하면 된다. 또는, 수식을 입력하지 않고 합계를 간단히 구할 때는 셀 I12가 선택한 상태에서 표준도구모음의 합의 기호를 나타내는 아이콘 Σ를 더블클릭해도 된다.

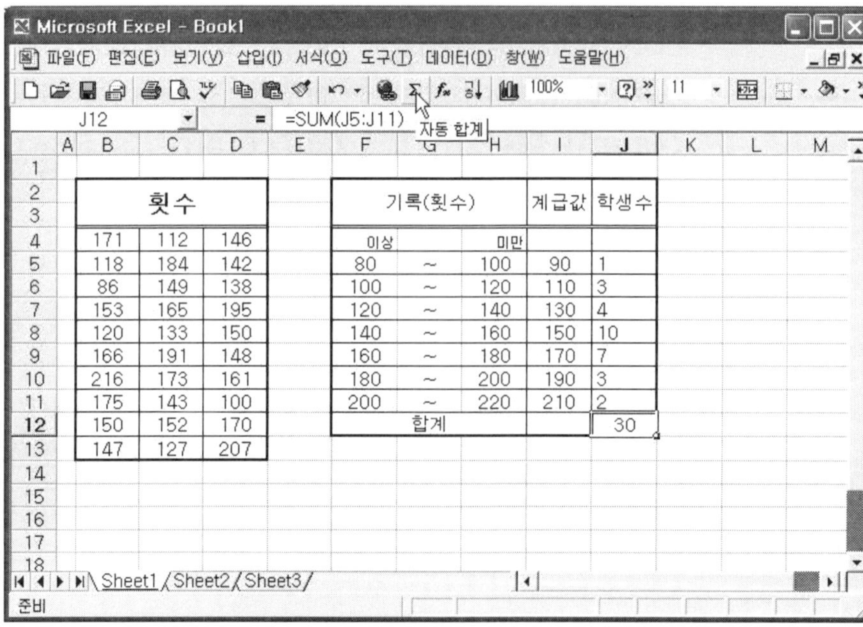

⑧ 위에서 만든 엑셀파일을 적당한 이름으로 저장해 두자.

참고

(1) 함수식 COUNTIF의 형식은 다음과 같다.

『=COUNTIF(범위, "조건식")』

(2) 다음 두 수식의 차이점

『=COUNTIF(B1:B4, "<10")』, 『=COUNTIF($B$1:$B$4, "<10")』

위의 두 식은 "셀 B1부터 B4까지 10보다 작은 수의 개수를 구하자"라는 똑 같은 의미이지만 수식을 복사하는 경우에 차이가 생긴다. 앞의 수식은 복사하는 순간 범위가 바뀌고 뒤의 수식은 범위가 전혀 변하지 않는다. 이런 것을 **상대주소**, **절대주소**라는 용어를 사용한다.

단계 (2) 히스토그램 만들기

줄넘기 자료에 대한 도수분포표를 표준도구모음에 있는 "차트 마법사"를 활용하여 히스토그램을 만들어 보기로 하자.

함수의 그래프를 나타낼 때에는 "차트 마법사"의 1단계에서 마무리하였지만 히스토그램을 나타내기 위해서는 "차트 마법사"의 총 4단계를 모두 적용할 것이다.

다음의 8단계에 따라 히스토그램을 작성해보자.

① 셀 J5부터 셀 J11까지 선택하여 표준도구모음의 **[차트 마법사]**를 선택하자.

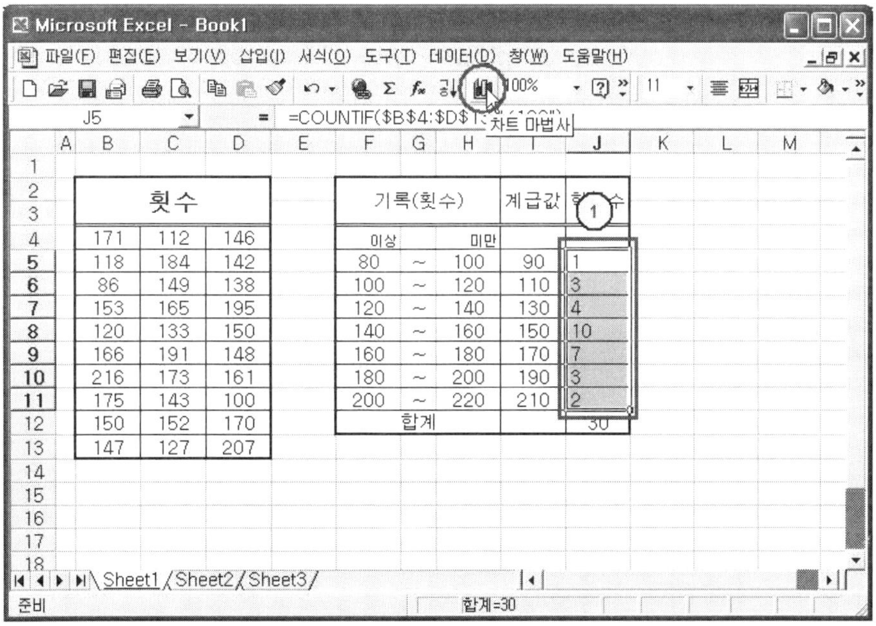

② **[차트 마법사]**의 1단계에서 차트 종류를 "세로막대형"으로 선택하고 **[다음]**을 누르면 차트 마법사 2단계로 넘어간다(만약, 1단계에서 [마침]을 누르면 줄넘기와 학생수 두 개의 데이터가 존재하는 막대형 차트가 나타난다).

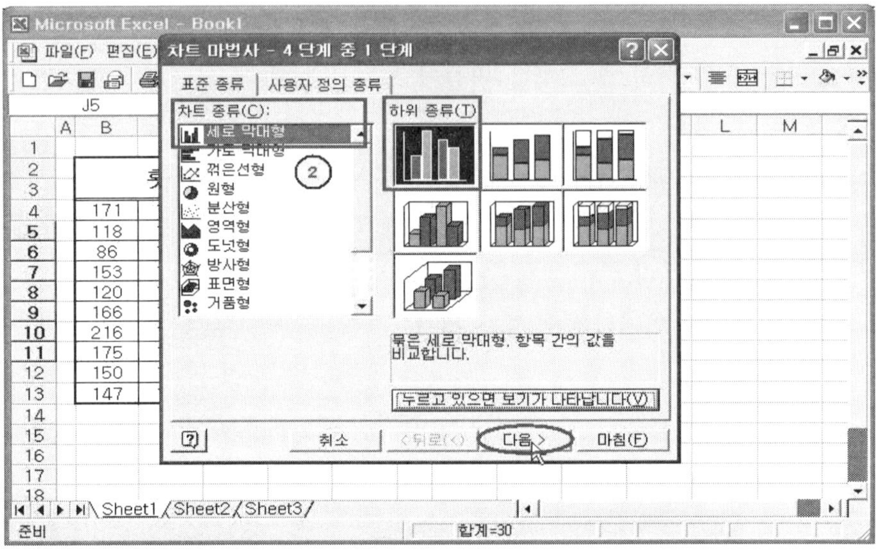

③ **[차트 마법사]** 2단계 **[원본 데이터]**에서 **[계열]** 탭을 선택하면, 계열의 "이름(N)"이 없으며, "값(V)"은 선택된 학생수의 셀의 주소가 주어져 있고 "X축 레이블"에는 아무것도 나타나있지 않을 것이다. 먼저, 계열의 이름을 "줄넘기"로 입력하고, "X축 레이블"에 차트의 X축에 사용될 주소 『=Sheet1!$I$5:$I$11』을 입력한다. **[다음]**을 누르면 차트마법사 3단계로 넘어간다.

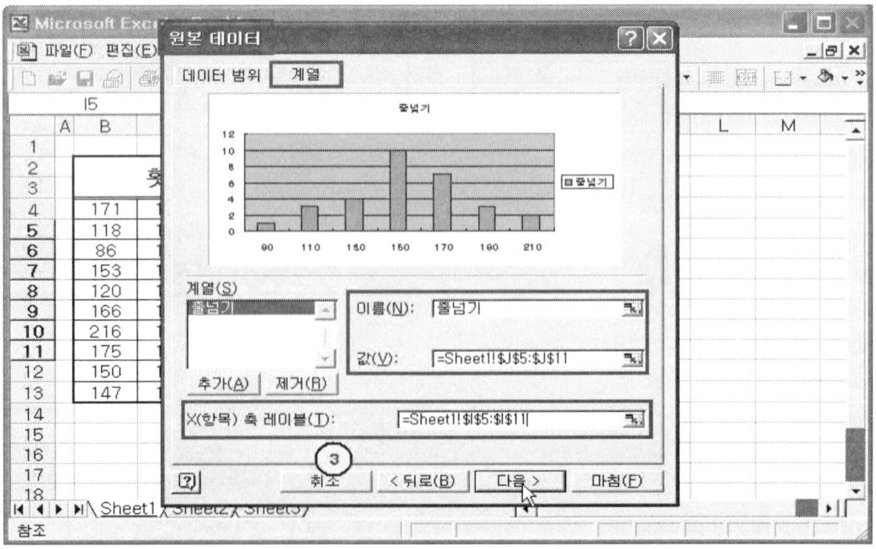

④ 3단계의 **[제목]** 탭에서 X축, Y축의 이름을 각각 "횟수", "학생수"로 입력하자.

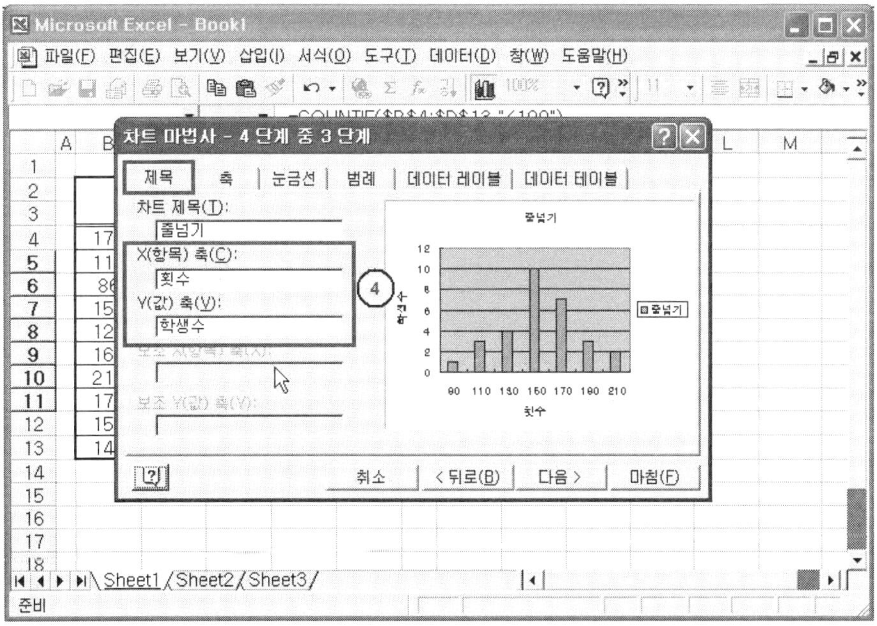

⑤ **[범례]** 탭에서 "범례 표시"의 체크표시(∨)를 없애버리면 오른쪽 미리보기 화면에서 "범례"가 없어진 모습을 확인할 수 있다. **[다음]**을 누르면 4단계로 넘어간다.

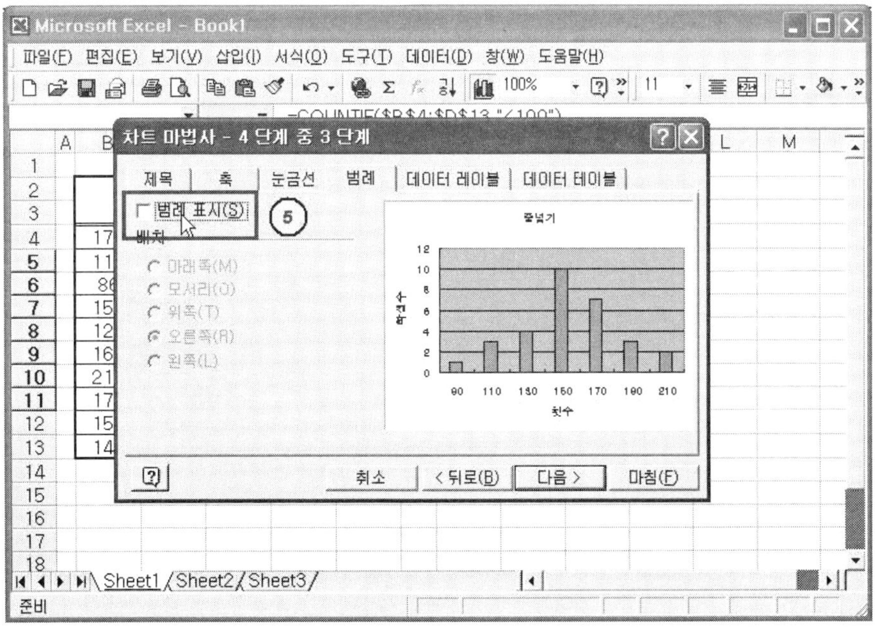

⑥ 4단계에서 **[워크시트에 삽입]**을 선택하고 **[마침]**을 누르면 히스토그램이 완성된다.

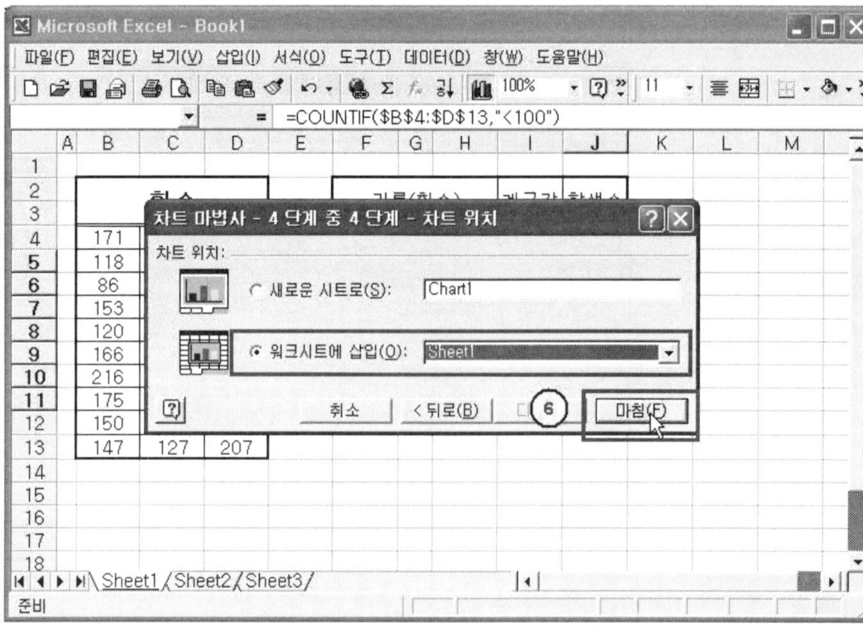

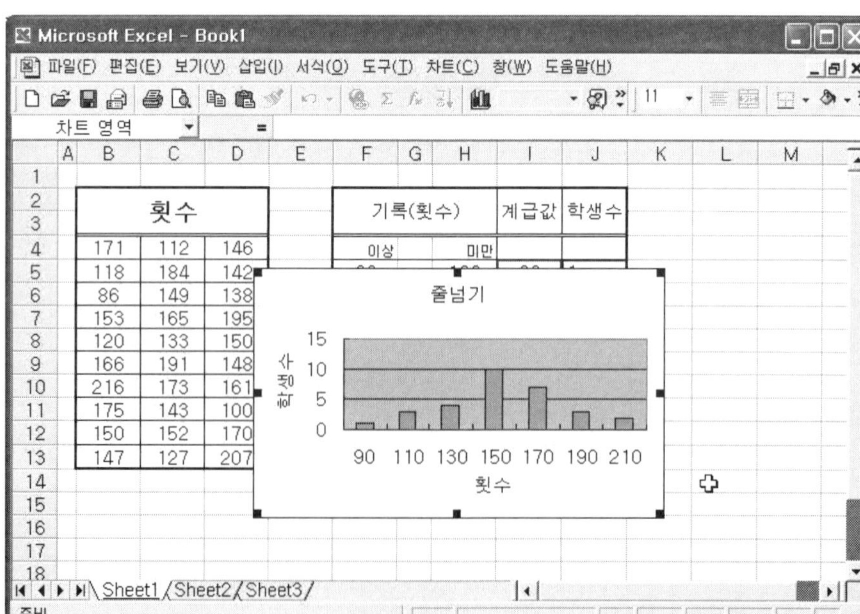

⑦ 히스토그램의 막대는 서로 붙어 있어야 한다. 막대 사이의 간격을 조정해 해결하자. 차트 위의 임의의 막대를 택한 후 메뉴에서 **[서식 ⇒ 선택한 데이터 계열]**을 선택한다.

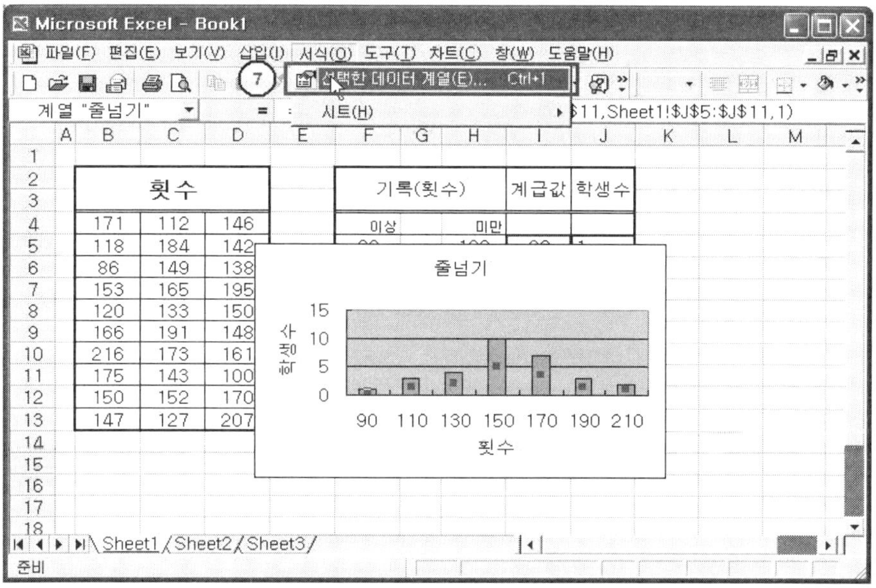

⑧ **[데이터 계열 서식]** 대화상자의 **[옵션]** 탭에서 "간격 너비"를 0으로 하면 막대가 붙어있는 히스토그램을 완성할 수 있다.

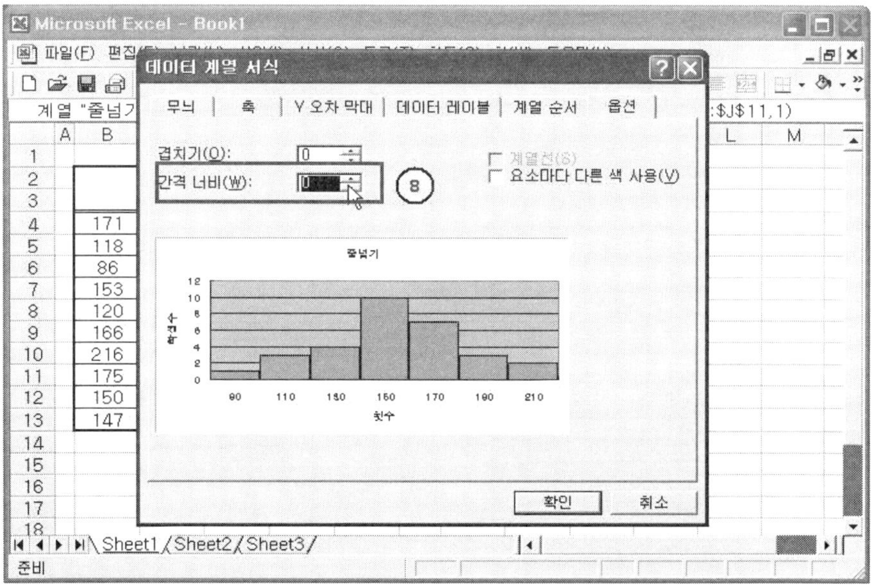

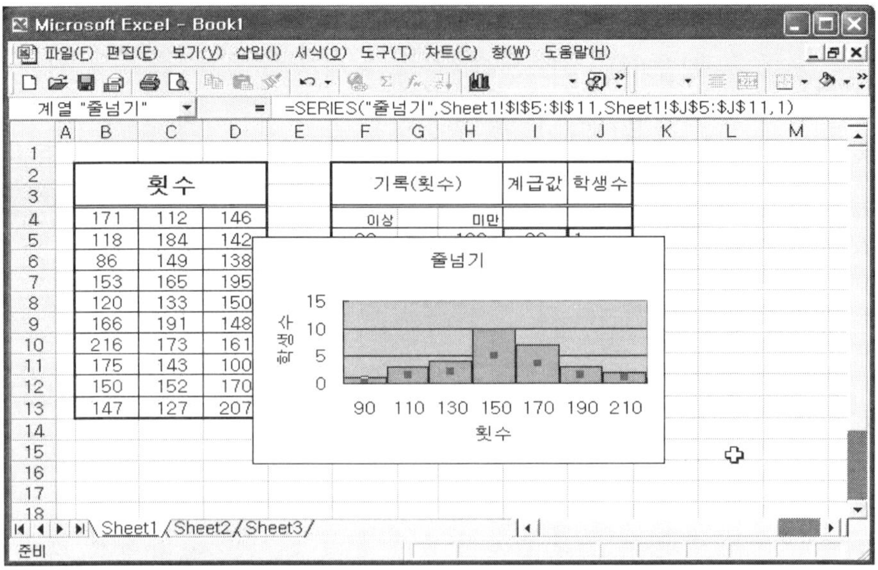

단계 (3) 히스토그램 다듬기

작성된 히스토그램에서 글자의 크기, 글자의 방향, 막대의 색 등을 지정하여 그림을 시각적으로 자료를 이해하기 쉽게 다음의 단계에 따라 다듬어 보기로 하자.

① Y축 제목 "학생수"가 옆으로 나타나 있다. 축 제목의 방향을 아래로 나타내도록 바꾸어 보자. 먼저, 축 제목 "학생수"를 선택한 후 메뉴의 **[서식 ⇒ 선택한 축 제목]**을 선택한다.

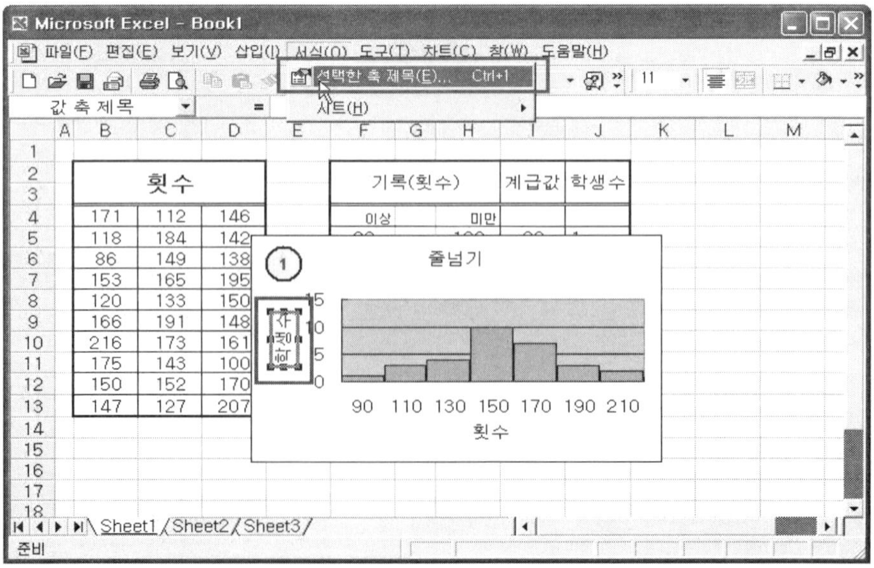

② [축 제목 서식] 대화상자의 [맞춤] 탭에서 [방향]을 "텍스트"라는 글자가 아래로 적혀있는 박스를 선택하면 축 제목이 아래로 나타나게 된다. 만약, [방향]에서 각의 크기를 적당하게 주면 글자가 주어진 각의 크기로 나타나게 된다. (예를 들면, 각의 크기를 "45"(도)로 주면 글자도 45(도)의 각으로 차트에 나타난다.) 또, 제목의 글자 크기를 [글꼴] 탭에서 지정할 수도 있지만 여기서 지정하면 "학생수"라는 Y축 제목만 바뀐다. 다음 과정에서 전체적으로 글자의 크기를 조정하자.

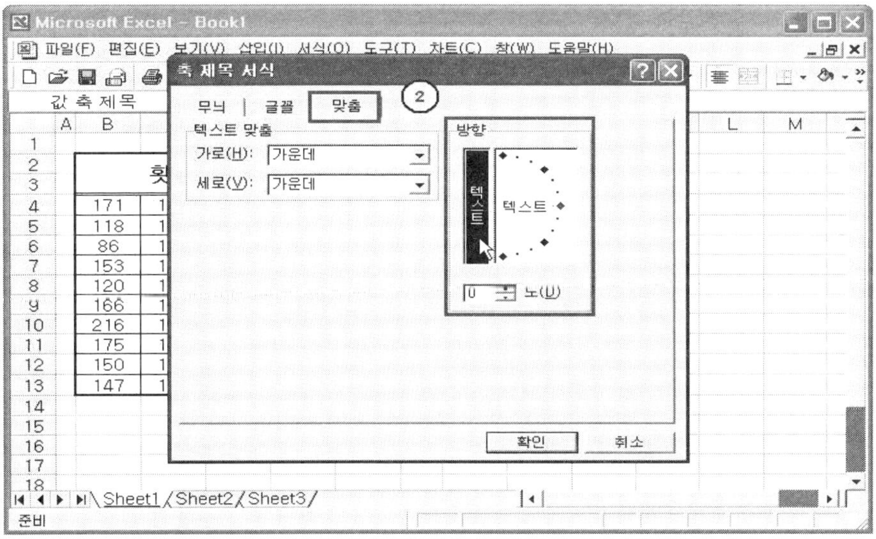

③ 차트에 있는 모든 글자의 크기를 조정하자. 차트를 선택한 후 메뉴에서 [서식 ⇒ 선택한 차트 영역]을 선택한다.

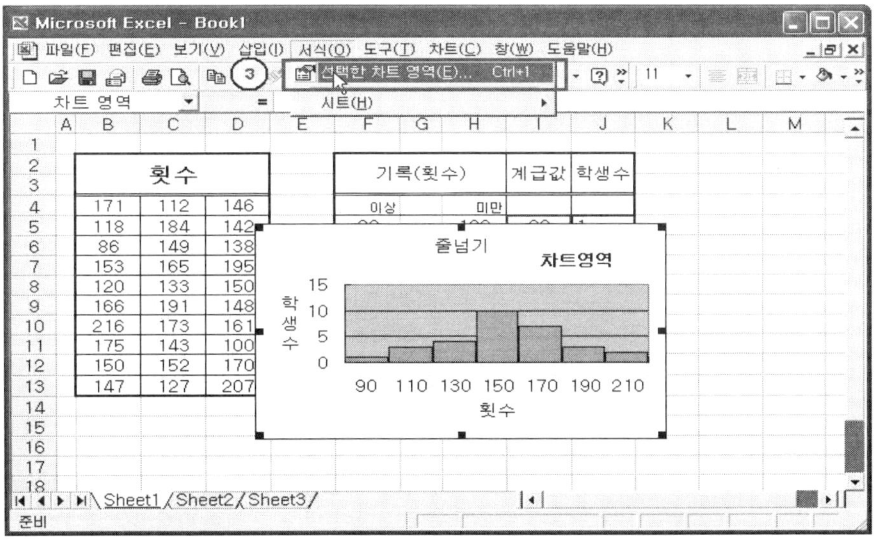

④ **[차트 영역 서식]** 대화상자의 **[글꼴]** 탭에서 "글꼴", "글꼴 스타일", "크기"를 지정하면 된다.

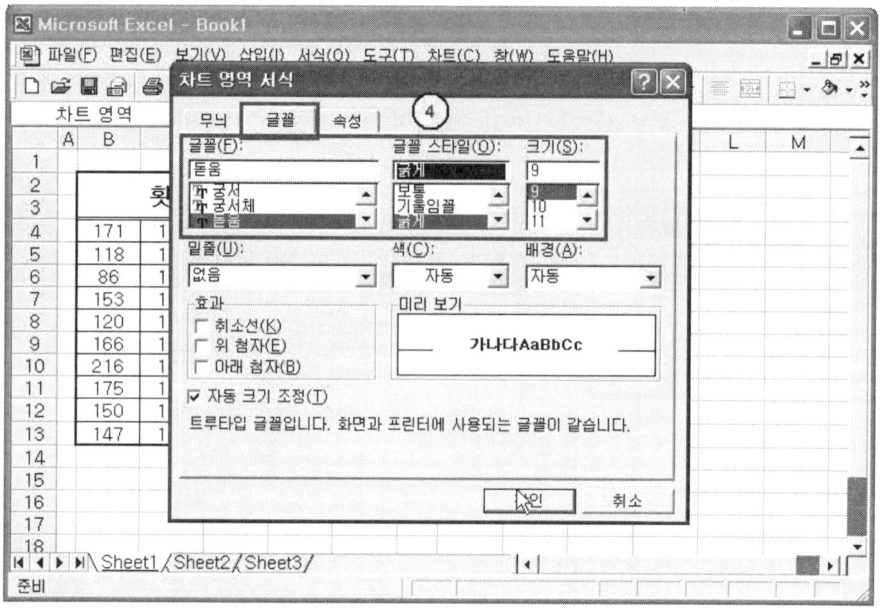

⑤ 막대의 색을 지정하자. 임의의 막대를 선택한 후 메뉴의 **[서식 ⇒ 선택한 데이터 계열]**을 선택한다.

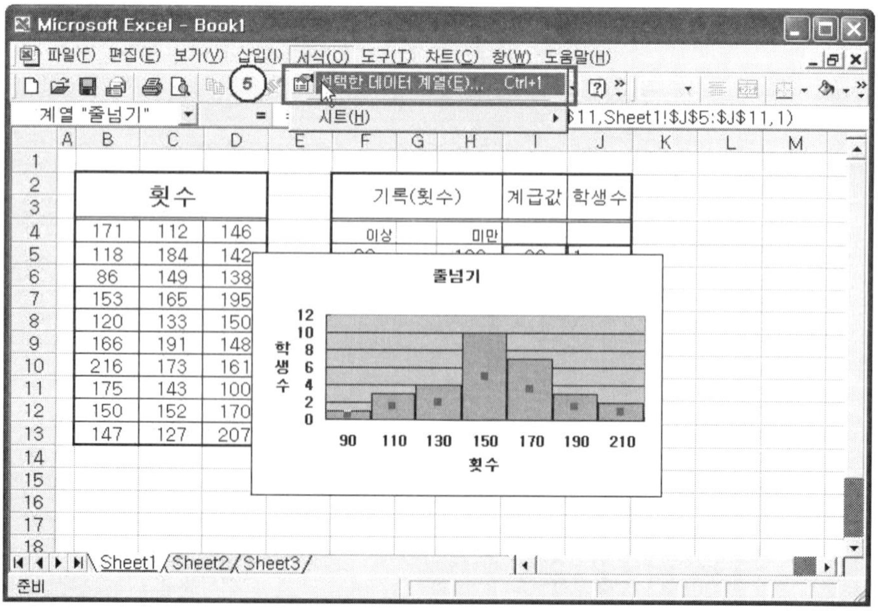

⑥ [데이터 계열 서식] 대화상자의 [무늬] 탭에서 영역의 "색"을 임의로 지정하면 막대에 색이 나타난다.

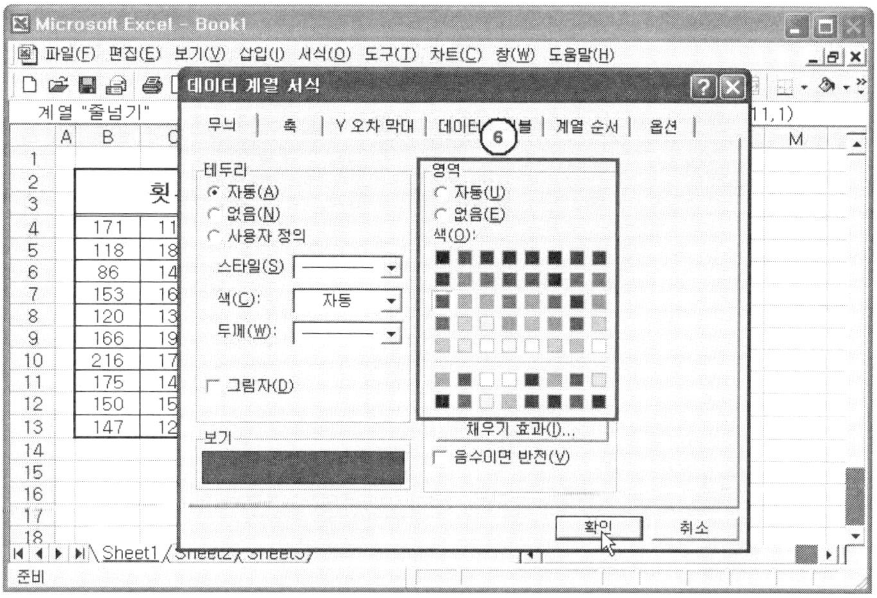

⑦ 차트의 크기를 적당하게 조절하여 나타내면 다음과 같은 히스토그램을 완성할 수 있다.

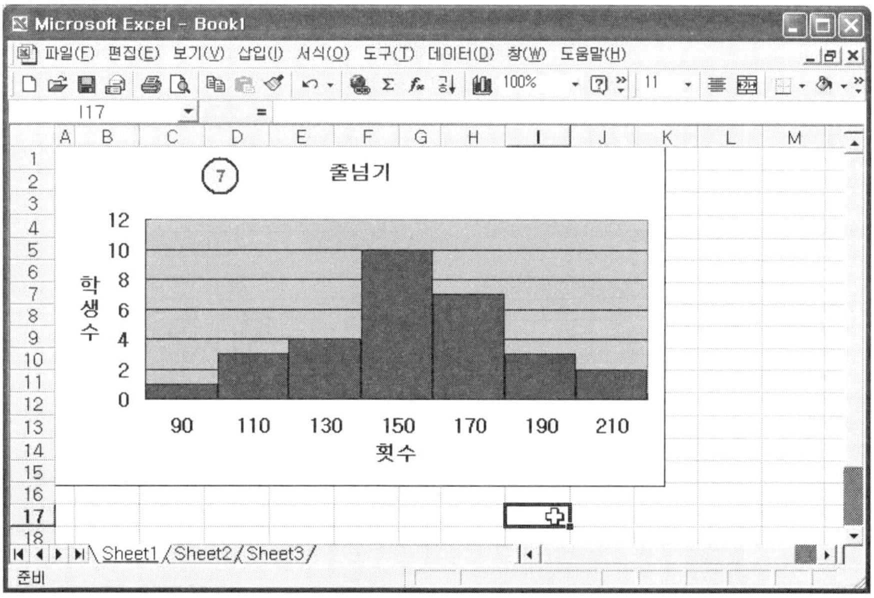

> **예제 2.1.2** 앞의 예제 2.1.1의 줄넘기 횟수를 이용하여 누적도수분포표와 누적도수분포다각형을 만들어라.

풀이 ① 예제 2.1.1에서 만든 도수분포표를 복사하여 다른 시트에 다음과 붙여넣자. 또, "학생수" 옆의 셀에 "누적수"난을 더 만들자.

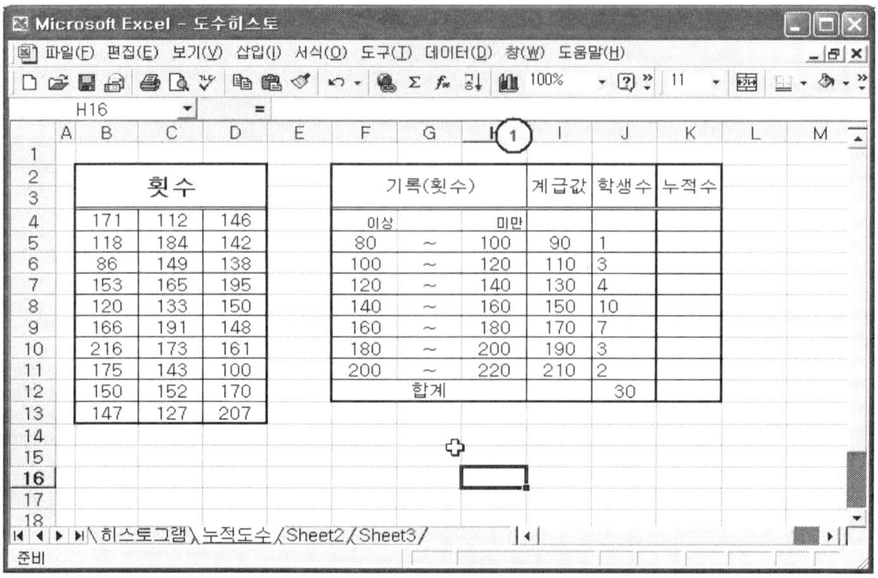

② 셀 K5에 100회 미만의 학생수를 구하기 위해 다음과 같은 수식을 입력하자.
『=COUNTIF($B$4:$D$13, "<100")』

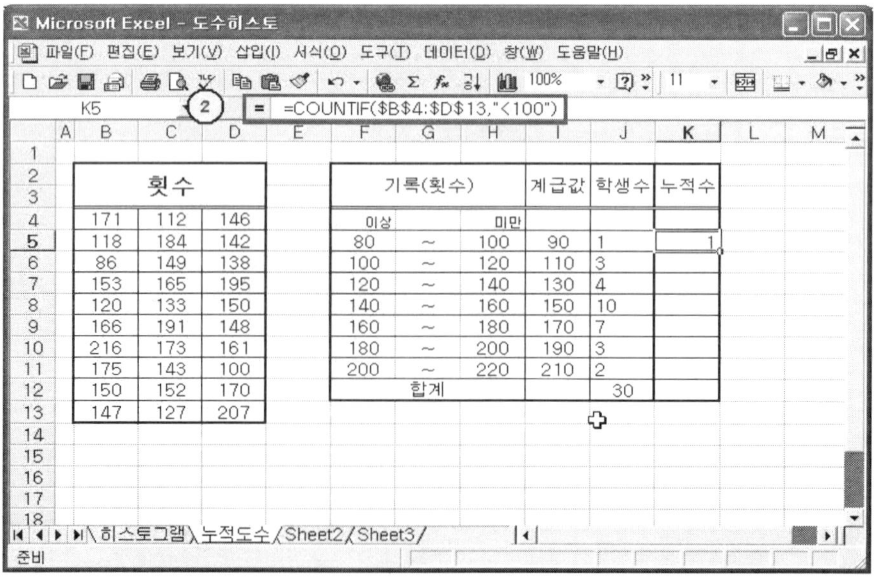

③ 계속해서 셀 K6부터 셀 K11까지 동일한 수식에 조건식을 다르게 입력하면 모든 누적도수를 다음과 같이 구할 수 있다. 물론 채우기 핸들을 이용하여 수식을 복사한 뒤 조건식에 해당되는 부분만 고쳐도 된다.

『=COUNTIF($B$4:$D$13,“<100”)』, …, 『=COUNTIF($B$4:$D$13,“<220”)』

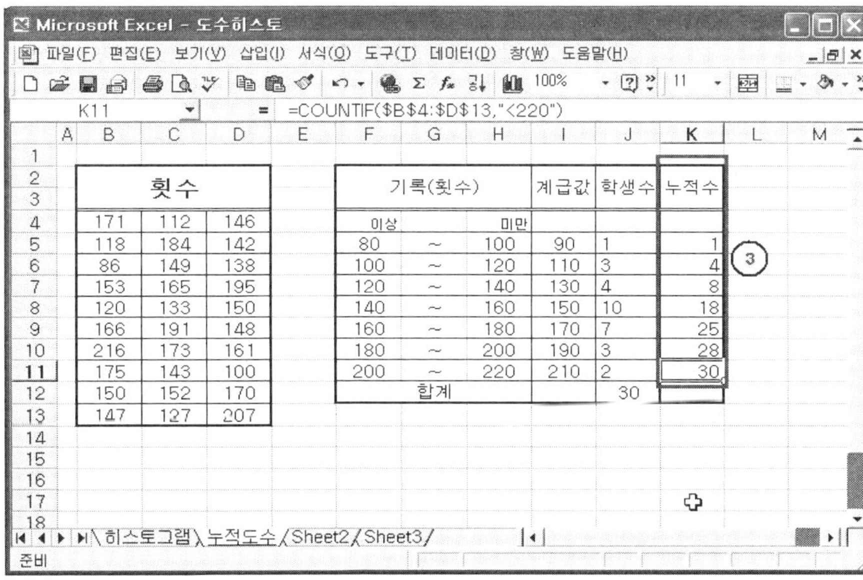

④ 누적도수분포다각형을 만들기 위해 계급값과 누적수 전체를 선택한 뒤 [표준도구모음]의 **[차트 마법사]**를 선택한다.

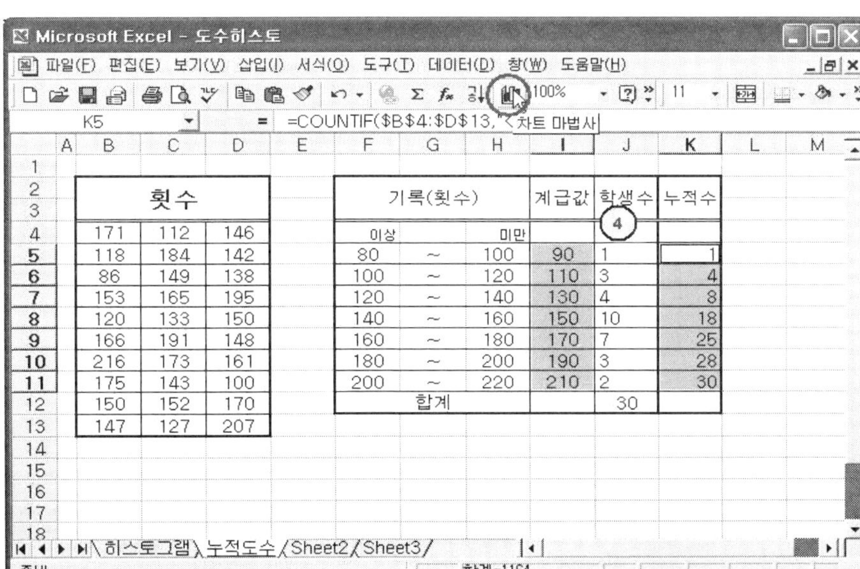

⑤ **[차트 종류]**를 꺾은선으로 연결된 “분산형”을 선택하면 다음과 같은 차트가 만들어진다.

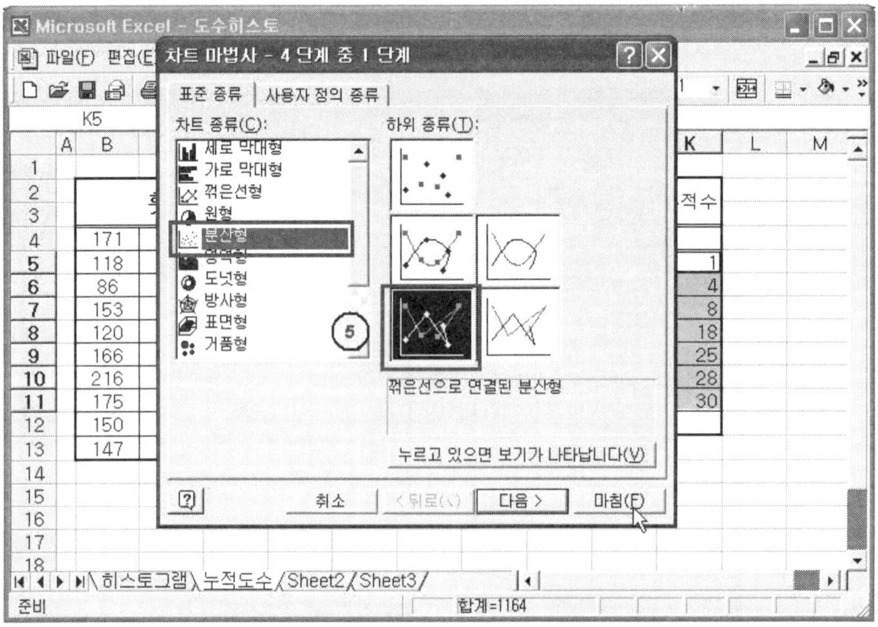

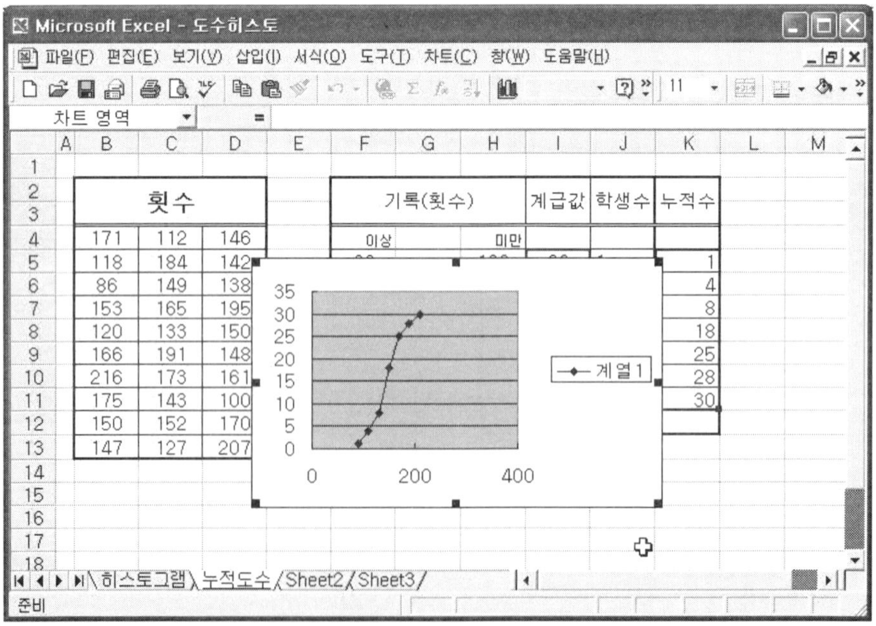

⑥ "범례"를 지워버리고 "X축의 범위"를 적당하게 고쳐주면 다음과 같은 누적도수분포다각형이 만들어진다.

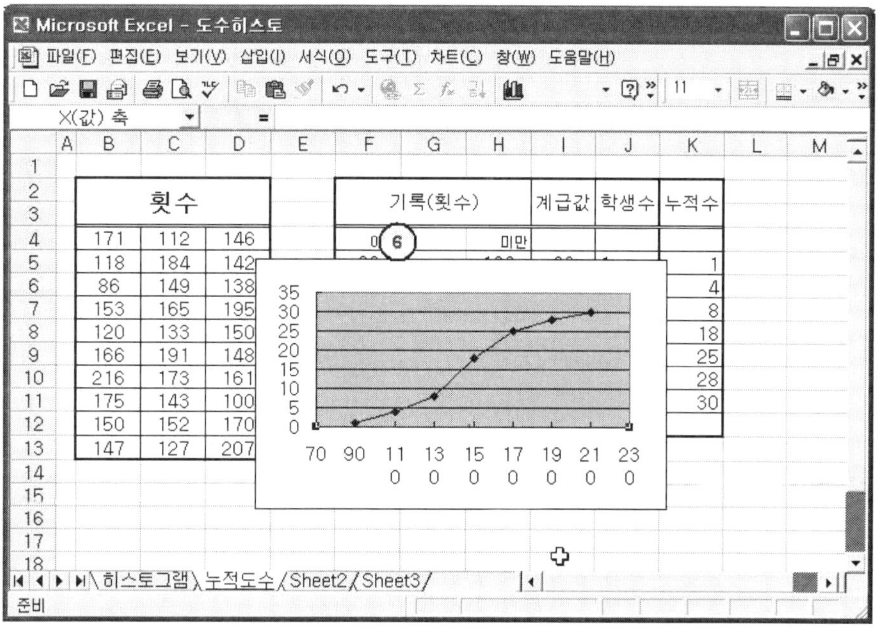

나의 노트

연습문제 2.1

※ 해답은 인제대학교 창의력교육센터(http://ecc.inje.ac.kr)로 접속해서 **[자료실 ⇒ 생각하는 수학 ⇒ “엑셀활용(2권)”]**에 들어가면 볼 수 있다.

1. 다음 표는 부산지역의 연평균 기온을 1966년부터 2003년까지 나타낸 것이다. 계급값을 0.4(℃)로 하여 도수분포표, 히스토그램 그리고 누적도수분포표를 만들고 2001년의 연평균 기온이 다른 해보다 높은 편인지 판단하여라.

년도	1966	1967	1968	1969	1970	1971	1972	1973	1974	1975	1976	1977	1978
기온	14.0	14.0	13.8	13.4	13.5	13.9	14.1	14.4	13.6	14.5	13.7	14.2	14.9
년도	1979	1980	1981	1982	1983	1984	1985	1986	1987	1988	1989	1990	1991
기온	14.8	13.3	13.6	14.4	14.3	13.9	14.2	13.7	14.3	14.2	14.9	15.5	14.4
년도	1992	1993	1994	1995	1996	1997	1998	1999	2000	2001	2002	2003	
기온	14.8	14.0	15.6	14.5	14.5	15.2	15.8	15.0	14.9	15.3	14.7	14.3	

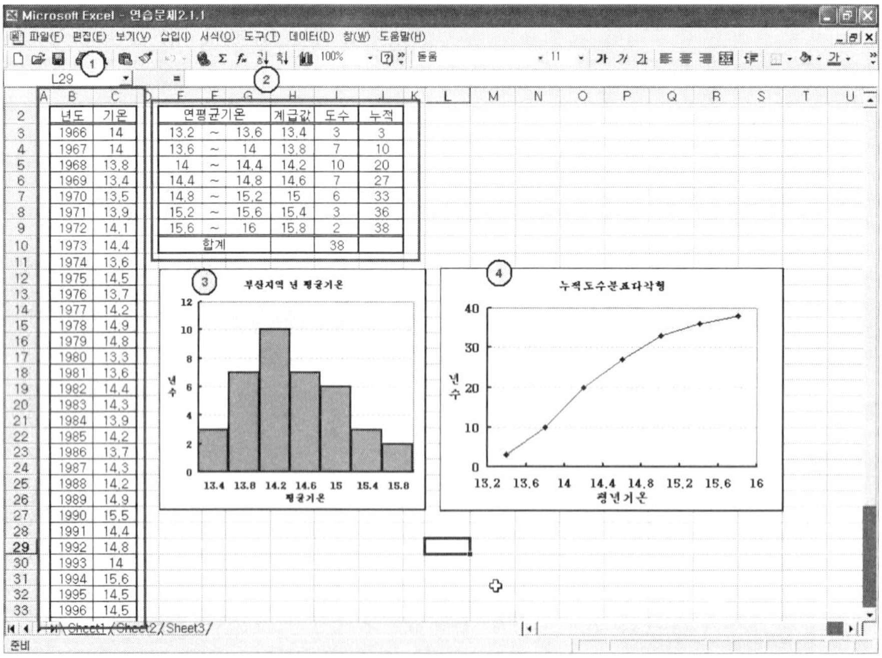

2. 통계청 홈페이지(http://kosis.nso.go.kr/)의 자료를 이용하여 부산과 서울지역의 연 강수일의 도수분포표, 히스토그램, 누적도수분포표와 그 다각형을 만들어라.

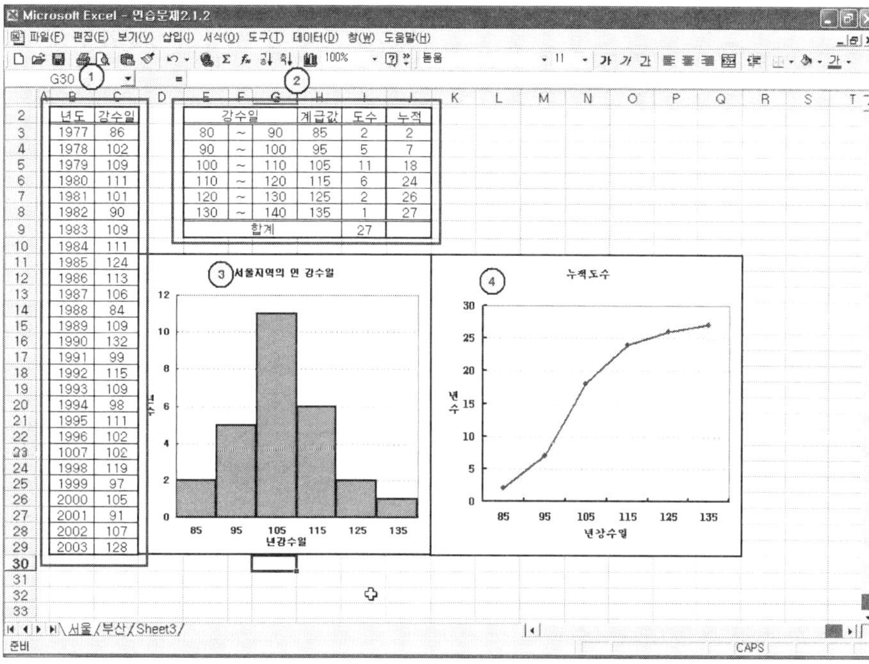

나의 노트

2.2 자료의 평균과 분산

앞의 2.1절에서 나타낸 히스토그램은 시각적으로 자료를 정리하여 이해하기 쉽게 도와주지만 자료의 중심이나 전체의 산포를 나타내는 수치가 함께 주어진다면 자료에 대한 이해가 수월하게 될 것이며, 또한 그림과 숫자를 통한 다른 집단과의 비교도 용이하게 된다.

자료의 중심을 나타내는 척도의 대표적인 예로 평균을 들 수 있는데 여기서 다루는 **평균**은,

$$평균 = \frac{자료의\ 총합}{자료의\ 개수}$$

로 계산되는 **산술평균**을 의미한다.

한편, 자료에 대한 산포의 척도로는 **분산**을 많이 이용하는데

$$분산 = \frac{편차의\ 제곱합}{자료의 개수}$$

로 계산되며, 여기서 **편차**는 편차=자료－평균을 의미한다.

히스토그램을 구하기 위해 도수분포표로 정리된 자료만 있는 경우는 위에서 설명한 공식을 사용하기 어려우므로 도수분포표상의 각 계급에 속하는 자료는 모두 그 계급의 계급값으로 대체하고 위의 공식을 적용시키면 될 것이다.

이 절에서는 엑셀 함수식을 이용하여 각각의 자료에 대한 자료값을 이용하여 평균과 분산을 구하고 또 이 자료들을 도수분포표로 정리해서 구한 평균 및 분산을 계산하여 서로 비교해 보기로 한다.

예제 2.2.1 다음 표는 부산지역의 연 강수일을 나타낸 것이다. 도수분포표를 만들어서 연 강수일의 평균과 표준편차를 구하여 보고, 함수식을 사용하여 평균과 표준편차를 구하여 도수분포표로 구한 것과의 차이점을 알아보시오.

연 도	1977	1978	1979	1980	1981	1982	1983	1984	1985
강수일	91	89	106	115	97	94	105	78	108
연 도	1986	1987	1988	1989	1990	1991	1992	1993	1994
강수일	87	103	85	102	103	108	100	95	67
연 도	1995	1996	1997	1998	1999	2000	2001	2002	2003
강수일	76	89	101	121	112	98	91	106	119

풀이 아래에 제시된 9개의 지시문을 순서대로 따라해보자.

① 다음 그림과 같이 계산에 필요한 정보를 적당한 셀에 입력하자.

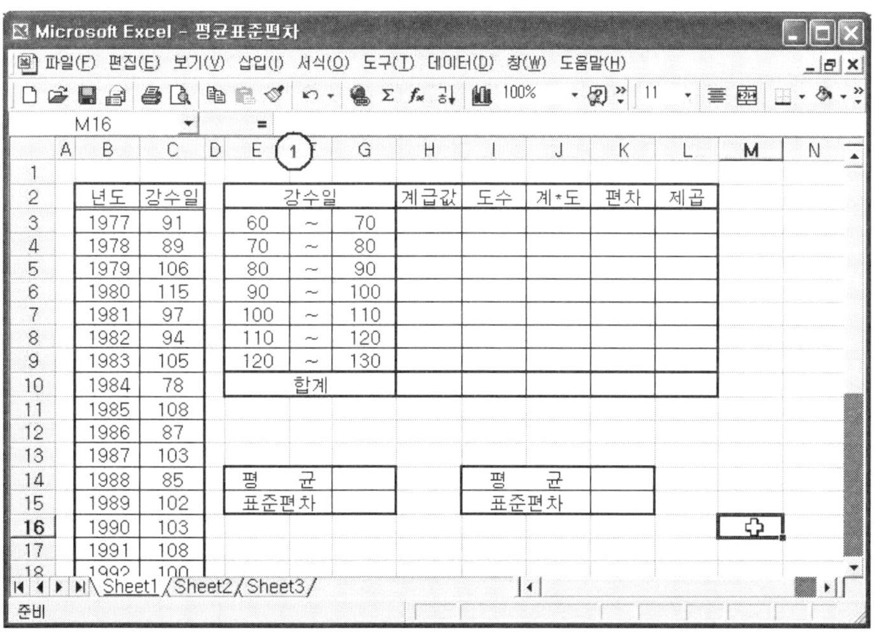

② 셀 H3부터 H9까지 계급값을 만들자.

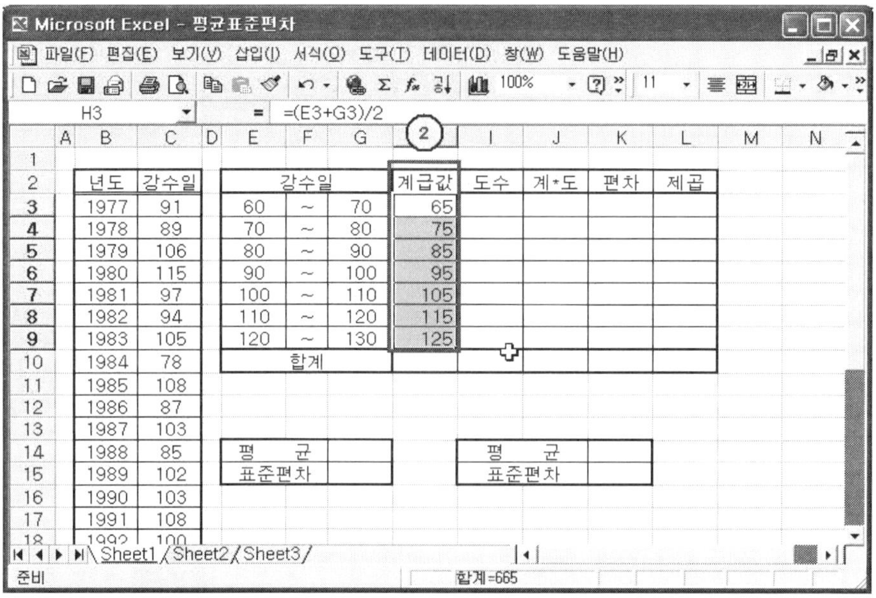

③ 아래와 같이 함수식 “COUNTIF”를 이용하여 각각의 도수를 구하여보자.

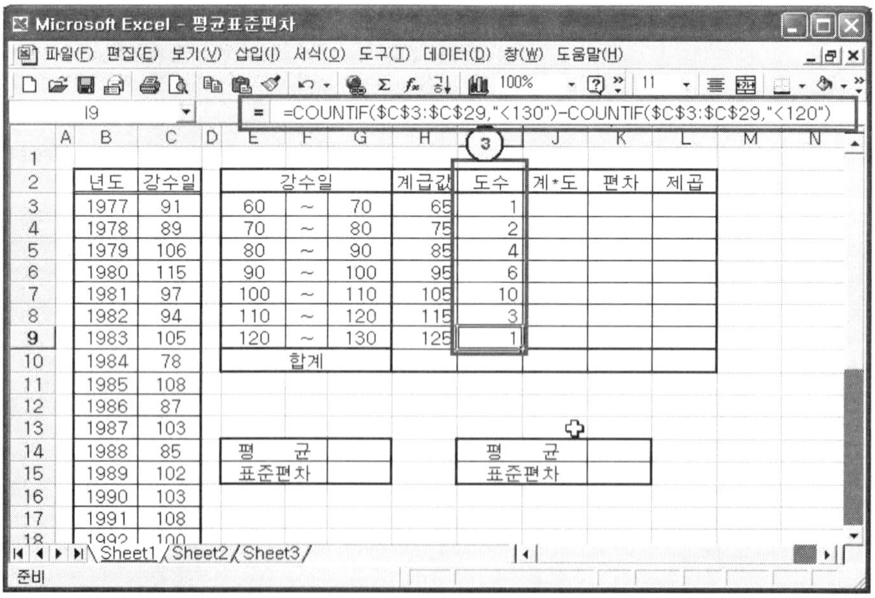

Tip 총 도수를 구하기 위해서 표준도구모음의 “자동합계 아이콘(Σ)”을 더블클릭하면 간단히 계산된다.

④ 각각의 계급값과 도수의 곱의 값을 구하기 위해 수식 『=H3*I3』을 셀 I3에 입력한 후 "채우기 핸들"을 이용하여 수식을 셀 I9까지 복사하면 모든 곱의 값을 다음과 같이 구할 수 있다. 또, "자동합계 아이콘"을 이용하여 계급값과 도수를 곱한 값들을 모두 더하자.

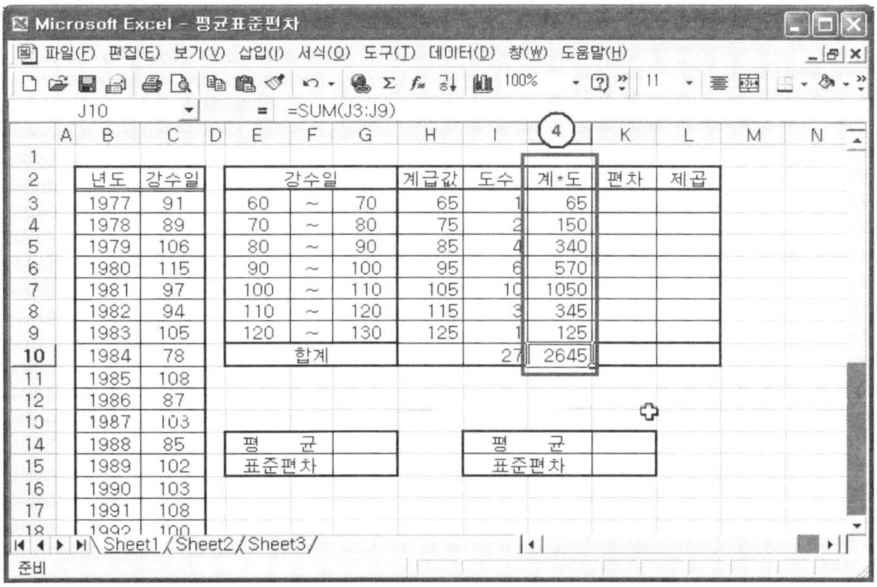

⑤ 셀 G14에 강수일의 평균값을 넣기 위해서 수식 『=J10/I10』을 입력한다. 그러면 도수분포표에 의해서 평균 강수일이 다음과 같이 구해진다.

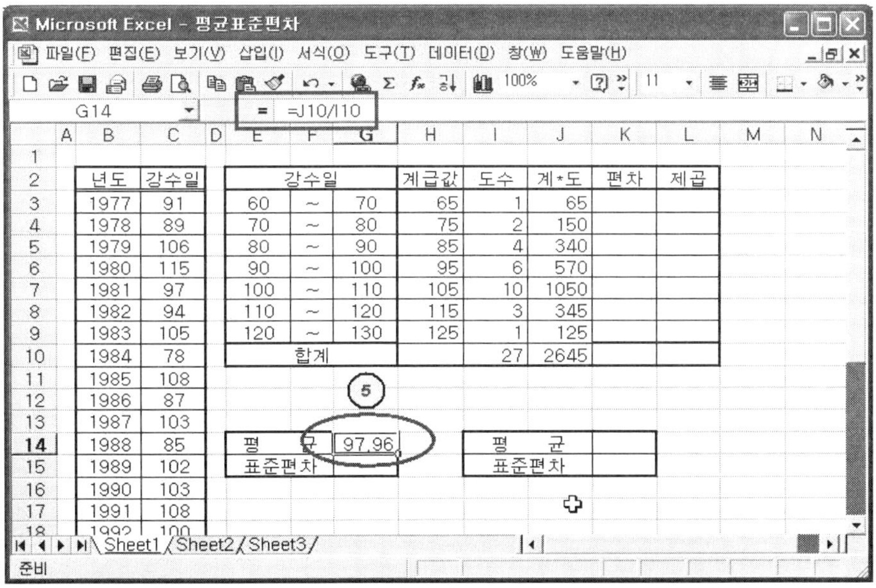

⑥ 표준편차를 구하려면 편차 제곱의 평균을 구해야만 한다. 셀 K3과 셀 L3에 각각 수식 『=J3-I3*$G$14』, 『=K3^2』을 입력하면 편차와 그 편차의 제곱의 값이 구해진다. "채우기 핸들"을 이용하여 K4부터 L9까지 모든 값을 구하자.

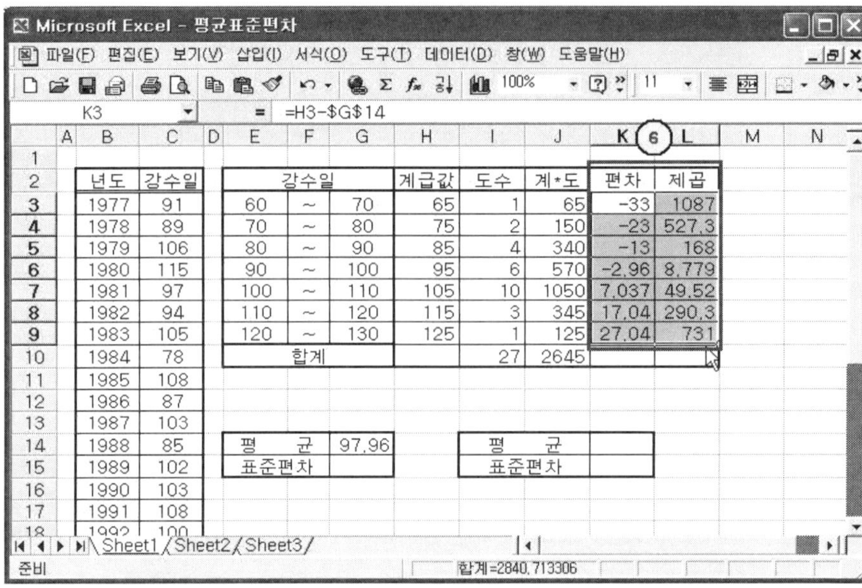

	B	C	E	F	G	H	I	J	K	L
2	년도	강수일	강수일			계급값	도수	계*도	편차	제곱
3	1977	91	60	~	70	65	1	65	-33	1087
4	1978	89	70	~	80	75	2	150	-23	527.3
5	1979	106	80	~	90	85	4	340	-13	168
6	1980	115	90	~	100	95	6	570	-2.96	8.779
7	1981	97	100	~	110	105	10	1050	7.037	49.52
8	1982	94	110	~	120	115	3	345	17.04	290.3
9	1983	105	120	~	130	125	1	125	27.04	731
10	1984	78	합계				27	2645		
11	1985	108								
12	1986	87								
13	1987	103								
14	1988	85	평균		97.96		평균			
15	1989	102	표준편차				표준편차			
16	1990	103								
17	1991	108								

⑦ 셀 L10을 선택한 상태에서 "자동합계 아이콘" 더블클릭하면 편차의 제곱의 합이 구해진다.

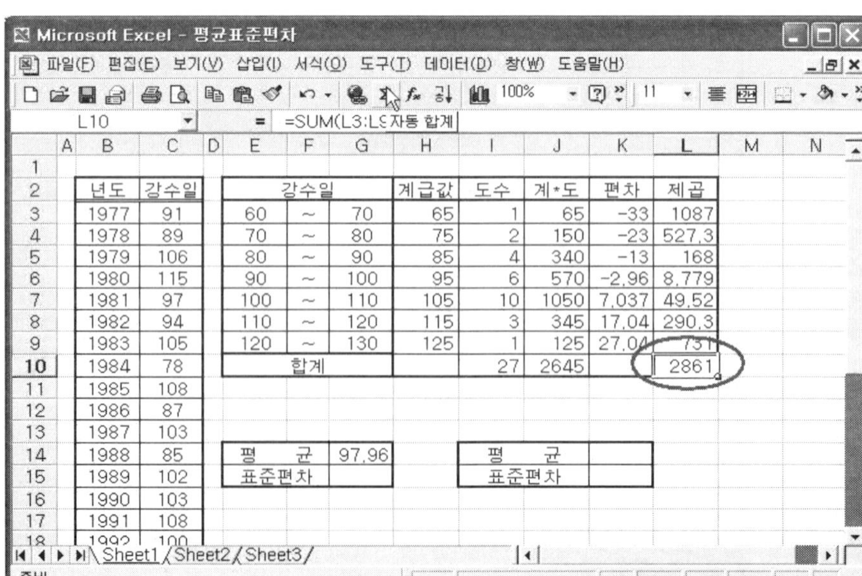

	B	C	E	F	G	H	I	J	K	L
2	년도	강수일	강수일			계급값	도수	계*도	편차	제곱
3	1977	91	60	~	70	65	1	65	-33	1087
4	1978	89	70	~	80	75	2	150	-23	527.3
5	1979	106	80	~	90	85	4	340	-13	168
6	1980	115	90	~	100	95	6	570	-2.96	8.779
7	1981	97	100	~	110	105	10	1050	7.037	49.52
8	1982	94	110	~	120	115	3	345	17.04	290.3
9	1983	105	120	~	130	125	1	125	27.04	731
10	1984	78	합계				27	2645		2861
11	1985	108								
12	1986	87								
13	1987	103								
14	1988	85	평균		97.96		평균			
15	1989	102	표준편차				표준편차			
16	1990	103								
17	1991	108								

⑧ 편차의 제곱의 평균의 값을 **분산**이라 하며, 분산의 양의 제곱근이 **표준편차**이다. 따라서, 셀 L10에 주어진 값을 총 도수로 나누어 준 값의 양의 제곱근이 표준편차이다. 이것을 다음 수식 『=SQRT(L10/I10)』을 사용하면 얻을 수 있다.

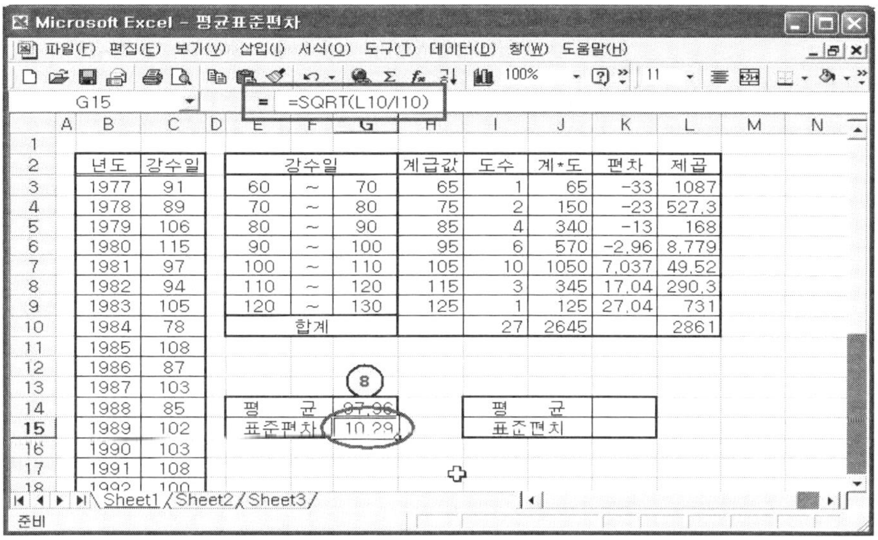

	년도	강수일	강수일			계급값	도수	계*도	편차	제곱
3	1977	91	60	~	70	65	1	65	-33	1087
4	1978	89	70	~	80	75	2	150	-23	527.3
5	1979	106	80	~	90	85	4	340	-13	168
6	1980	115	90	~	100	95	6	570	-2.96	8.779
7	1981	97	100	~	110	105	10	1050	7.037	49.52
8	1982	94	110	~	120	115	3	345	17.04	290.3
9	1983	105	120	~	130	125	1	125	27.04	731
10	1984	78	합계				27	2645		2861
11	1985	108								
12	1986	87								
13	1987	103								
14	1988	85								
15	1989	102								
16	1990	103								
17	1991	108								

⑨ 위의 과정에서 도수분포표를 이용하여 연평균 강수일에 대한 평균과 표준편차를 구하였다. 도수분포표를 이용하지 않고 엑셀의 함수식을 사용하여 평균과 표준편차를 구할 수 있다. 다음과 같은 수식을 입력하면 평균과 표준편차가 셀 K14와 K15에 각각 구해진다.

평균 『=AVERAGE(C3:C29)』, 표준편차 『=STDEVP(C3:C29)』

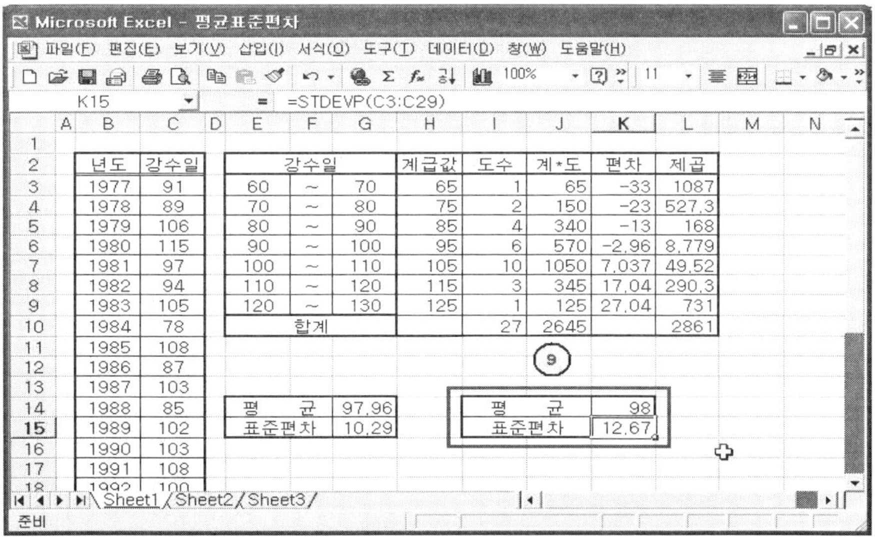

각각의 자료에 대한 공식을 이용하여 구한 평균 97.96, 표준편차 10.29는 도수분포표를 이용하여 정리된 자료의 평균과 표준편차값 98과 12.67에 비교하면 차이는 나지만 근사적인 정보는 줄 수 있을 것이다.

나의 노트

예제 2.2.2 다음 표는 서울과 부산 지역의 1년 동안 맑은 날의 일수를 연도별로 나타낸 것이다. 각 지역별로 맑은 날의 도수분포표와 히스토그램을 나타내고, 평균과 표준편차를 함수식을 사용하여 구하여라.

년도	1977	1978	1979	1980	1981	1982	1983	1984	1985
서울	98	102	100	100	96	92	76	81	68
부산	122	110	99	92	105	97	107	86	88
년도	1986	1987	1988	1989	1990	1991	1992	1993	1994
서울	93	84	108	103	93	106	107	108	112
부산	119	111	102	81	108	107	108	113	146
년도	1995	1996	1997	1998	1999	2000	2001	2002	2003
서울	110	111	132	103	108	96	116	113	93
부산	138	106	121	97	130	129	111	119	102

풀이 아래에 제시된 6개의 지시문을 순서대로 따라해보자.

① 임의의 셀에 다음과 같이 입력하자.

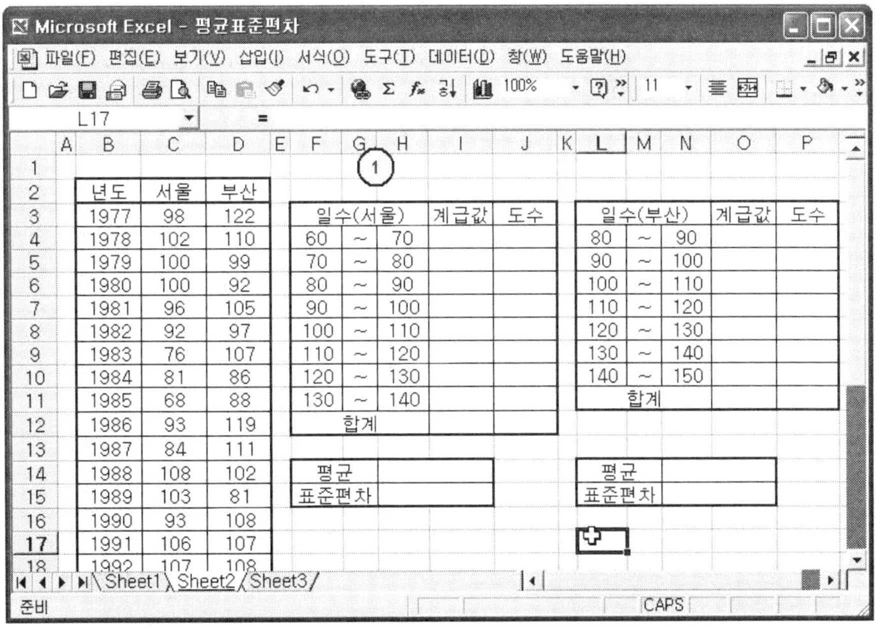

② 서울과 부산지역 각각의 계급값을 수식을 사용하여 다음과 같이 나타내자.

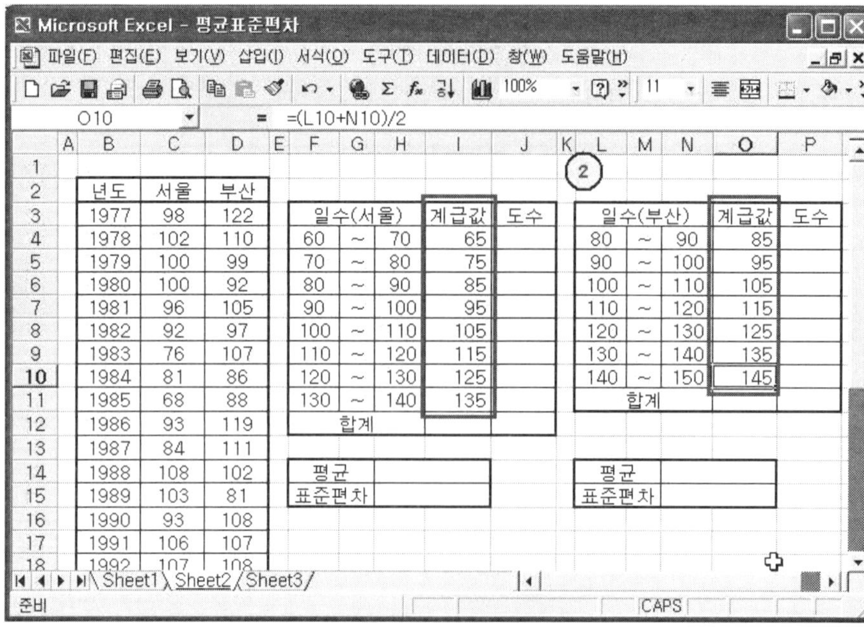

③ 각 계급에 대한 도수를 함수식 “COUNTIF”를 사용하여 다음과 같이 나타내자.

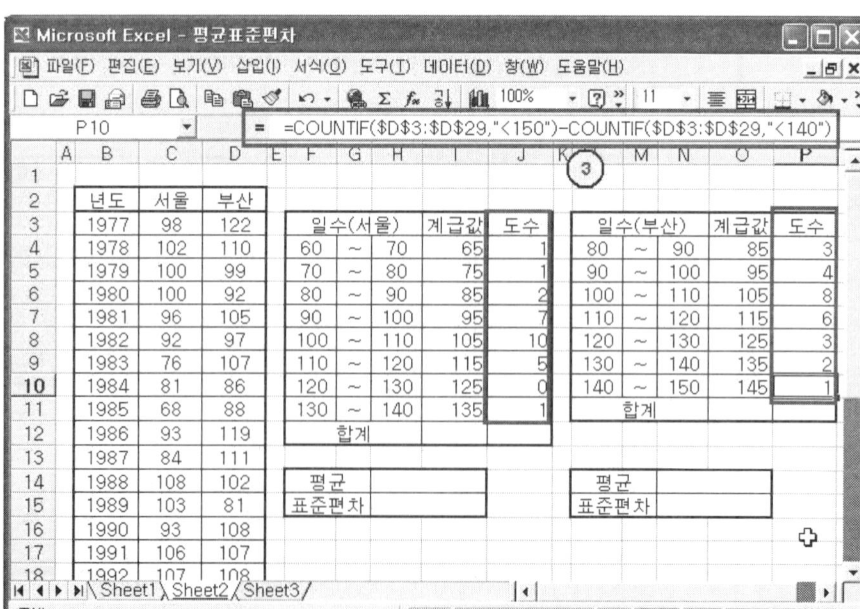

④ [차트 마법사]를 이용하여 다음과 같이 히스토그램을 만들자(예제 2.1.1 참고).

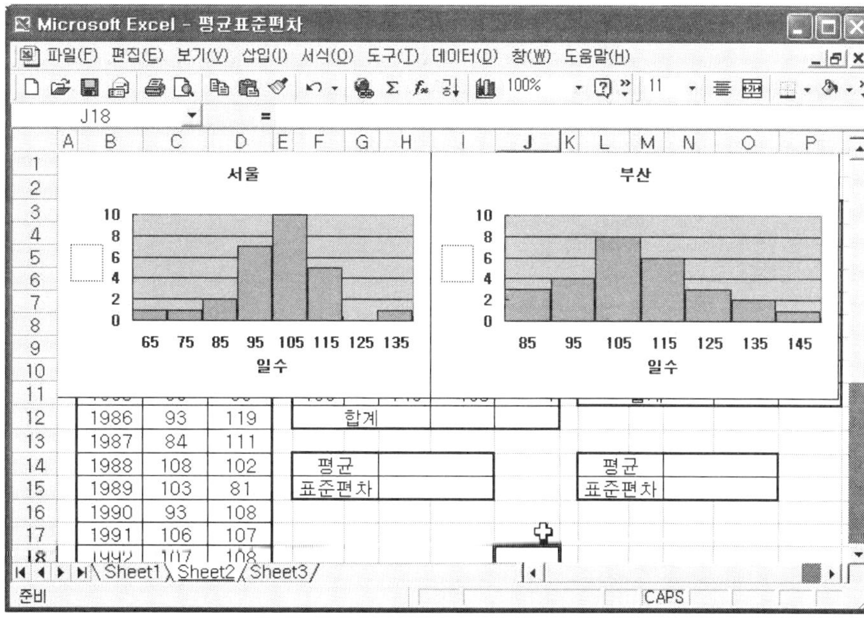

⑤ 셀 H14와 H15에 서울 지역의 맑은 날의 평균과 표준편차를 다음과 같은 함수식에 의해 각각 구한다.

『=AVERAGE(C3:C29)』, 『=STDEVP(C3:C29)』

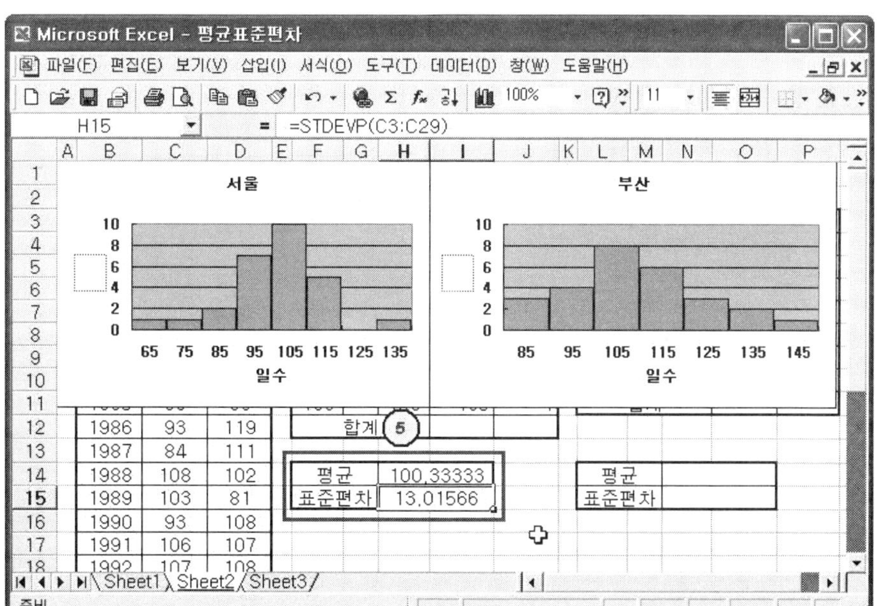

⑥ 같은 방법으로 부산 지역의 맑은 날의 평균과 표준편차를 구한다.

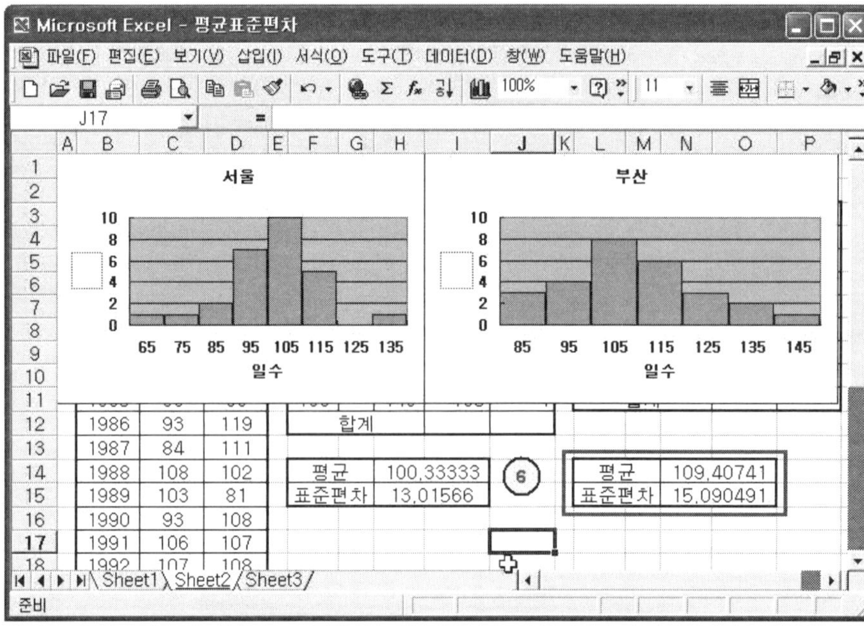

위에서 구한 결과 1977년 이후 부산 지역의 맑은 날의 일수가 서울지역보다 평균적으로 9일 정도 많지만 편차는 부산 지역이 조금 더 높다는 것을 확인할 수 있다.

나의 노트

연습문제 2.2

※ 해답은 인제대학교 창의력교육센터(http://ecc.inje.ac.kr)로 접속해서 **[자료실 ⇒ 생각하는 수학 ⇒ "엑셀활용(2권)"]**에 들어가면 볼 수 있습니다.

1. 다음 표는 서울과 부산 지역의 연 강수량을 나타낸 것이다.

년 도	1966	1967	1968	1969	1970	1971	1972	1973	1974	1975
서 울	2019	1269	1288	1722	1708	1360	1770	928	1251	1067
부 산	1062	1037	1162	1800	2138	1087	2196	1143	1698	1536
년 도	1976	1977	1978	1979	1980	1981	1982	1983	1984	1985
서 울	1110	1148	1161	1279	1242	1216	949	1205	1250	1545
부 산	1052	1142	1242	1708	1913	1290	1168	1770	1493	2201
년 도	1986	1987	1988	1989	1990	1991	1992	1993	1994	1995
서 울	1247	1751	761	1437	2356	1158	1455	1293	1056	1599
부 산	1143	1423	902	1750	1271	2167	1309	1615	960	1006
년 도	1996	1997	1998	1999	2000	2001	2002	2003		
서 울	1257	1210	2349	1733	1187	1386	1388	2012		
부 산	1290	1598	2029	2397	1249	1171	2085	2328		

(a) 두 지역의 강수량의 평균과 표준편차를 구하여라.

(b) 두 지역에 대한 연강수량 자료에 대해 계급값의 크기를 200(mm)으로 하여 도수분포표와 히스토그램을 만들어라.

(c) (b)에서 만든 도수분포표에 의해 정리된 자료의 평균과 표준편차를 구하고, (a)의 결과와 비교해 보아라.

(d) 두 지역의 연강수량에 대해 정리된 자료를 이용하여 비교해 보아라.

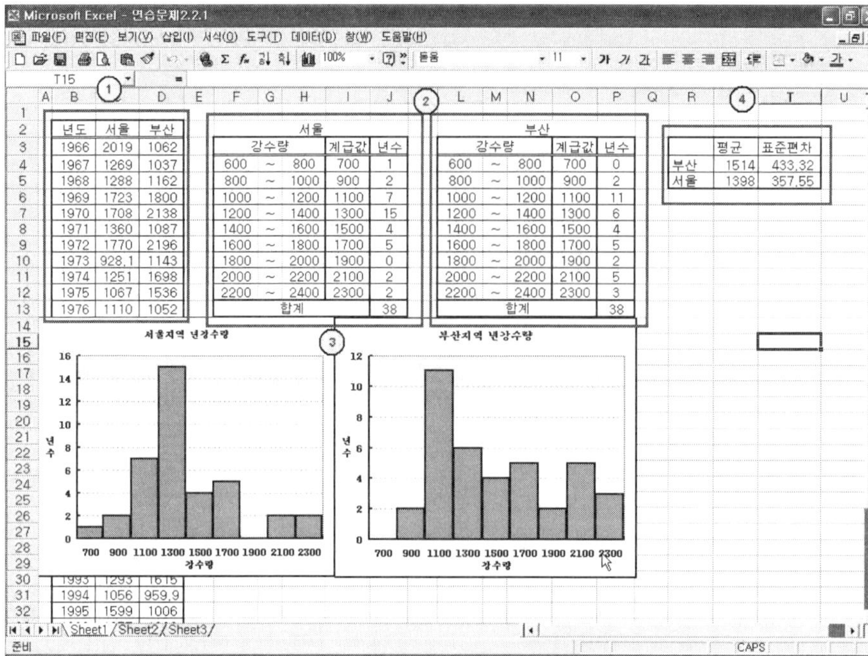
Microsoft Excel - 연습문제2.2.1
파일(F) 편집(E) 보기(V) 삽입(I) 서식(O) 도구(T) 데이터(D) 창(W) 도움말(H)
T15
①
②
③
④
년도 서울 부산
1966 2019 1062
1967 1269 1037
1968 1288 1162
1969 1723 1800
1970 1708 2138
1971 1360 1087
1972 1770 2196
1973 928.1 1143
1974 1251 1698
1975 1067 1536
1976 1110 1052
1994 1056 959.9
1995 1599 1006
서울
강수량 계급값 년수
600 ~ 800 700 1
800 ~ 1000 900 2
1000 ~ 1200 1100 7
1200 ~ 1400 1300 15
1400 ~ 1600 1500 4
1600 ~ 1800 1700 5
1800 ~ 2000 1900 0
2000 ~ 2200 2100 2
2200 ~ 2400 2300 2
합계 38
부산
강수량 계급값 년수
600 ~ 800 700 0
800 ~ 1000 900 2
1000 ~ 1200 1100 11
1200 ~ 1400 1300 6
1400 ~ 1600 1500 4
1600 ~ 1800 1700 5
1800 ~ 2000 1900 2
2000 ~ 2200 2100 5
2200 ~ 2400 2300 3
합계 38
평균 표준편차
부산 1514 433.32
서울 1398 357.55
서울지역 년강수량
부산지역 년강수량
년수
강수량
Sheet1 Sheet2 Sheet3
준비
CAPS

나의 노트

2.3 확률분포

어떤 조사나 실험을 통해 얻게 될 관심을 두는 양을 **확률변수**라 하는데 주로 X, Y, Z … 등의 알파벳 대문자를 사용하게 된다. 확률변수가 가지게 되는 각각의 값이 나타나게 될 **확률**을 이용하여 주어진 확률변수에 대한 **확률분포**를 구할 수 있는데 이러한 확률분포를 이용하게 되면 확률변수 X의 평균적으로 기대되는 값, 즉 **기대값**과 확률분포의 산포를 측정할 수 있는 **분산**을 구할 수 있다.

확률변수 X가 취하는 값이 이산적인 경우, 확률변수 X에 대한 평균 $E(X)$와 분산 $Var(X)$를 구하는 공식은 다음과 같다.

$$E(X) = \sum_x xP(X=x)$$

$$Var(X) = E((X-E(X))^2) = \sum_x (x-E(X))^2 P(X=x)$$

이 절에서는 엑셀을 이용하여 이산적인 값을 취하는 확률변수 X에 대한 확률분포를 주고, 확률변수 X의 평균과 표준편차를 구해보고, 또한 확률변수 X를 이용하여 만든 새로운 확률변수 $Y=aX+b$(a, b는 상수)의 평균과 표준편차를 구해보기로 한다. 참고로,

$$E(Y) = E(aX+b) = aE(X)+b$$

$$Var(Y) = Var(aX+b) = a^2 Var(X)$$

로 나타낼 수 있으며, 확률변수 Y의 표준편차는

$$\sqrt{Var(Y)} = a\sqrt{Var(X)} = a \cdot (X\text{의 표준편차})$$

로 구해지는데 이에 대한 결과를 엑셀의 함수식을 이용하여 확인해 보기로 하자.

> **예제 2.3.1** 주머니 속에 동전 10원짜리 세 개, 100원짜리 네 개, 500원짜리 세 개가 들어 있다. 임의로 한 개의 동전을 꺼낼 때, 꺼낸 동전이 X원일 때, 확률변수 X의 확률분포표를 만들고, 이를 이용하여 확률변수 X의 기대값과 표준편차를 구하여라.

풀이 제시된 6개의 지시문을 순서대로 따라해보자.

① 아래 그림과 같이 임의의 셀에 확률분포표를 만들자.

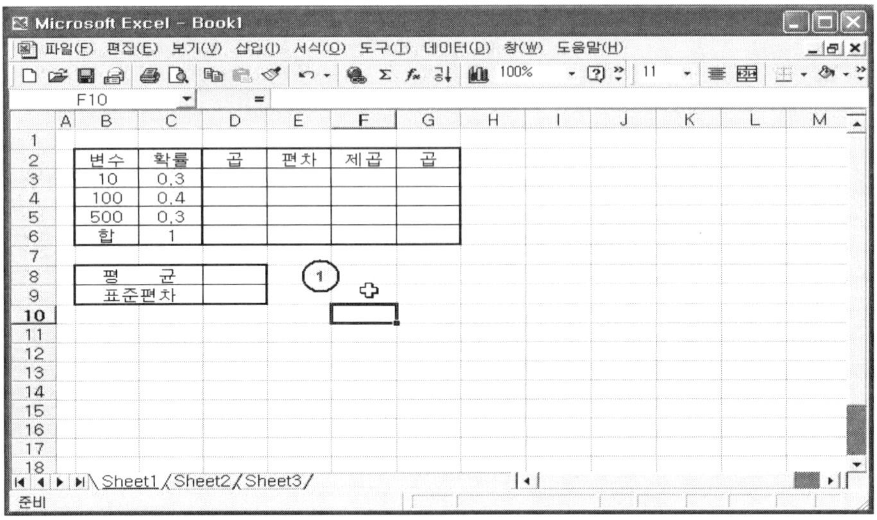

② 수식을 사용하여 확률변수와 확률의 곱의 값을 셀 D3(=B3*C3)부터 D5까지 구하고 셀 D6에 그 합(=SUM(D3:D5))을 구하여보자. 구한 합의 값은 이 확률분포에서 기대값(평균)에 해당된다. 계속해서 표준편차를 구하여보자.

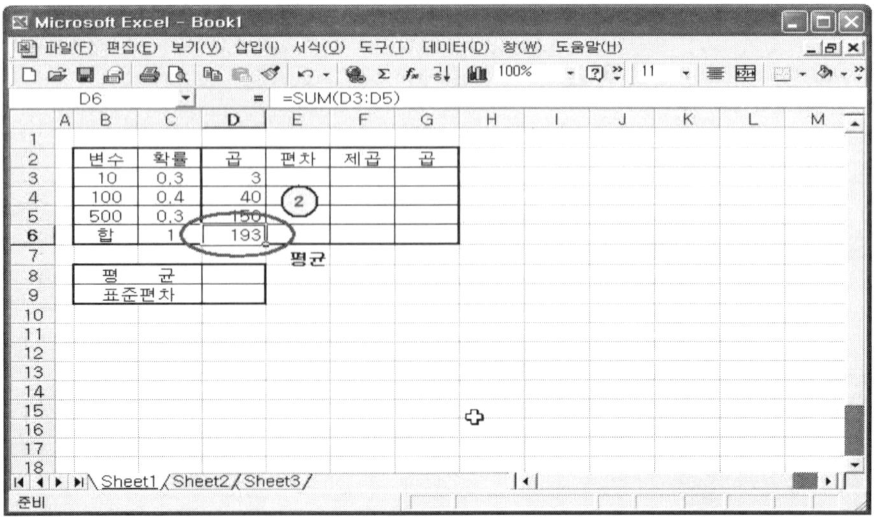

③ 셀 E3에 편차를 구하기 위해서는 확률변수의 값과 평균의 차(=B3-$D$6)를 구하면 된다. 나머지 셀 E4, E5는 "채우기 핸들"을 이용하여 복사하면 된다.

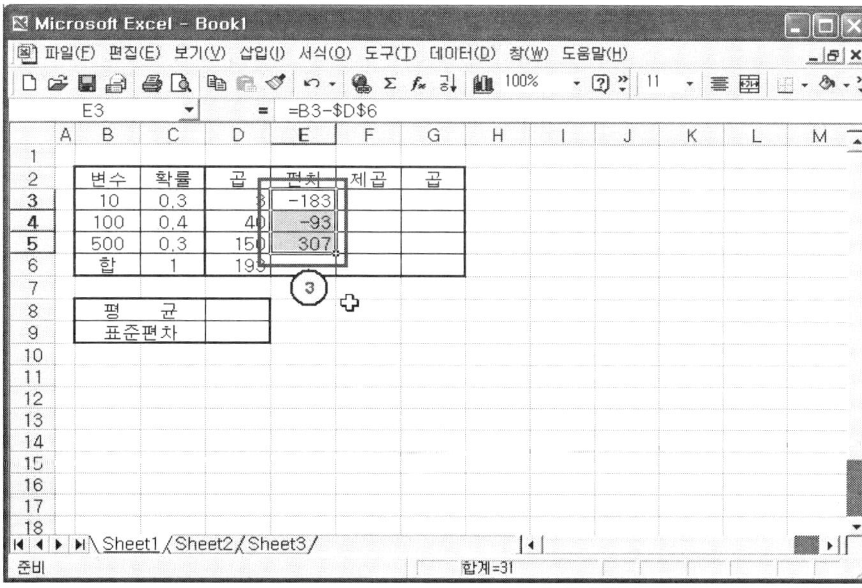

④ 셀 F3에 편차의 제곱(=E3^2)의 값을 구하고, 셀 G3에 편차의 제곱과 해당 확률을 곱(=C3*F3)하자. 나머지 셀 F4, F5, G4, G5는 "채우기 핸들"을 이용하여 복사하여 구하자.

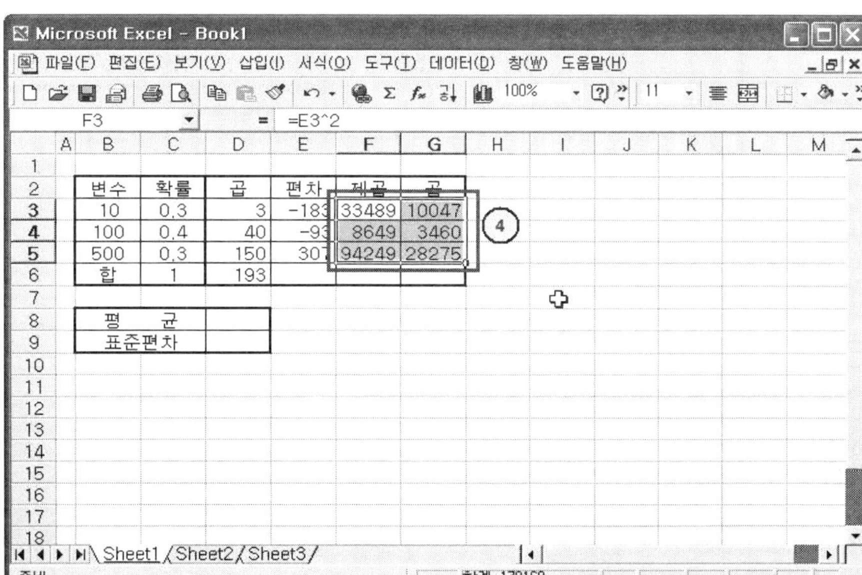

⑤ 셀 G6에 대한 곱에 대한 합의 값을 간단히 구하자. 구한 값이 이 확률분포에서 분산에 해당된다.

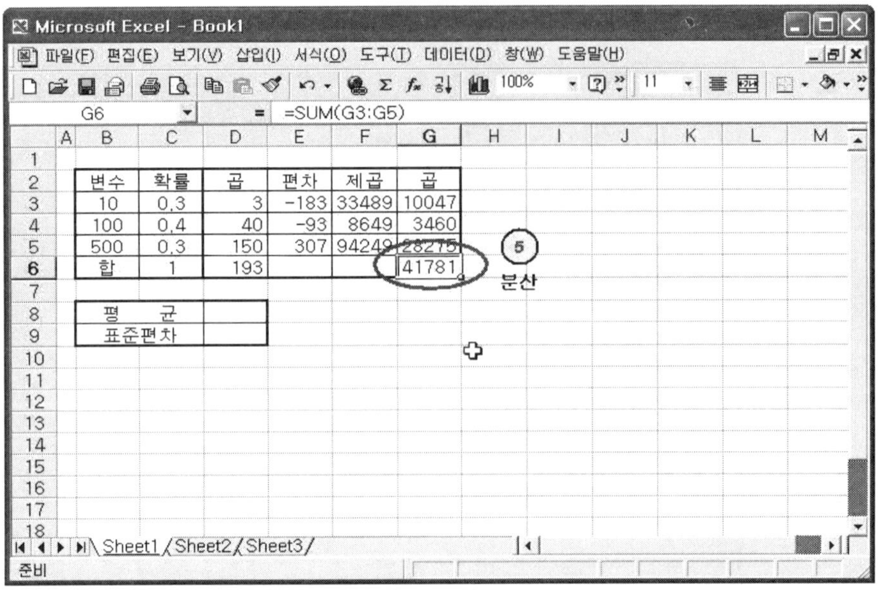

⑥ 셀 D8, D9에 평균과 분산을 나타내기 위해 다음과 같은 수식을 입력하면 된다.

『=D6』 ⇒ 『=SQRT(G6)』

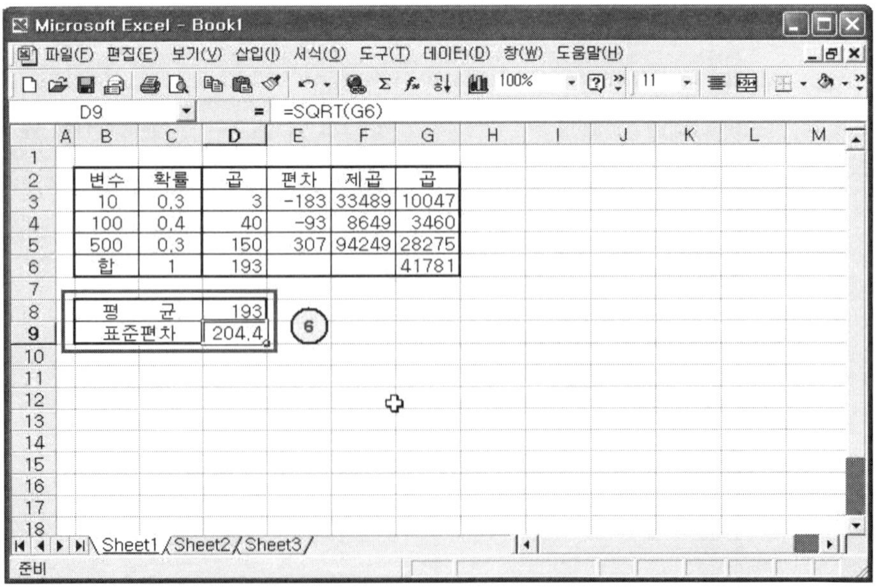

예제 2.3.2 주머니 속에 동전 10원짜리 세 개, 100원짜리 네 개, 500원짜리 세 개가 들어 있다. 임의로 한 개의 동전을 꺼낼 때, 꺼낸 동전에 100원을 더한 값을 Y원이라 할 때, Y의 기대값과 표준편차를 구하여라. 또, 예제 2.3.1에서 구한 기대값과 표준편차 사이에 어떤 관계가 있는지 알아보아라.

풀이 제시된 4개의 지시문을 순서대로 따라해보자.

① 아래 그림과 같이 임의의 셀에 확률분포표를 만들자.

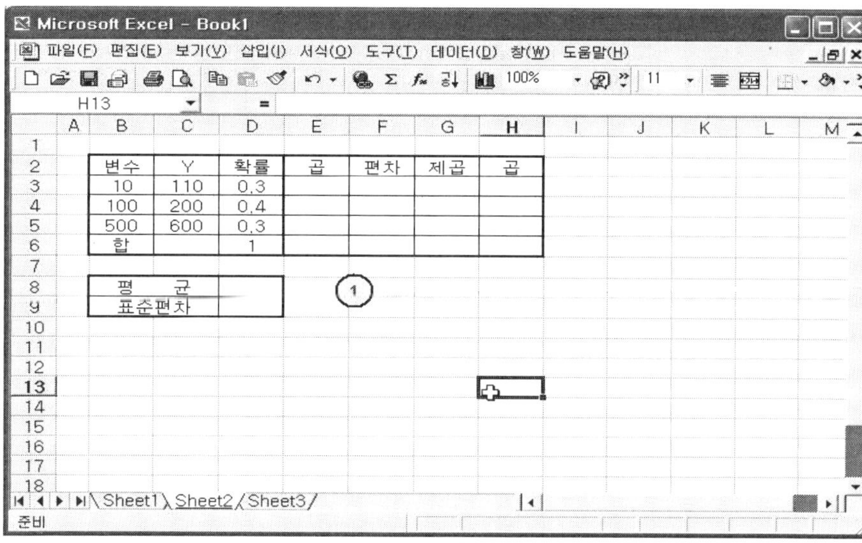

② 예제 2.3.1과 같은 방법으로 변수 Y와 확률의 곱을 구하고 곱의 합(기대값)을 구해보자.

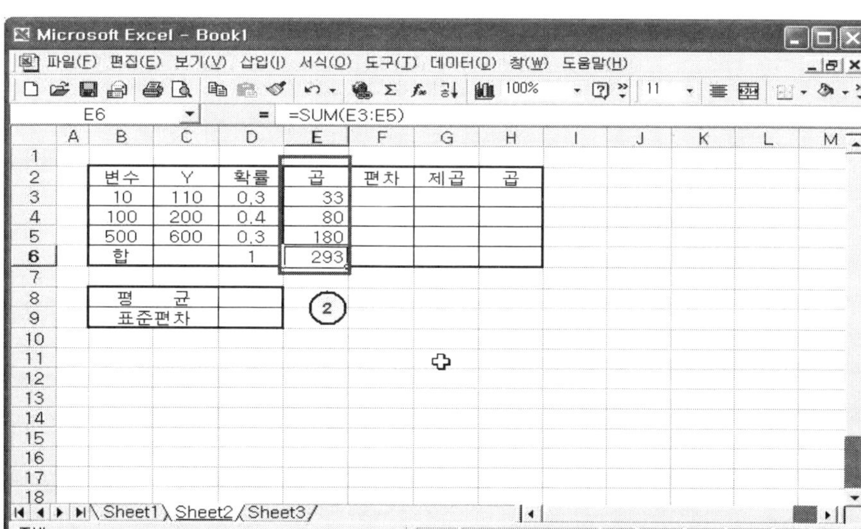

③ 확률분포표의 변수 Y의 편차, 편차제곱, 곱(편차제곱 × 확률)의 값을 구하고 곱의 합(분산)까지 구해보자.

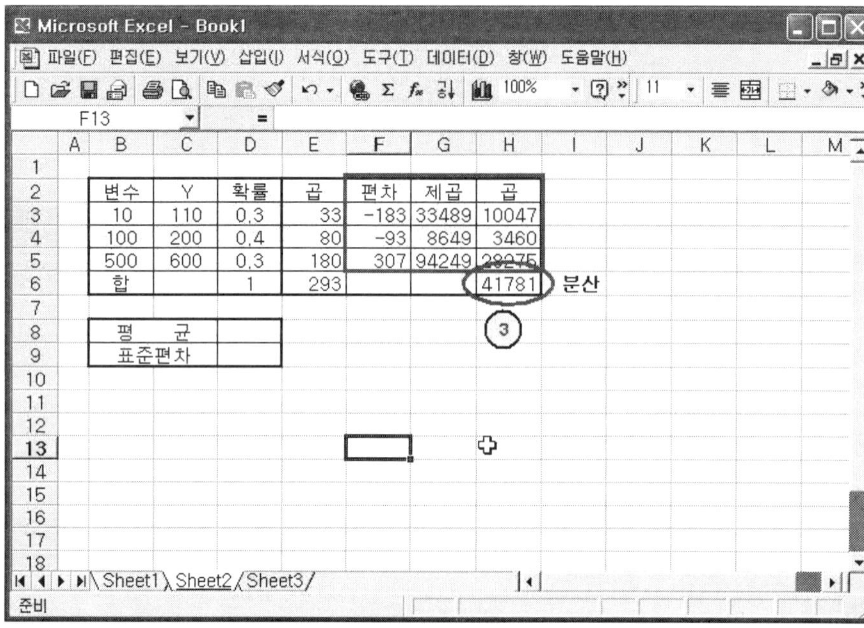

④ 셀 D8, D9에 확률변수 Y의 평균과 표준편차를 구해보자.

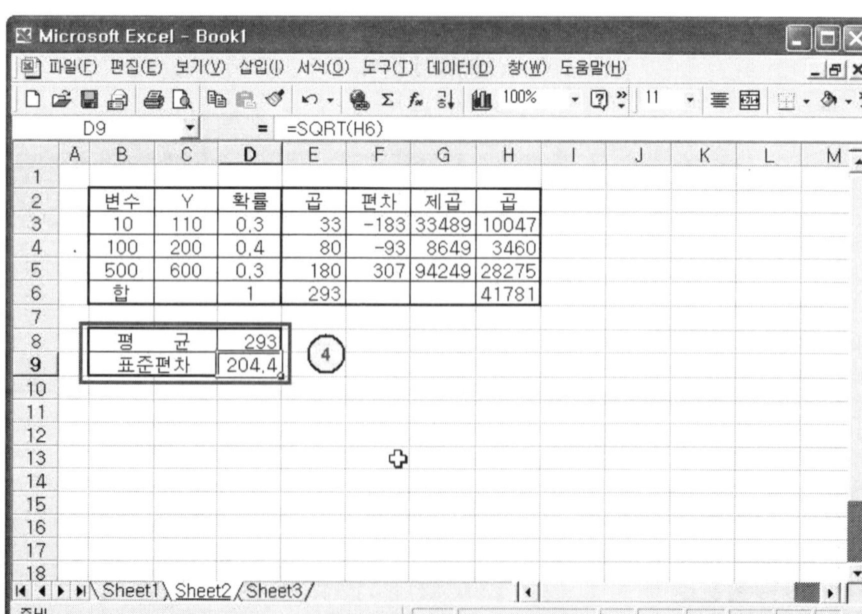

예제 2.3.1과 예제 2.3.2에서 구한 평균과 표준편차를 각각 비교하면 예제 2.3.2의 평균은 100원이 더 많다고, 분산은 변함이 없다는 것을 알 수 있다. 전체적으로 동일한 금액을 더해주었기 때문에 평균은 그 만큼 많아진 것이다. 하지만, 편차는 구한 평균에서 각 변수를 뺀 금액이므로 예제 2.3.1에서 구한 편차와 같아서 분산과 표준편차에 아무런 영향이 없다. 이와 같은 것을 종합하면, 확률변수 $Y = X + b$는 확률변수 X와 같은 표준편차를 갖고, 평균은 확률변수 X의 평균에 b만큼 더해준 값이 된다.

예제 2.3.3 주머니 속에 동전 10원짜리 세 개, 100원짜리 네 개, 500원짜리 세 개가 들어 있다. 임의로 한 개의 동전을 꺼낼 때, 꺼낸 동전의 2배에 해당되는 금액을 상금으로 준다. 상금을 Y라 할 때, 확률변수 Y의 기대값과 표준편차를 구하여라. 또, 예제 2.3.1에서 구한 기대값과 표준편차를 비교하고 그들 사이에 각각 어떤 관계가 있는지 알아보자.

풀이 제시된 3개의 지시문을 순서대로 따라해보자.

① 예제 2.3.1과 같은 방법으로 확률분포표를 만들어서 평균과 표준편차를 구하면 다음과 같이 된다.

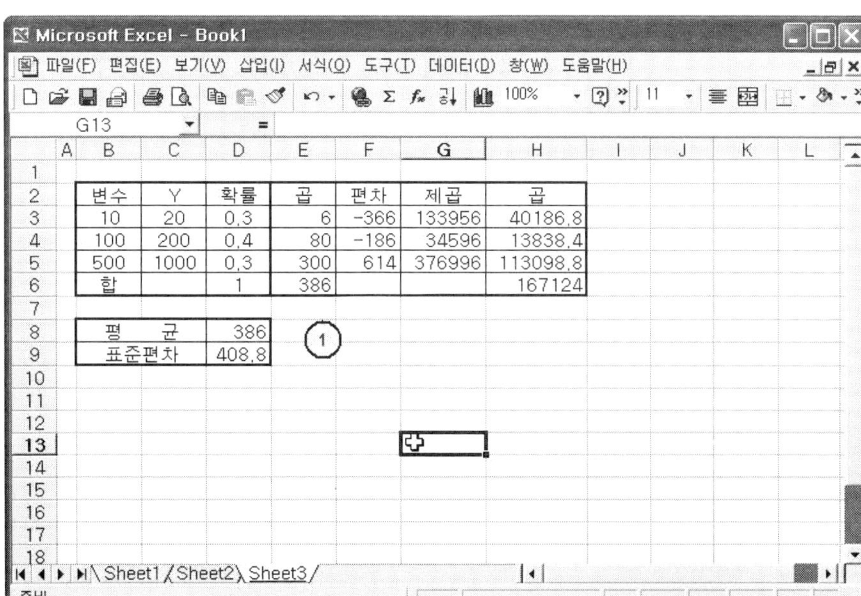

변수	Y	확률	곱	편차	제곱	곱
10	20	0.3	6	-366	133956	40186.8
100	200	0.4	80	-186	34596	13838.4
500	1000	0.3	300	614	376996	113098.8
합		1	386			167124

평 균	386
표준편차	408.8

② 확률변수 Y=2X의 평균과 표준편차는 예제 2.3.1에서 구한 확률변수 X의 평균과 표준편차의 2배가 된다. 이것을 확인하기 위해 셀 F8, F9에 다음과 같은 수식을 입력하면 확인할 수 있다. 『=D8/Sheet1!D8』, 『=D9/Sheet1!D9』

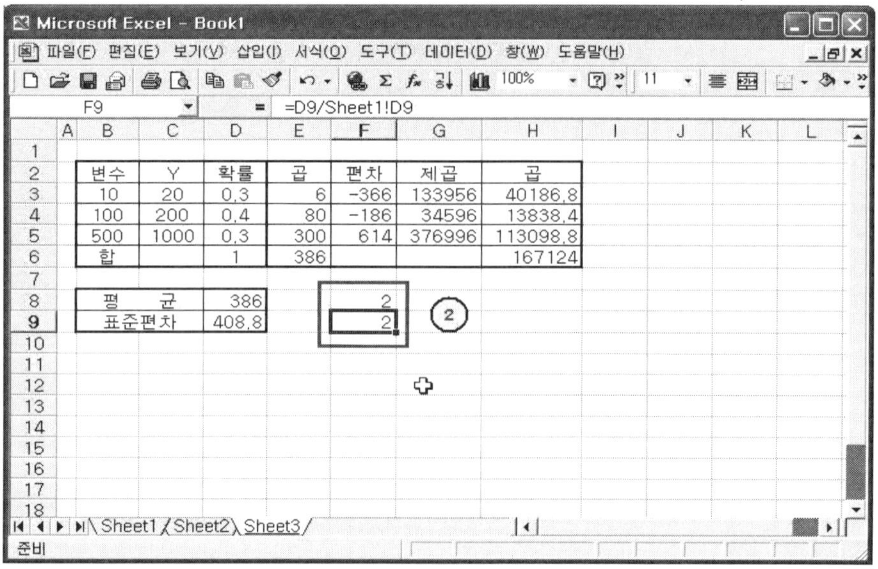

③ 상금을 3배로 바꾸면 실제 비 값이 3배가 되는지 확인하여보자. 셀 C3에 다음과 수식으로 바꾸고 **[채우기 핸들]**을 이용하여 C5까지 복사하면 모든 값이 자동적으로 바뀌며 평균과 표준편차 및 비 값까지도 바뀐다.

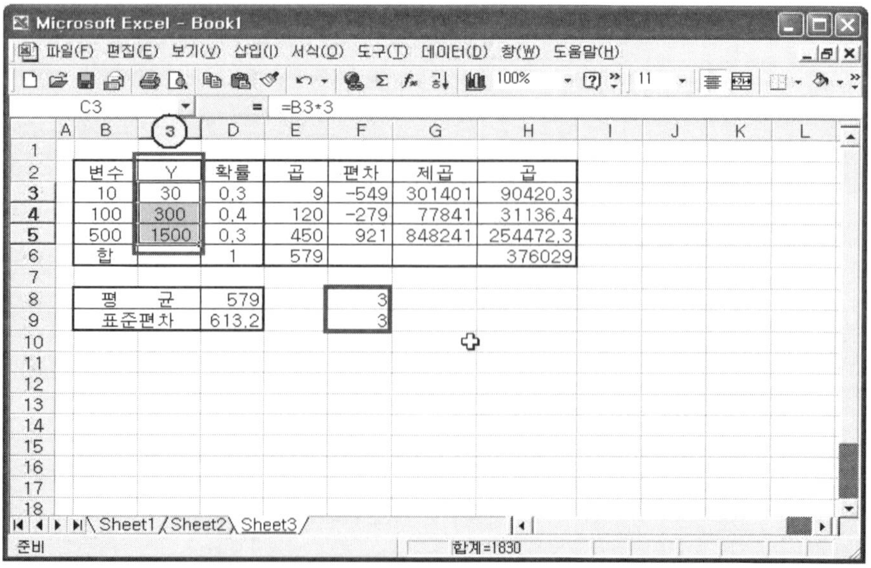

연습문제 2.3

※ 해답은 인제대학교 창의력교육센터(http://ecc.inje.ac.kr)로 접속해서 **[자료실 ⇒ 생각하는 수학 ⇒ "엑셀활용(2권)"]**에 들어가면 볼 수 있다.

1. 한 개의 주사위를 던져서 나오는 눈의 수를 X라 할 때, 확률변수 $2X+3$의 평균, 분산 그리고 표준편차를 구하여라.

   "스핀단추"를 이용하여 일반적인 $Y=aX+b$에서 a, b의 값을 변화해서 X와 Y의 평균과 표준편차가 어떻게 달라지는지 확인해보자.

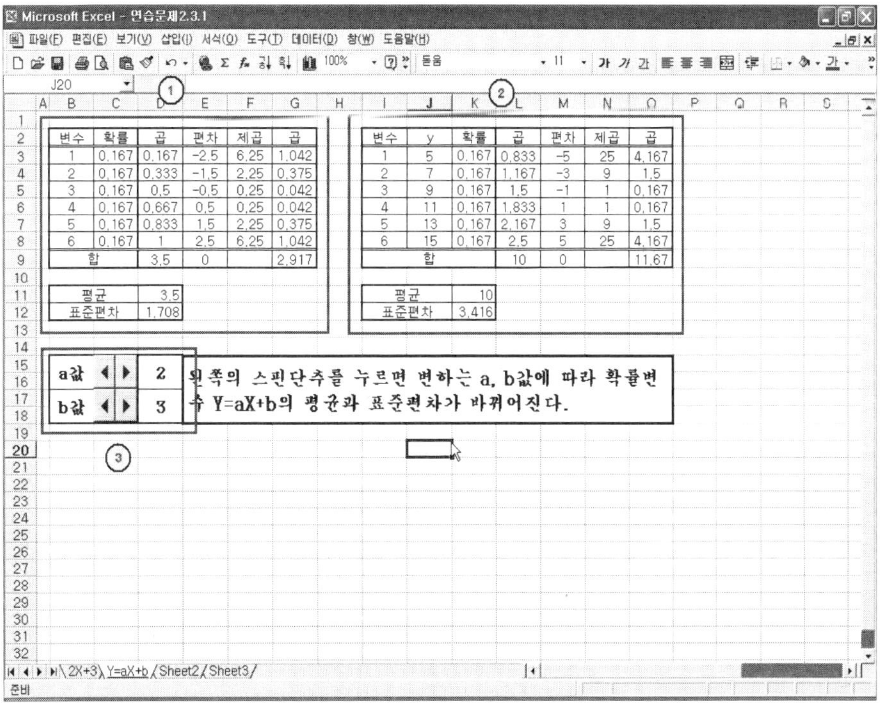

나의 노트

Chapter 03 수열과 급수

1부터 시작하여 차례로 2를 더하여 얻는 수를 순서대로 나열하면

$$1,\ 3,\ 5,\ 7,\ 9,\ \dots$$

이다. 이처럼 어떤 규칙에 따라 차례로 나열한 수의 열을 **수열**이라 하고 수열을 이루고 있는 각 수를 그 수열의 **항**이라고 한다. 수열을 일반적으로 나타날 때에는 항의 번호를 사용하여

$$a_1,\ a_2,\ a_3,\ \dots,\ a_n,\ \cdots$$

과 같이 쓰고 a_1을 제1항 또는 첫째항, a_2를 제2항, a_3을 제3항, ... , a_n을 제 n항 또는 **일반항**이라고 한다. 수열을 나타낼 때는 일반항 a_n을 이용하여

$$\{a_n\}$$

과 같이 나타내기도 한다.

일상생활에서 많이 나타나는 수열에는 등차수열과 등비수열이 있다. 수열

$$a_1,\ a_2,\ a_3,\ \dots,\ a_n,\ \cdots$$

의 각 항이 바로 앞의 항에 일정한 수 d를 더하여 얻은 것일 때, 즉

$$a_{n+1} = a_n + d\ \ (n = 1,2,3,\dots)$$

일 때 이 수열을 **등차수열**이라 하고 일정한 수 d를 **공차**라고 한다.

첫째항이 a_1이고 공차가 d인 등차수열에서 일반항 a_n은

$$a_n = a_1 + (n-1)d$$

이고 첫째항에서 제n번째항 a_n까지의 합 S_n은

$$S_n = \frac{n(a + a_n)}{2}$$

이다. 한편 수열

$$a_1, a_2, a_3, \ldots, a_n, \cdots$$

의 각 항이 바로 앞의 항에 일정한 수 r을 곱하여 얻어진 것일 때, 즉

$$a_{n+1} = ra_n \quad (n = 1, 2, 3, \ldots)$$

일 때 이 수열을 **등비수열**이라 하고 일정한 수 r을 **공비**라 한다.

첫째항이 a이고 공비가 r인 등비수열의 일반항 a_n은

$$a_n = ar^{n-1}$$

이고 첫째항에서 제 n번째항 a_n까지의 합 S_n은

$$r = 1\text{일 때,} \qquad S_n = na$$

$$r \neq 1\text{일 때,} \qquad S_n = \frac{a(r^n - 1)}{r - 1}$$

이다. 일반적으로, 무한수열 $\{a_n\}$에서 항의 번호 n이 한없이 커짐에 따라 a_n의 값이 일정한 값 α에 한없이 가까워지면 수열 $\{a_n\}$은 α에 **수렴한다**고 하고, α를 수열 $\{a_n\}$의 **극한값** 또는 **극한**이라고 한다. 이것을 기호로

$$\lim_{n \to \infty} a_n = \alpha \quad \text{또는} \quad n \to \infty\text{일 때 } a_n \to \alpha$$

와 같이 나타난다.

3.1 수열 $\left\{\frac{an+b}{cn+d}\right\}$의 극한

지금부터 일반항이 $a_n = \frac{c_n}{b_n}$ 인 n 의 유리함수 수열에 대한 극한을 생각하여보자.

이 경우 c_n 의 차수가 b_n 의 차수보다 크면 이 수열의 극한은 ∞ 이거나 $-\infty$ 이고, c_n 의 차수가 b_n 의 차수보다 작으면 이 수열의 극한은 0이 된다. 한편 c_n 의 차수가 b_n 의 차수와 같으면 이 수열의 극한은

$$\frac{c_n\text{의 최고차항의 계수}}{b_n\text{의 최고차항의 계수}}$$

가 된다.

예제 3.1.1 수열 $\left\{\frac{1}{n}\right\}$의 100번째 항까지 구하여보고, 1000, 10000, 100000번째 항도 각각 구하여보자. 또, 수열의 극한값을 구하자.

풀이 제시된 7개의 지시문을 순서대로 따라해보자.

① 임의의 셀에 다음과 같이 입력하자.

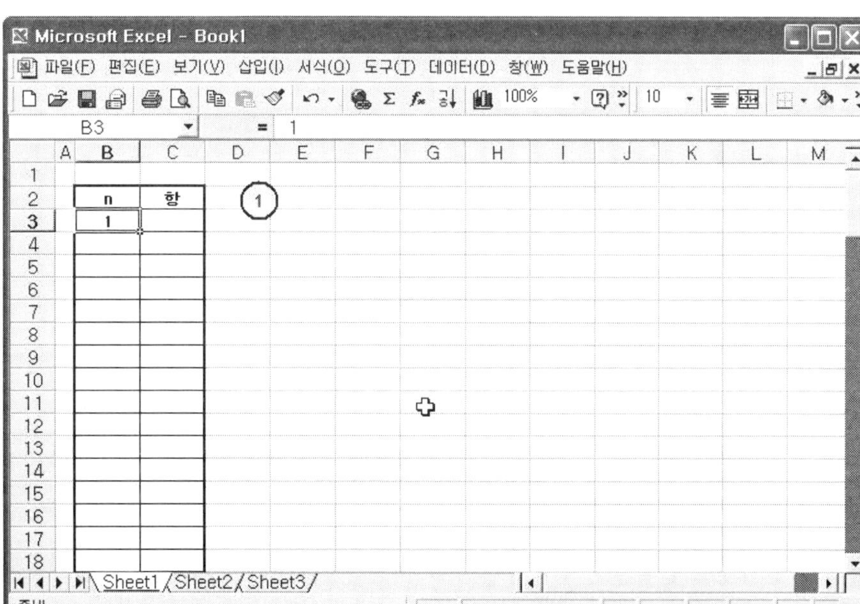

② 셀 B4부터 B102까지 2부터 100까지 수를 입력하여 몇 번째 항인지 나타내자. 입력하는 방법은 여러 가지가 있지만 **[연속 데이터]**를 사용하여 100까지 입력하자. 셀 B3을 선택한 상태에서 메뉴의 **[편집 ⇒ 채우기 ⇒ 연속 데이터]**를 선택한다.

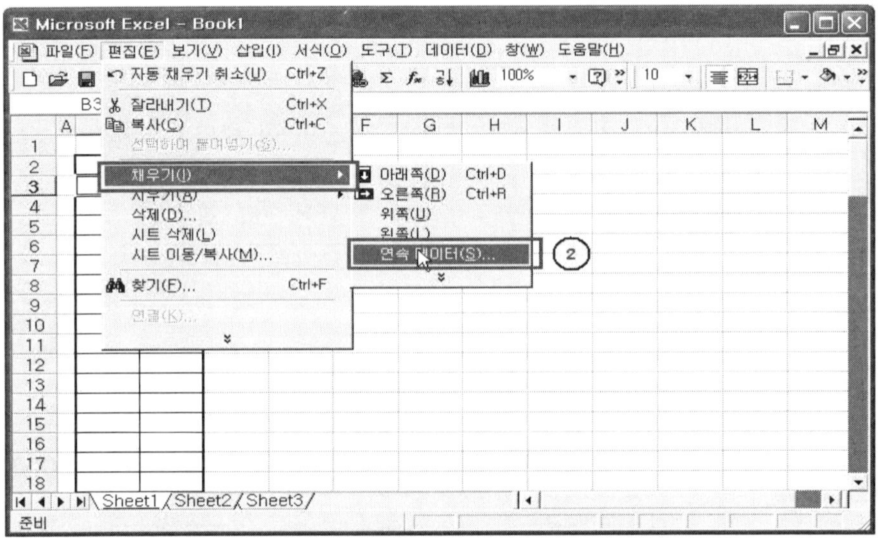

③ **[연속 데이터]** 대화상자에서 다음과 같이 입력하자. 항의 수가 1부터 100까지 나타난다.

방향	종류	단계 값	종료값
열	선형	1	100

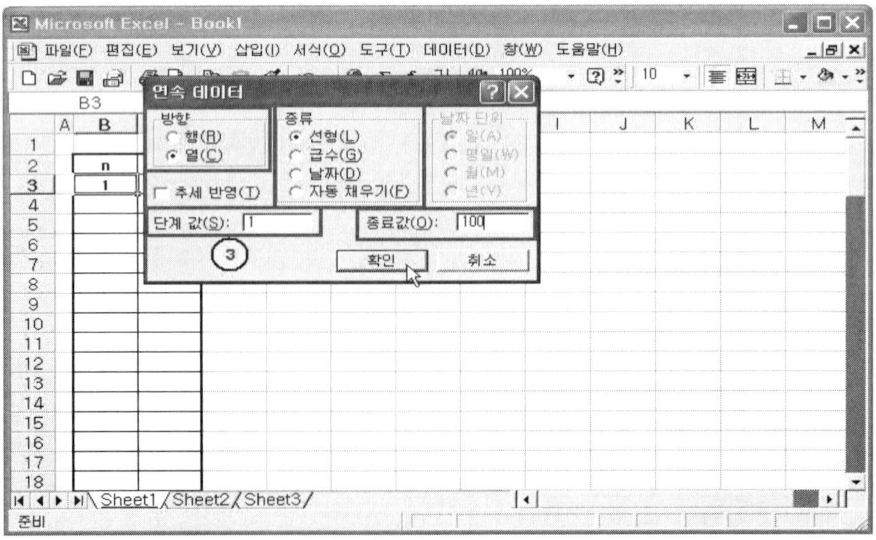

④ 셀 C3에 다음과 같은 수식 『=1/B3』을 입력하면 주어진 수열의 첫째항 1 이 나타난다.

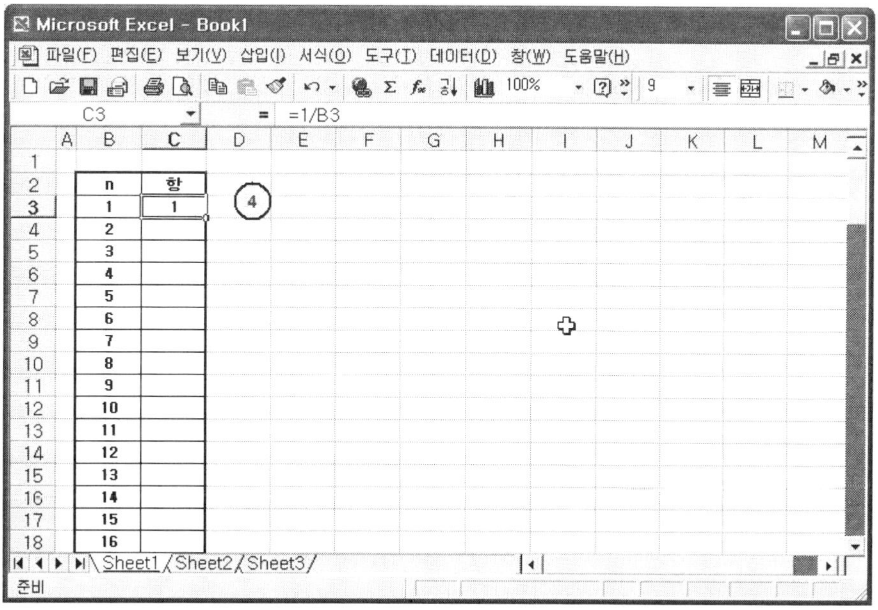

⑤ 셀 C3이 선택된 상태에서 "채우기 핸들"을 이용하여 수식을 셀 C102까지 복사하면 첫째항부터 100번째 항까지 수열의 모든 항을 구할 수 있다.

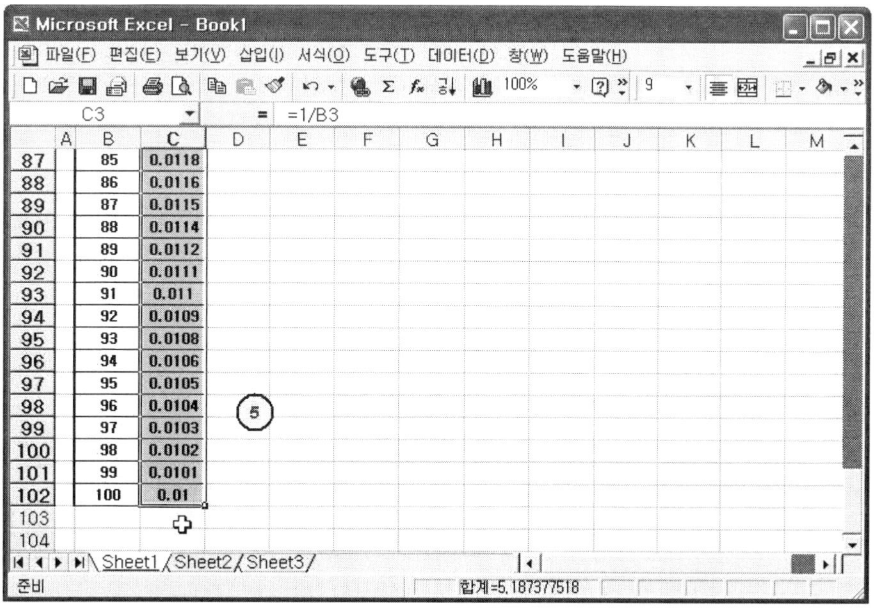

⑥ 수열 $\left\{\frac{1}{n}\right\}$의 1000번째, 10000번째, 100000번째 항을 구하기 위해 임의의 셀에 1000, 10000, 100000을 넣고 수식을 입력하자. 각각 항의 값은 다음과 같이 구할 수 있다.

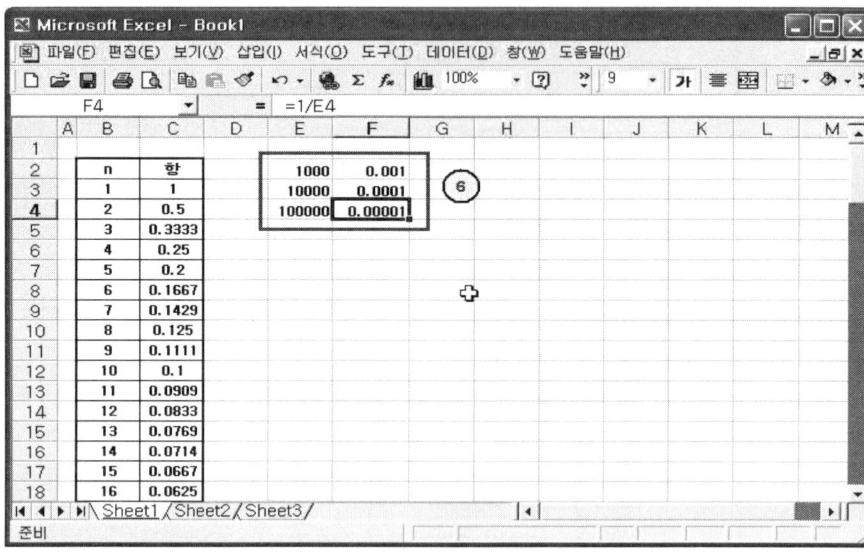

⑦ 수열의 항을 차트에 점의 좌표로 나타내면 다음과 같다.

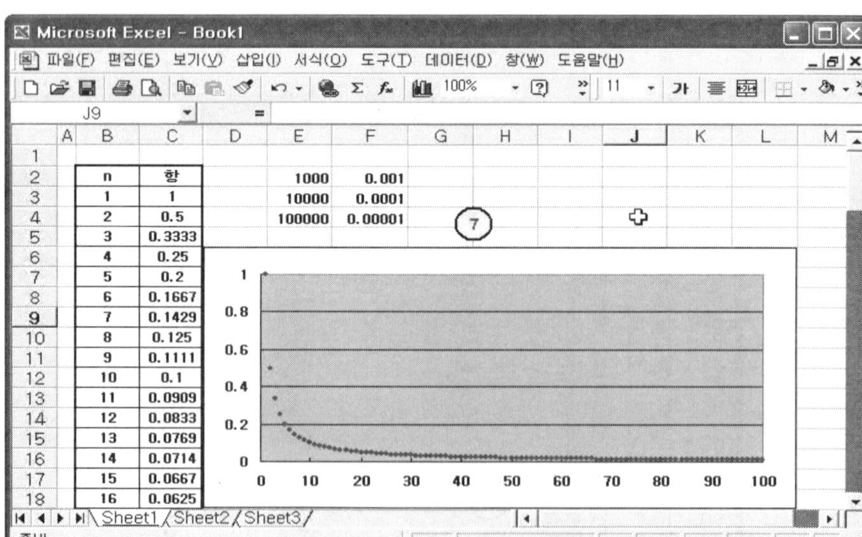

이와 같이 항이 계속 진행될수록 수열의 값은 양이면서 한없이 0에 가까워지는 것을 알 수 있다. 그래서, 수열 $\left\{\frac{1}{n}\right\}$의 극한값은 0이라는 것을 알 수 있다.

예제 3.1.2 수열 $\left\{\dfrac{n}{n+1}\right\}$의 극한값을 구하여라.

풀이 제시된 3개의 지시문을 순서대로 따라해 보자.

① 앞의 예제 3.1.1과 같은 방법으로 **[연속 데이터]**를 사용하여 수열의 100번째 항까지 나타내자.

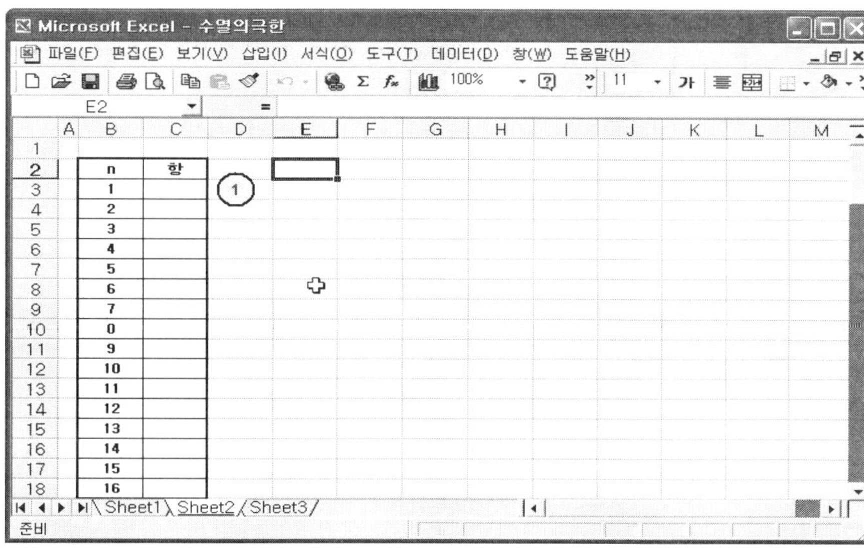

② 셀 C3에 수식 『=B3/(B3+1)』를 넣어 첫 번째 항을 구하고, "채우기 핸들"을 이용하여 100번째 항까지 모든 항의 값을 구하자.

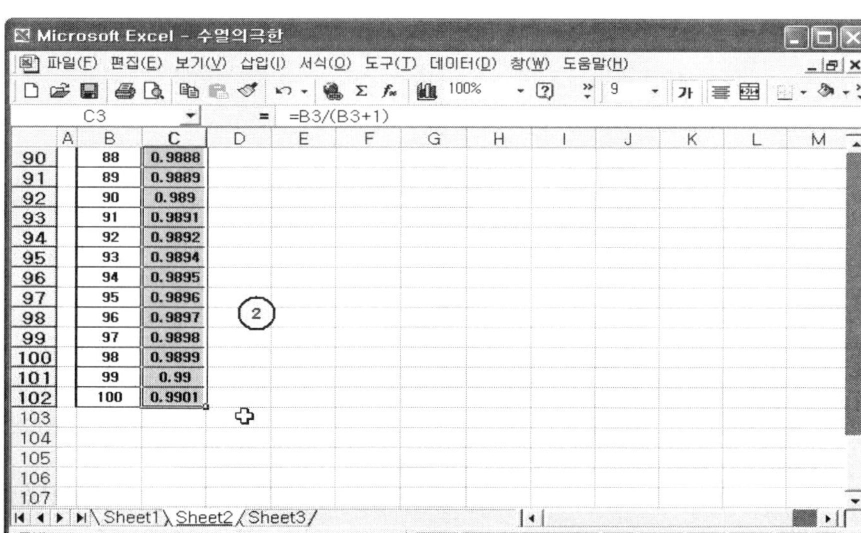

③ 수열의 모든 항을 차트에 점의 좌표로 나타내면 다음과 같다.

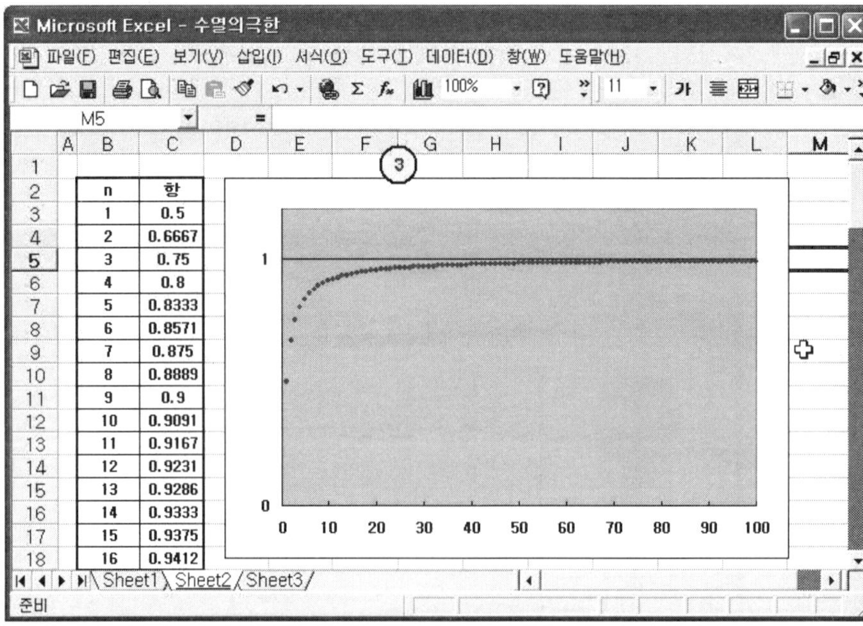

수열 $\left\{\dfrac{n}{n+1}\right\}$의 극한값이 1이라는 것을 그래프로 확인할 수 있다.

나의 노트

예제 3.1.3 스핀단추를 이용하여 상수 a, b, c, d에 따라 수열 $\left\{\frac{an+b}{cn+d}\right\}$의 극한값이 어떻게 달라지는지 확인하여보자.

풀이 제시된 9개의 지시문을 순서대로 따라해보자.

① 다음 그림과 같이 네 개의 "스핀단추"를 임의의 셀에 만들자.

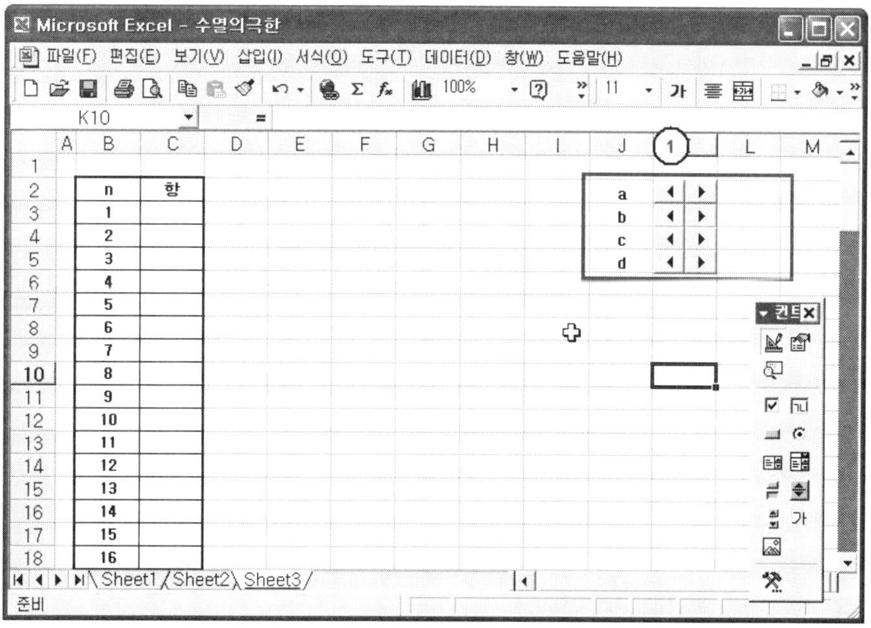

② 각각의 값이 -5부터 5까지 변할 수 있도록 임의의 셀에 "스핀단추"의 [속성]을 다음과 같이 부여하자.

속성	LInkedCell	Max	Min	SmallChange
값(L2)	AA2	10	1	1
값(L3)	AA3	10	1	1
값(L4)	AA4	10	1	1
값(L5)	AA5	10	1	1

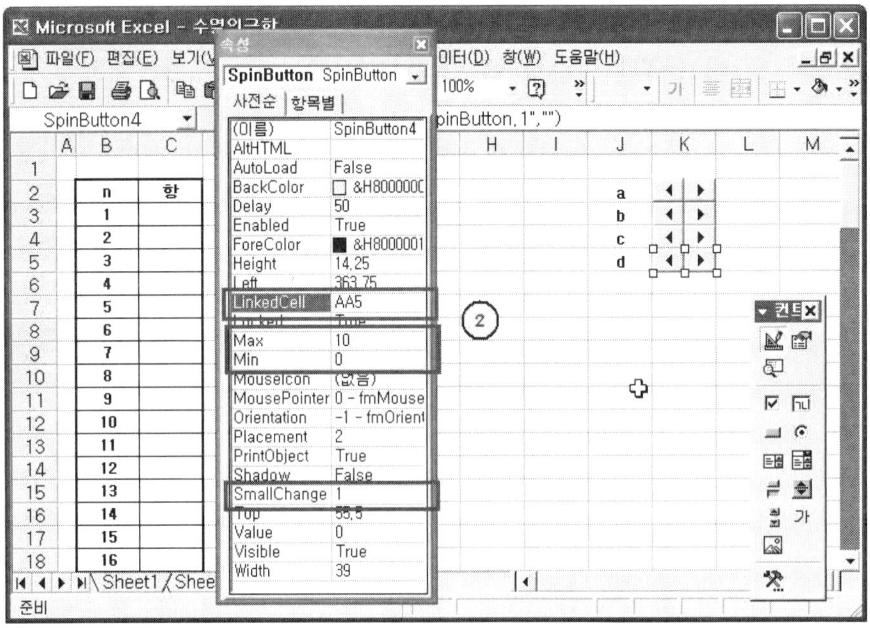

③ "스핀단추"의 오른쪽 셀에 수식 『=AA2-5』, 『=AA3-5』, 『=AA4-5』, 『AA5-5』을 각각 입력하여 －5부터 5까지 변할 수 있도록 하자.

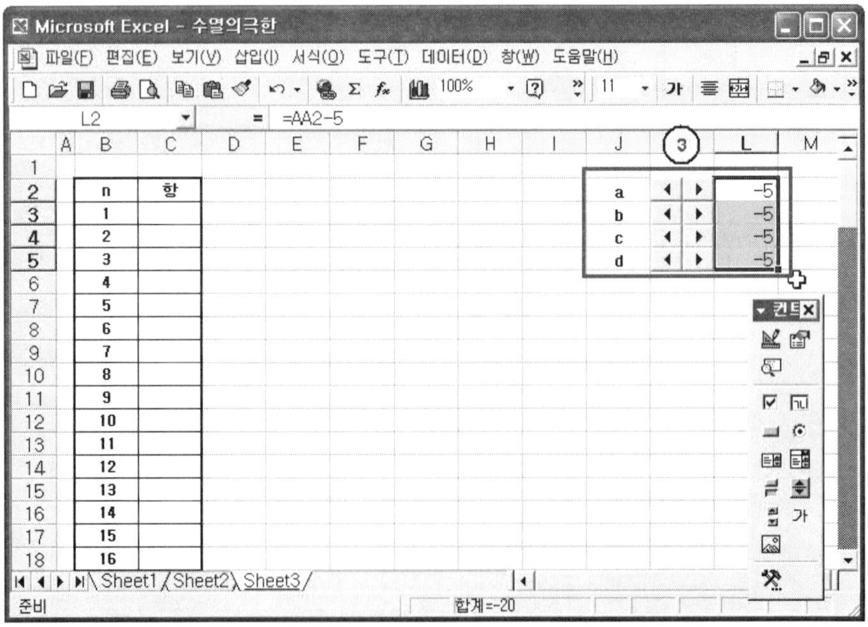

④ 수열$\left\{\dfrac{an+b}{cn+d}\right\}$의 분모, 분자의 각각의 계수 a, b, c, d에 해당되는 셀 L2, L3, L4, L5의 이름을 각각 "vala", "valb", "valc", "vald"로 부여하자.

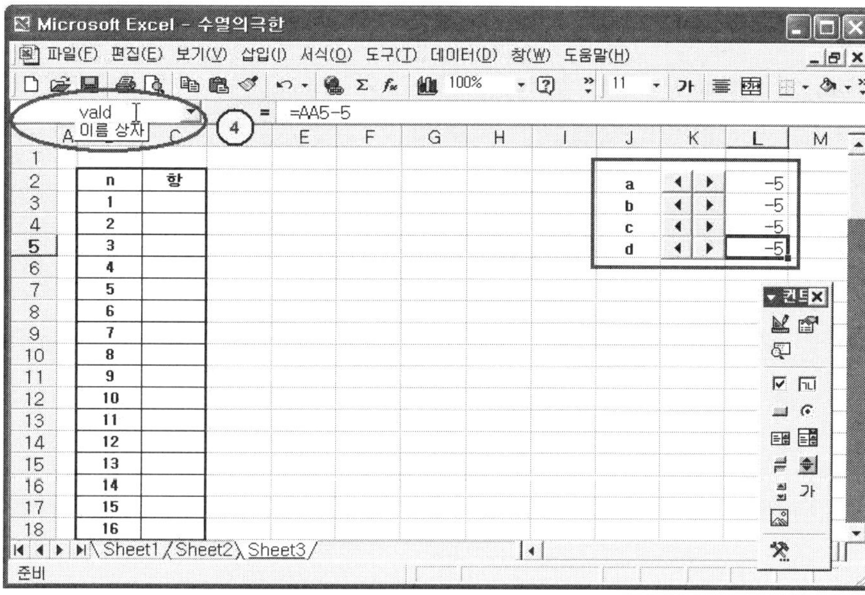

⑤ 셀 C3에 수식 『=(vala*B3+valb)/(valc*B3+vald)』을 입력하면 수열 $\left\{\dfrac{an+b}{cn+d}\right\}$의 첫째항을 구할 수 있다.

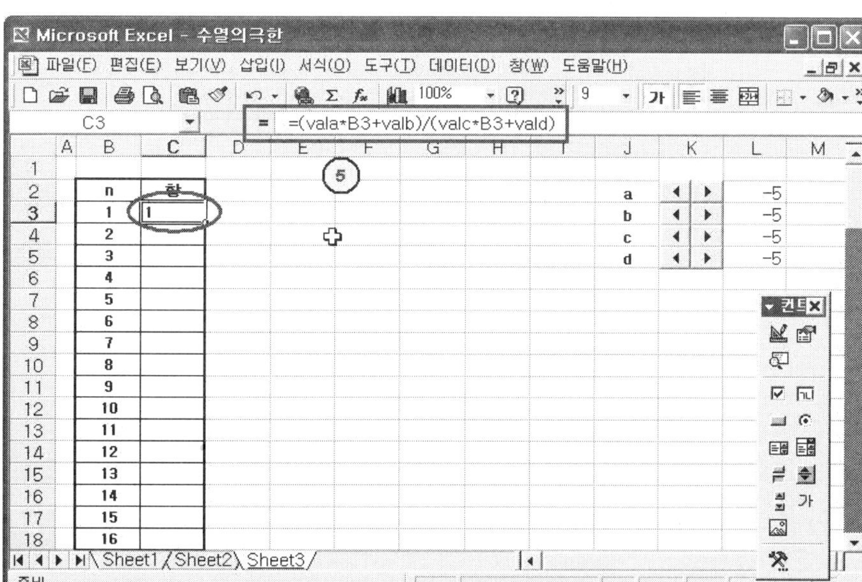

⑥ “채우기 핸들”을 이용하여 셀 C3의 수식을 셀 C102까지 복사하면 모든 항을 구할 수 있다.

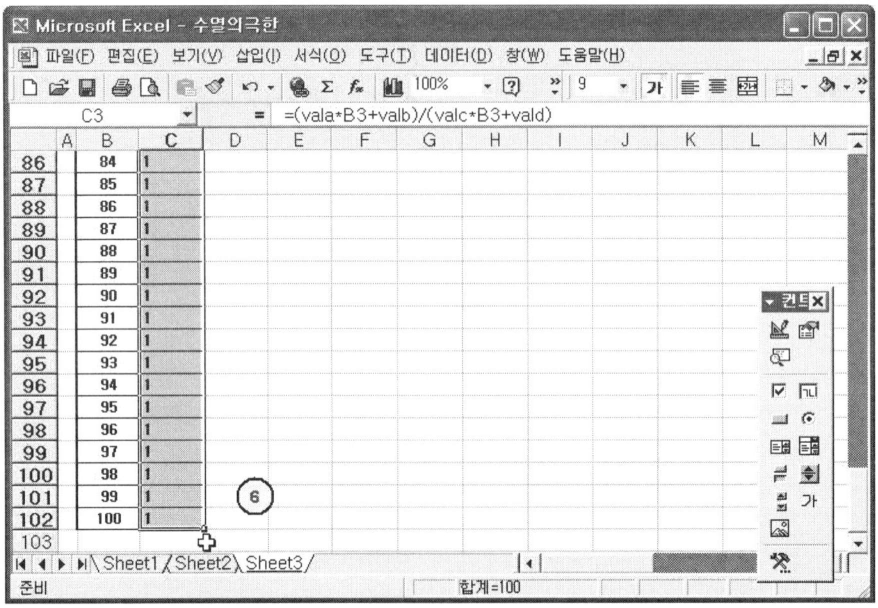

⑦ “스핀단추”의 값을 누르면 수열 각각의 항의 값이 변하는 것을 확인할 수 있다.

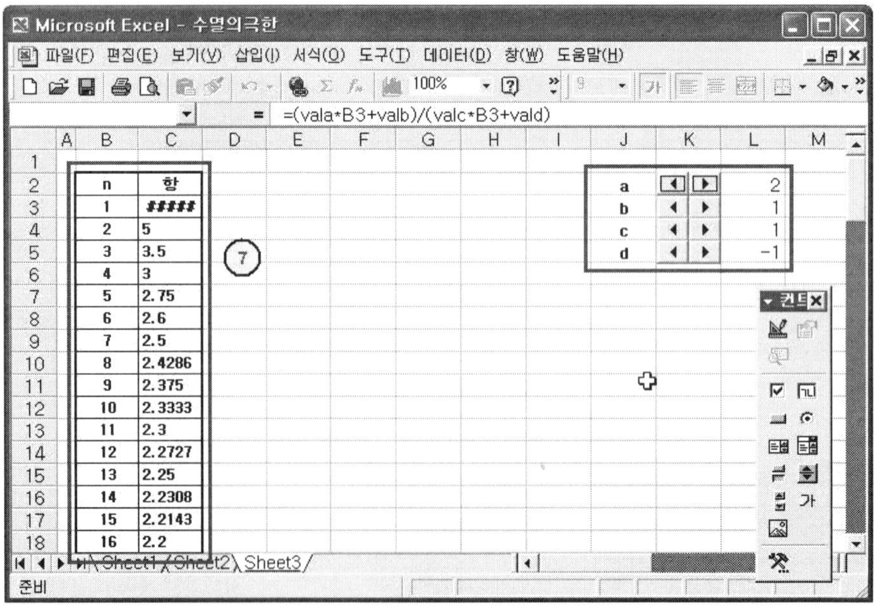

⑧ 수열의 모든 항을 차트에 점의 좌표로 나타내면 다음과 같다.

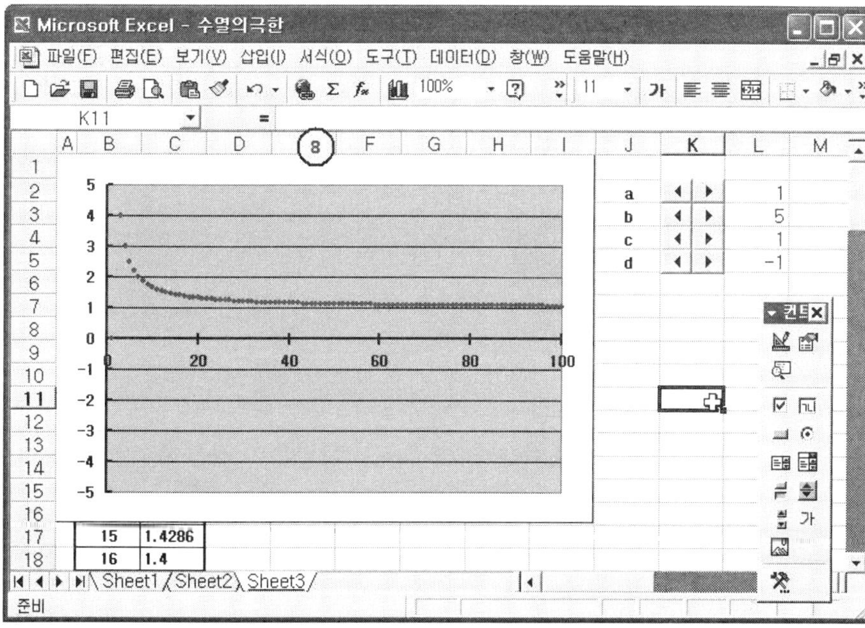

⑨ 스핀단추를 누르면 차트의 그래프가 바뀌면서 수열의 극한값을 확인할 수 있다. 주어진 수열의 극한값이 $\frac{a}{c}$ 이다.

$$\lim_{n\to\infty}\frac{an+b}{cn+d}=\lim_{n\to\infty}\frac{a+\frac{b}{n}}{c+\frac{d}{n}}=\frac{a}{c}$$

나의 노트

3.2 무한등비수열의 극한

무한등비수열 $\{r^n\}$은 공비 r의 값에 따라 수렴·발산이 다음과 같이 정해진다.

① $r > 1$이면 $\lim_{n\to\infty} r^n = \infty$

② $r = 1$이면 $\lim_{n\to\infty} r^n = 1$

③ $-1 < r < 1$이면 $\lim_{n\to\infty} r^n = 0$

④ $r \le -1$이면 수열 $\{r^n\}$은 진동한다.

위와 같은 무한등비수열의 극한을 엑셀을 이용하여 만들어보자.

예제 3.2.1 공비 r의 값이 -0.9일 때, 무한등비수열 $\{(-0.9)^n\}$의 극한값을 구하여보자.

풀이 제시된 5개의 지시문을 순서대로 따라해보자.

① 지금까지는 만들어진 점의 좌표를 이용하여 차트에 나타내었는데 이번에는 순서를 바꾸어서 점의 좌표를 만들 셀(B3부터 C102)을 선택하여 차트를 만든 후 점의 좌표를 하나씩 만들어주어 차트에 점을 하나씩 나타내려고 한다. 먼저, 셀 B3부터 C102을 선택하고 표준도구모음에서 **[차트 마법사]**를 선택한다.

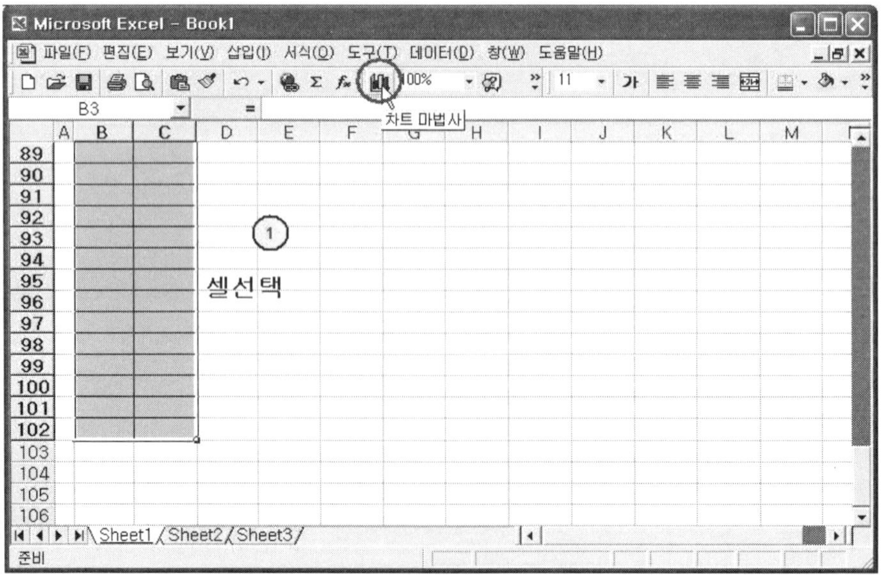

② [차트 마법사]에서 "분산형"을 선택하고 [마침]을 누른다.

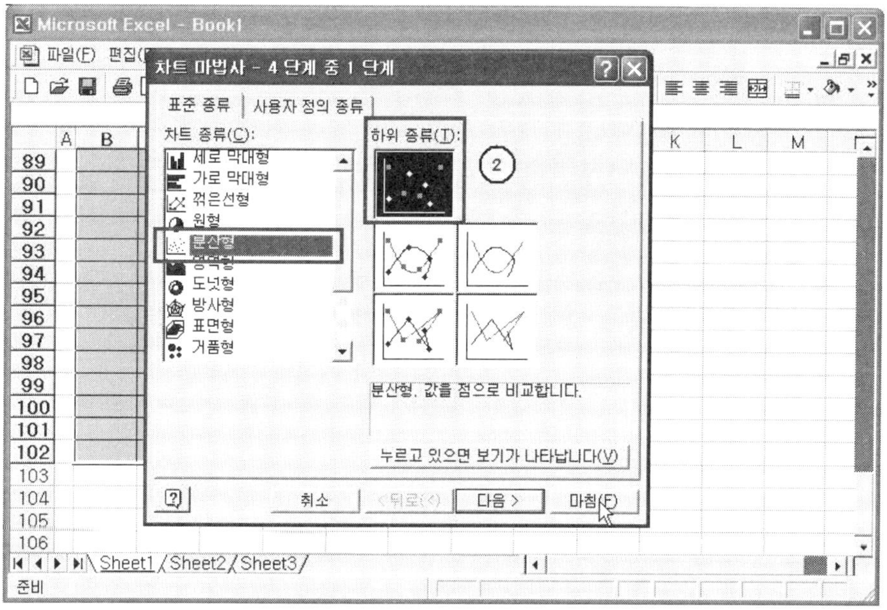

③ "범례"를 지우고 셀 B3에 첫째항을 표시할 수 있는 "1"을 입력하고, 셀 C3에 수식 『=-0.9^B3』을 입력하여 주어진 수열 $\{(-0.9)^n\}$의 첫째항을 계산하자. 그러면 만들어진 차트에서 첫째항을 나타난다.

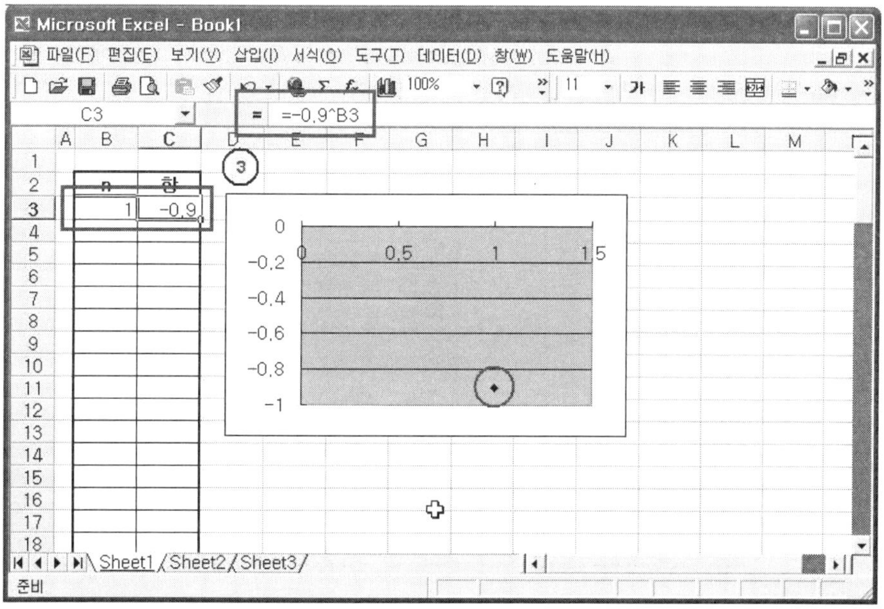

④ 셀 B4에 “2”를 입력하고, 셀 C4에 수식 『=-0.9^B4』를 입력하면 둘째항이 구해지며 차트에도 둘째항이 나타난다.

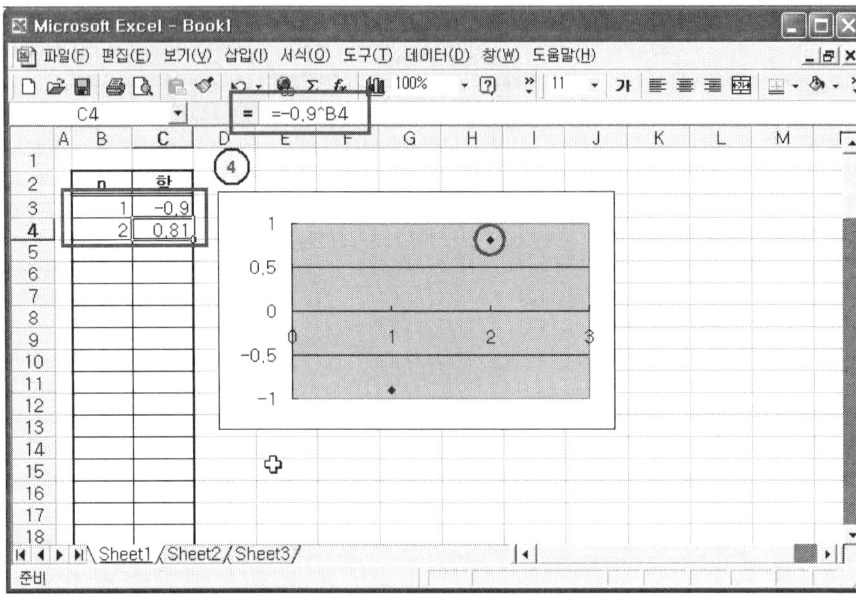

⑤ 셀 B3에서 C4까지 선택한 상태에서 “채우기 핸들”을 C102까지 드래그하면 모든 수열을 다 찾을 수 있으며 주어진 차트에 100번째항까지 나타난다.

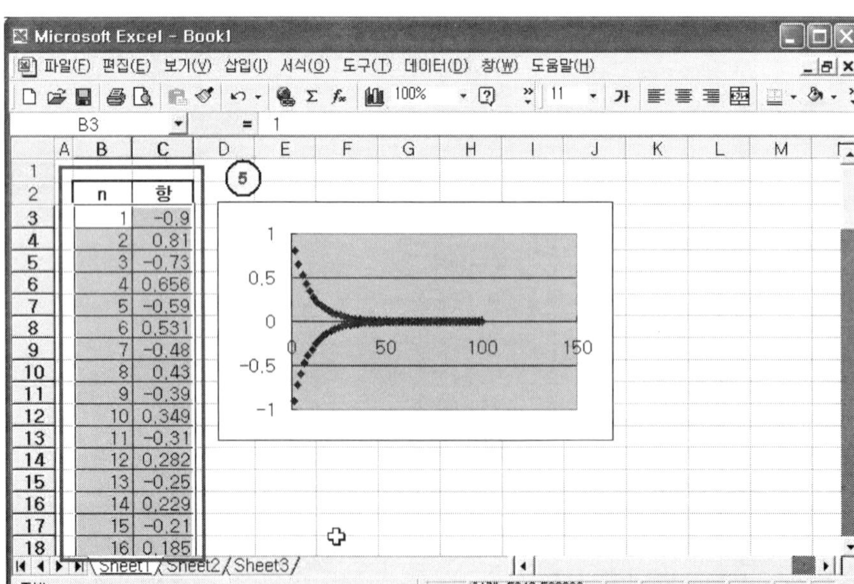

Tip 앞의 예제 3.2.1에서 확인할 수 있듯이 항이 계속 진행될수록 수열 $\{(-0.9)^n\}$의 값은 0에 가까워지는 것을 알 수 있다. 등비수열에서 공비 r의 값에 따라 수열의 극한을 확인하려면 셀 C에 주어진 수식을 조금 바꾸어주면 된다.

예제 3.2.2 스핀단추를 사용하여 변하는 공비 r의 값에 따라 무한등비수열의 극한값이 어떻게 되는지 확인하여 보자.

풀이 제시된 8개의 지시문을 순서대로 따라해보자.

① 다음 그림과 같이 입력하고, 임의의 셀에 공비의 값을 나타낼 "스핀단추"를 만들자.

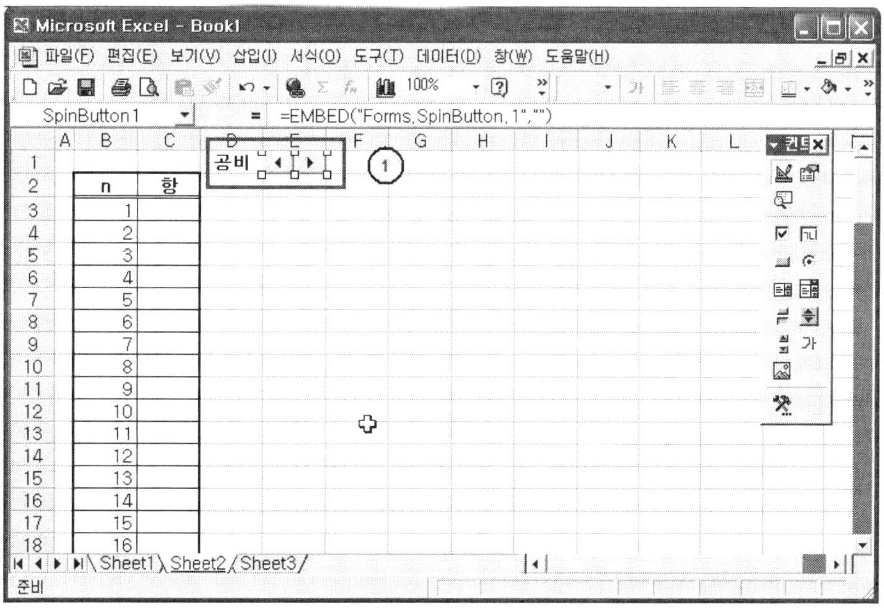

② "스핀단추"의 **[속성]**을 다음과 같이 부여하자.

속성	LInkedCell	Max	Min	SmallChange
값	AA2	50	0	1

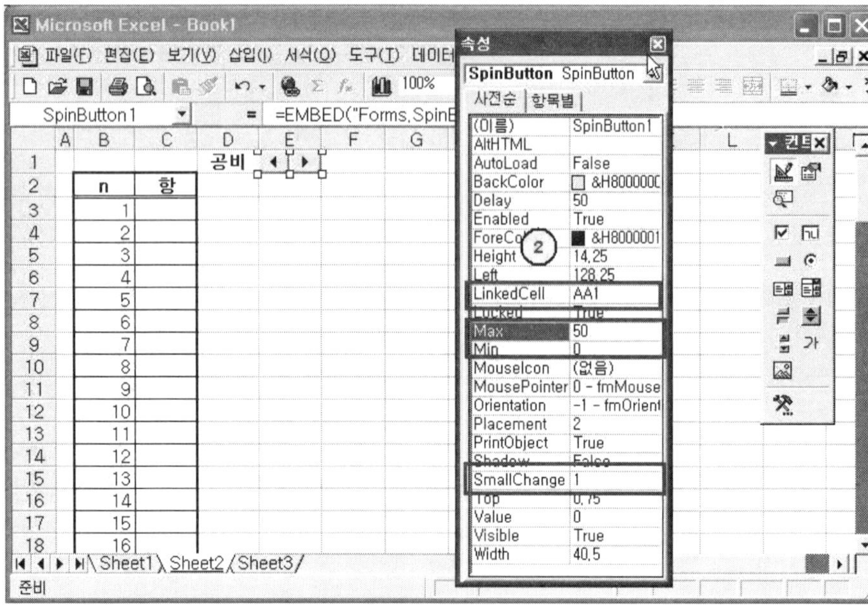

③ 셀 F1에 수식 『=(AA1-25)/10』을 입력하여 등비수열의 공비 r값이 -2.5에서 2.5까지 0.1씩 바뀌도록 하자. **[디자인 모드 끝내기]** 단추를 누르고 "스핀단추"를 누르면 셀 F1의 값이 -2.5에서 2.5까지 0.1씩 바뀌는 것을 확인할 수 있다.

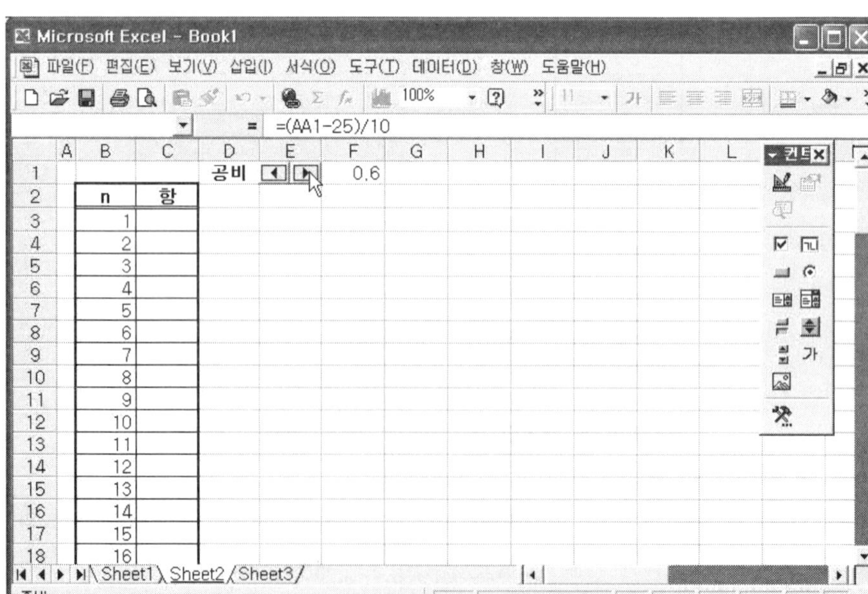

④ 셀 F1의 값에 이름을 "공비"라고 부여하자.

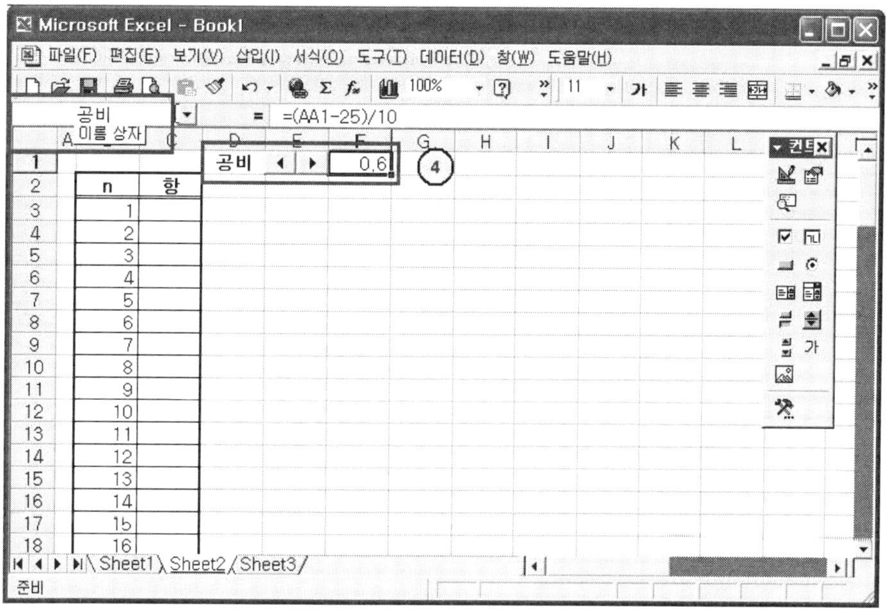

⑤ 셀 C3에 수식 『=공비^B3』을 입력하면 주어진 등비수열의 첫째항이 구해진다.

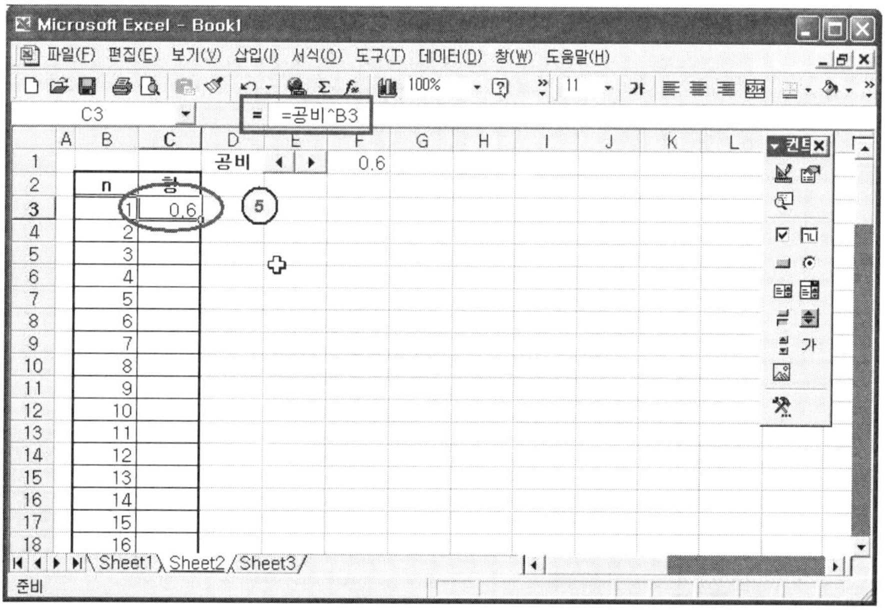

⑥ "채우기 핸들"을 이용하여 셀 C3의 수식을 셀 C102까지 복사하면 주어진 등비수열의 100번째항까지 구할 수 있다.

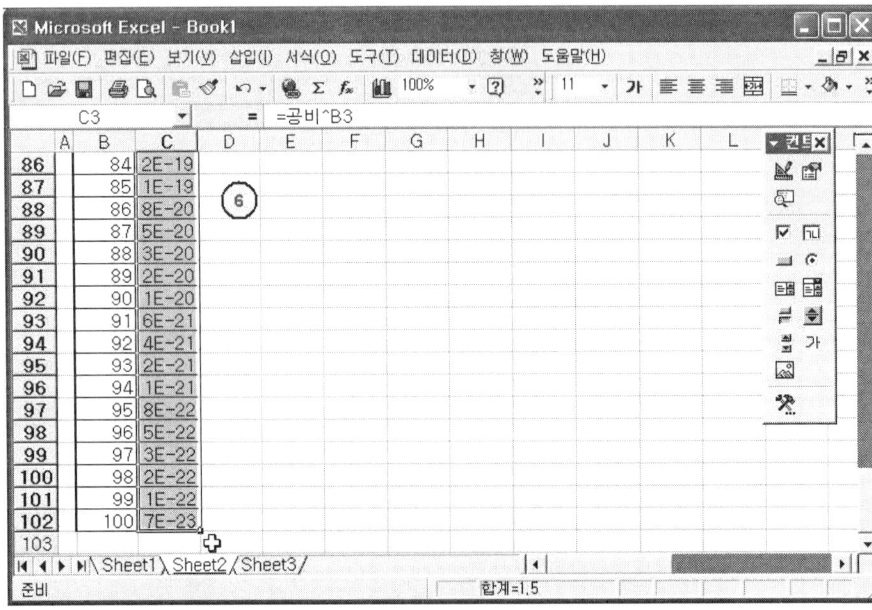

⑦ 셀 B3부터 셀 C102까지 선택하여 **[차트 마법사]**를 이용하여 100항까지 모든 항을 차트에 나타내면 다음과 같다.

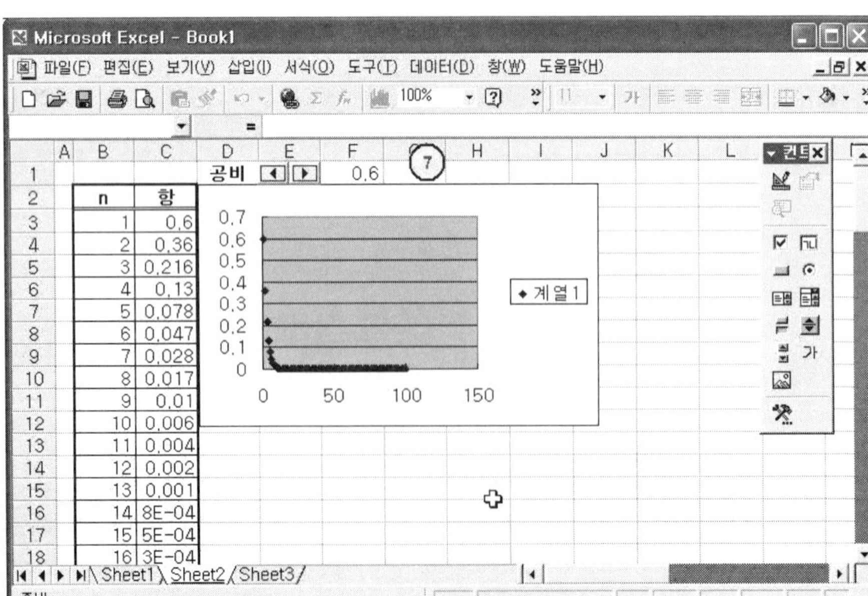

⑧ "스핀단추"를 이용하여 공비의 값을 바꾸면 주어진 등비수열의 모든 항의 값이 바뀌며 차트의 그래프도 주어진 등비수열의 공비 r의 값에 따라 수렴·발산을 확인할 수 있다.

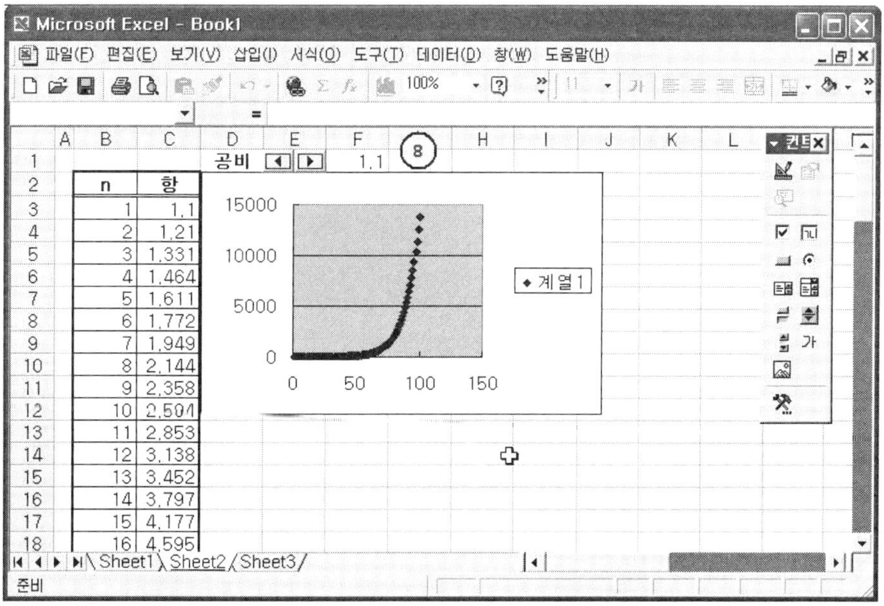

나의 노트

3.3 무한등비급수

다음과 같은 무한수열이 있다고 하자. $a_1, a_2, a_3, \ldots, a_n, \ldots$이 수열의 각 항을 더하기 한

$$a_1 + a_2 + a_3 + \ldots + a_n + \ldots$$

을 $\sum_{n=1}^{\infty} a_n$으로 나타내고 이것을 **무한급수** 또는 간단히 **급수**라고 한다.

이 무한수열에서 n항까지의 합을 S_n이라고 할 때, S_n을 이 무한급수의 n항까지의 부분합 또는 간단히 **부분합**이라고 한다. 이 때 부분합으로 이루어진 수열

$$S_1,\ S_2,\ S_3, \ldots,\ S_n, \ldots$$

이 어떤 실수 S에 수렴할 때, 즉

$$\lim_{n \to \infty} S_n = \lim_{n \to \infty} \sum_{k=1}^{n} a_k = S$$

이면, 이 무한급수는 **수렴한다**고 하고 S를 이 무한급수의 합이라고 한다.

이제 첫째항이 a이고 공비가 r인 무한등비수열 $\{ar^{n-1}\}$의 무한급수

$$\sum_{n=1}^{\infty} ar^{n-1} = a + ar + ar^2 + \ldots + ar^{n-1} + \ldots$$

을 첫째항이 a이고 공비가 r인 **무한등비급수**라고 한다. 무한등비수열은 공비 r의 값에 따라 수렴·발산이 결정되듯이 무한등비수열의 그 합 또한 수렴·발산이 공비 r의 값에 따라 결정된다. 공비 r의 값에 따라 이 무한등비급수는 다음과 같은 성질을 가짐을 쉽게 알 수 있다.

① $|r| < 1$일 때 수렴하고, 그 합은 $\frac{a}{1-r}$이다.

② $|r| \geq 1$일 때 발산한다.

차트를 이용하여 무한등비수열의 그 합(무한등비급수)의 수렴 · 발산을 조사하여보자.

예제 3.3.1 다음 무한등비급수의 수렴·발산을 조사하여 보자.

$$\frac{1}{2}+\frac{1}{4}+\frac{1}{8}+\cdots+\left(\frac{1}{2}\right)^n+\cdots$$

풀이 제시된 7개의 지시문을 순서대로 따라해보자.

① 임의의 셀에 다음과 같이 첫째항부터 100번째항을 나타내는 수를 입력하자.

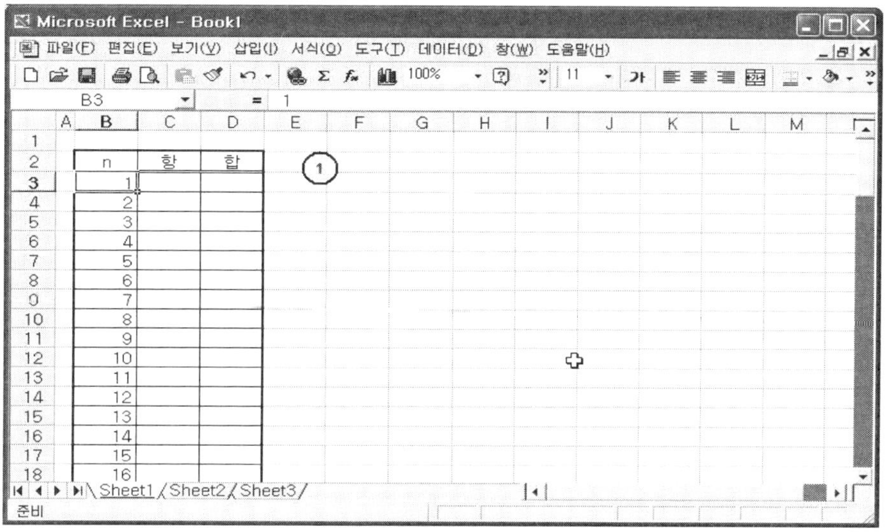

② 셀 C3에 수식 『=0.5^B3』을 입력하여 주어진 등비수열의 첫째항을 계산하자. 또, 셀 C3을 선택한 상태에서 "채우기 핸들"을 이용하여 수열의 100번째항까지 모두 구하자.

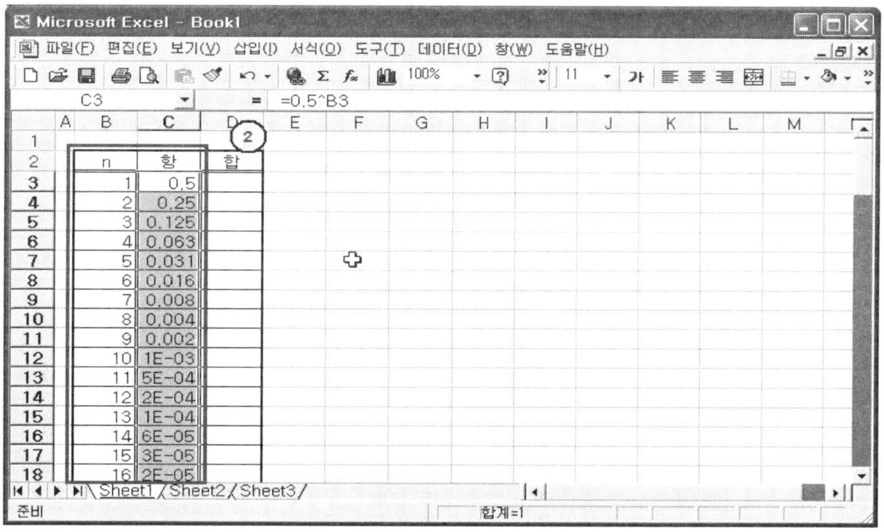

③ 셀 D3에 수식 『=C3』을 입력하면 첫째항까지 합이 나타난다. 또, D4셀에는 둘째항까지 합을 나타내야 하므로 수식 『=C4+D3』을 입력하면 된다.

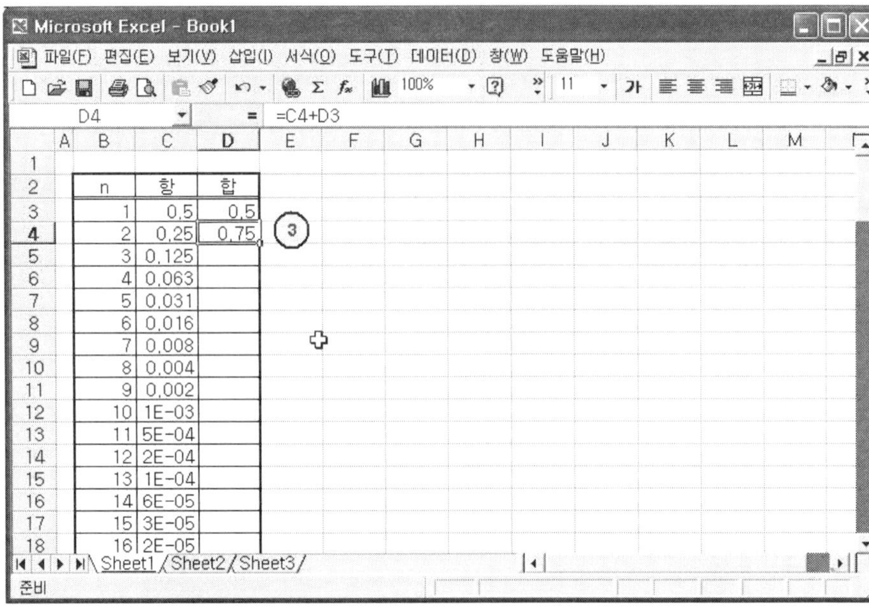

④ "채우기 핸들"을 이용하여 셀 D4의 수식을 계속 복사하면 100번째 항까지 합을 구할 수 있다.

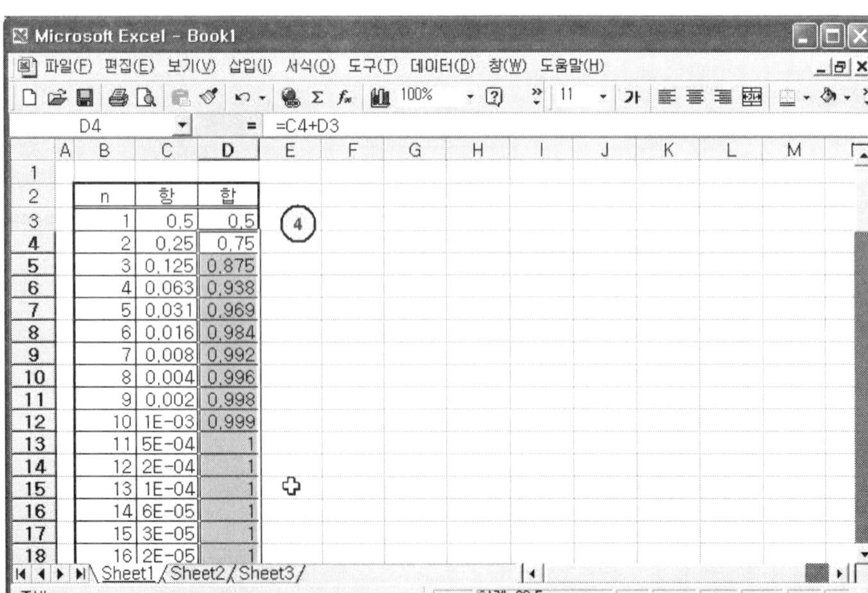

Tip 위의 그림을 보면 11번째 항까지의 합부터 1이 주어져 있다. 이 값은 소수점 넷째 자리에서 반올림하여 얻은 값이다. 만약 셀의 너비의 간격을 조금 더 넓게 하면 1이 아닌 다른 값으로 나타난다(엑셀에서는 주어진 값을 소수점 아래 30자리까지 나타낼 수 있다).

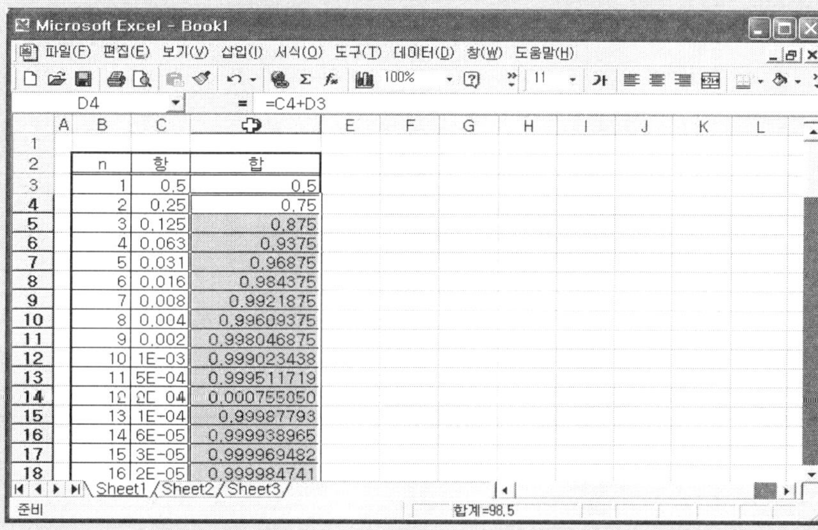

⑤ 주어진 수열을 **[차트 마법사]**를 이용하여 "분산형"으로 차트에 나타내자.

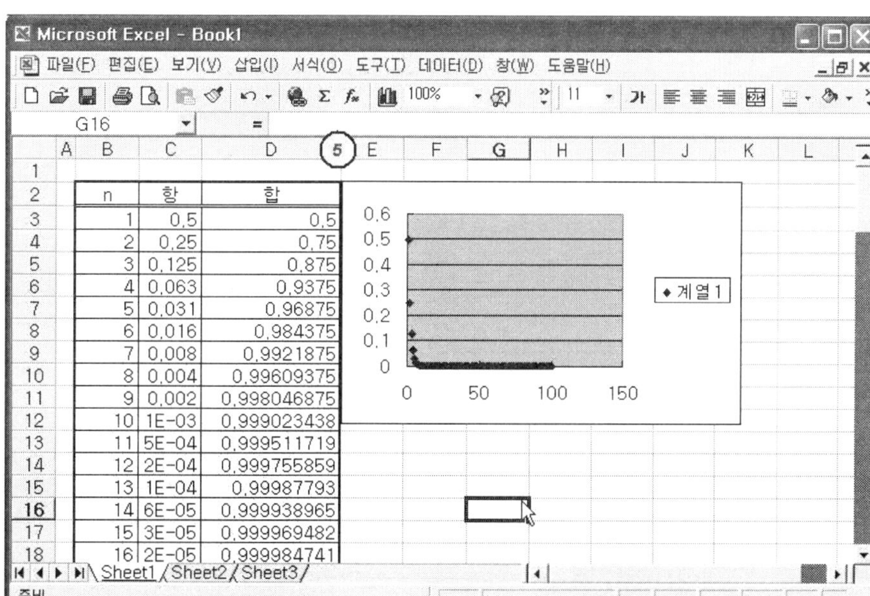

⑥ 동일한 차트에 수열의 합을 나타내자. 먼저, 주어진 점 중 임의의 한 점을 선택하고 메뉴에서 **[차트 ⇒ 원본 데이터]**를 선택한다.

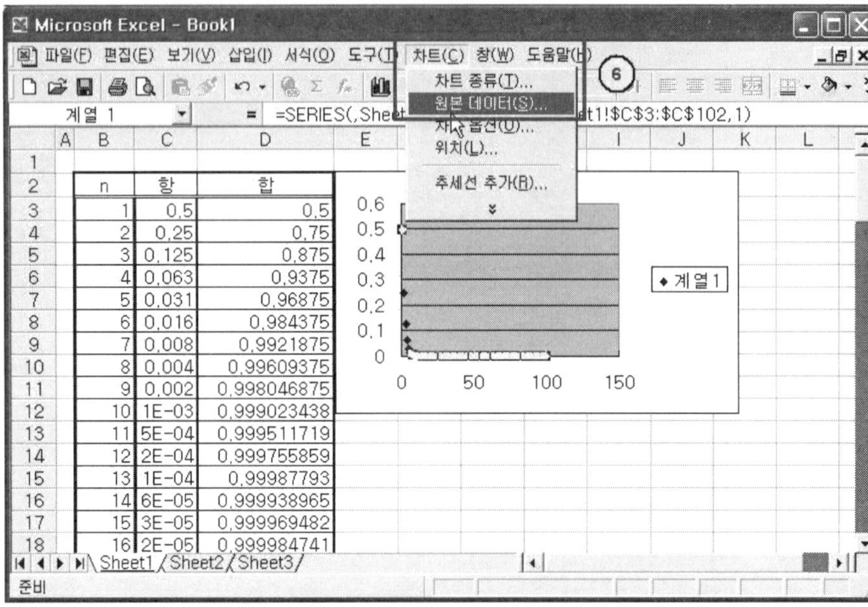

⑦ **[원본 데이터]** 대화상자의 **[계열]** 탭에서 계열을 **[추가]**하여 이름 "합", X값 "Sheet1!$B $3:$B$102", Y값 "Sheet1!$D$3:$D$102"을 입력하고 **[확인]**을 누르면 동일한 차트에 주어진 수열의 합이 나타난다.

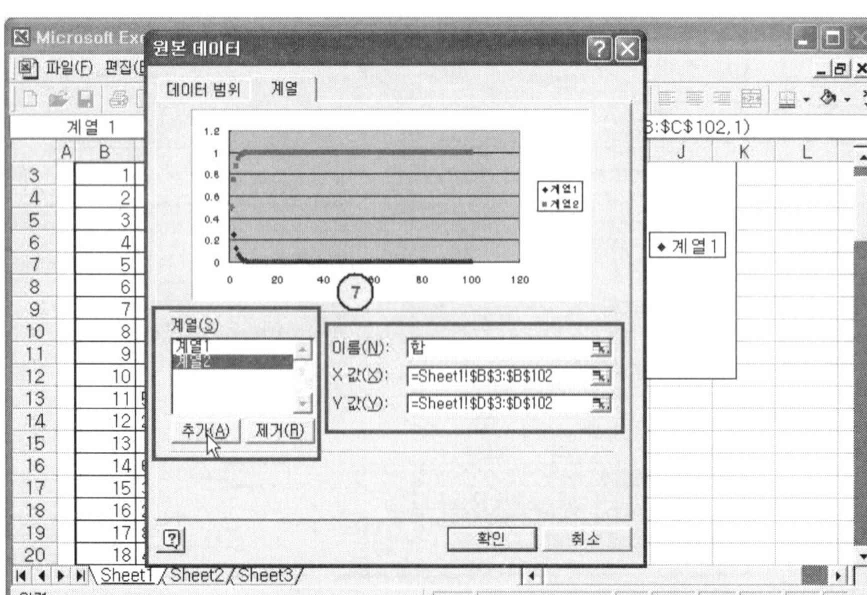

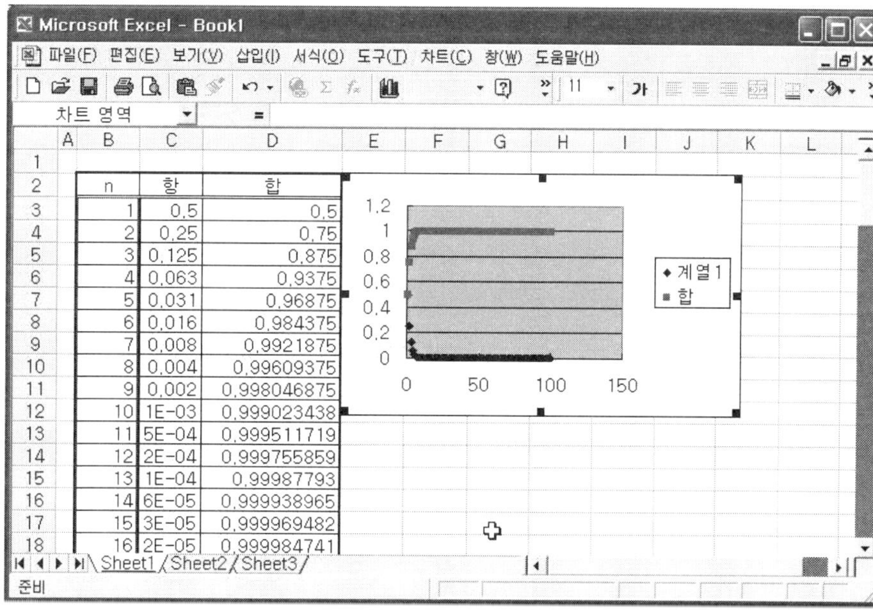

주어진 무한등비수열 $\left\{\left(\frac{1}{2}\right)^n\right\}$이 수렴하듯이 그 합 또한 1에 수렴하는 것이 차트의 그래프에서 나타나는 것을 확인 할 수 있다.

나의 노트

> **예제 3.3.2** 무한등비급수는 공비 r의 값에 따라 수렴 발산이 결정된다. 스핀단추를 이용하여 공비 r의 값이 -2부터 2까지 변할 때, 무한등비급수의 수렴·발산을 조사하여 보자.

풀이 제시된 8개의 지시문을 순서대로 따라해보자.

① 아래 그림과 같이 공비의 값에 해당되는 "스핀단추"를 만들자.

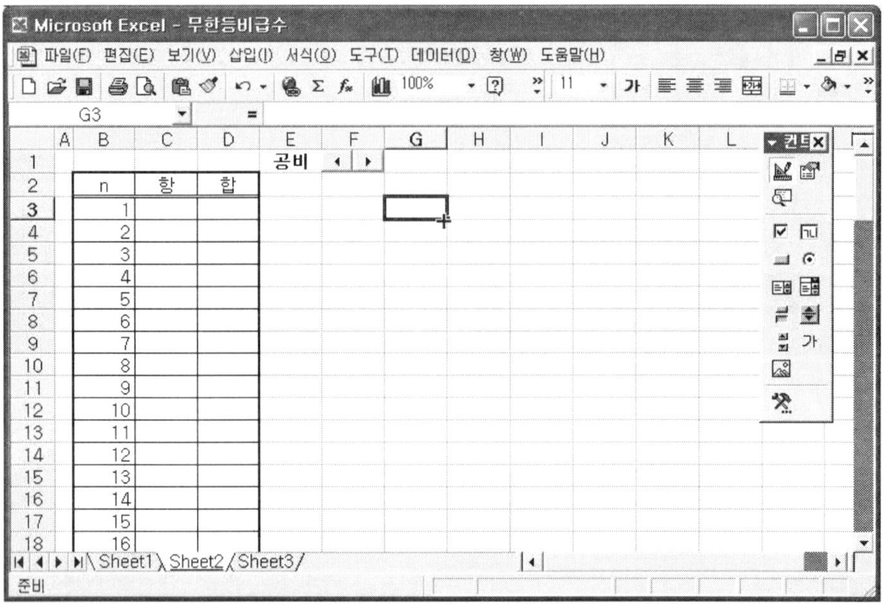

② "스핀단추"의 **[속성]**을 다음과 같이 부여하자.

속성	LInkedCell	Max	Min	SmallChange
값	AA1	40	0	1

③ 셀 G1에 수식 『=(AA1-20)/10』을 입력하고 "디자인 모드 끝내기" 단추를 누르면 공비에 해당되는 r의 값이 -2부터 2까지 0.1씩 바뀐다.

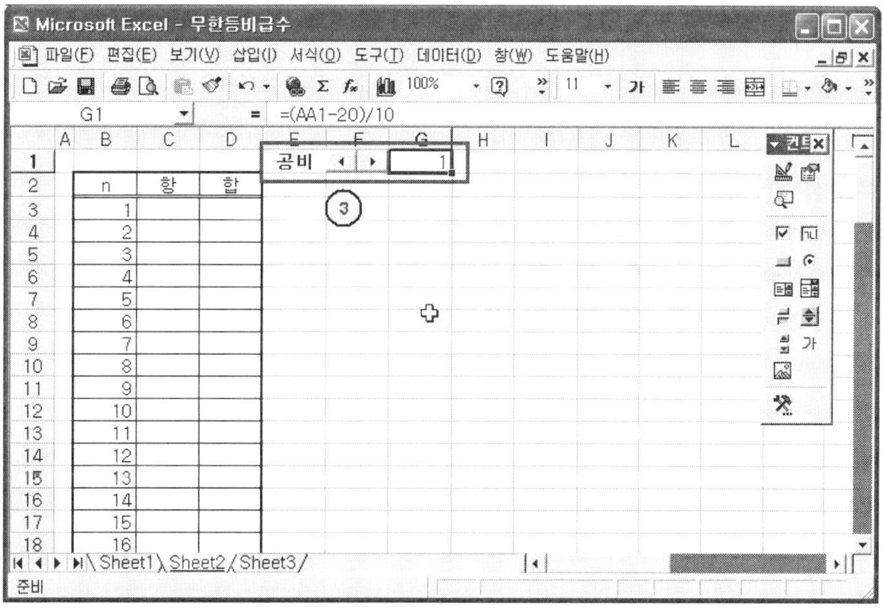

④ 셀 G1의 값에 이름을 "공비"라고 부여하자.

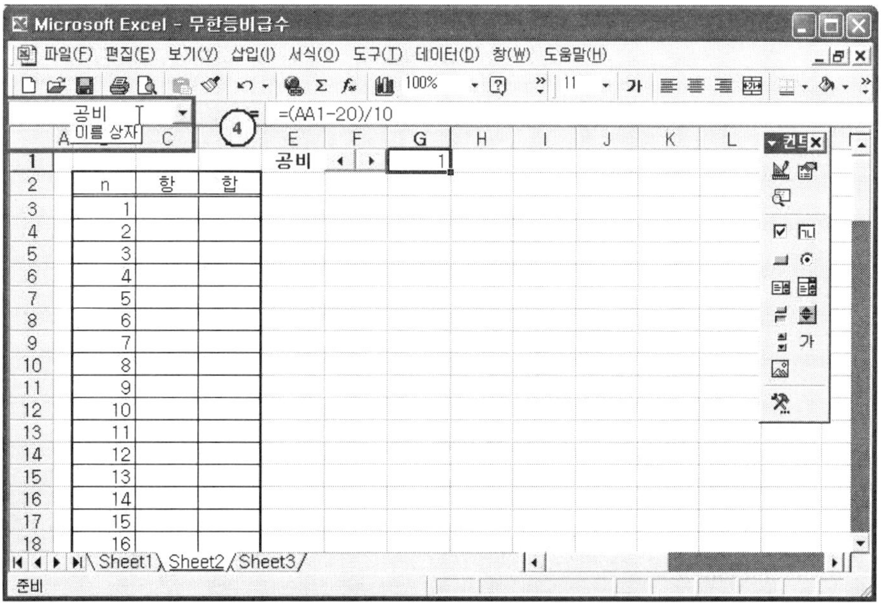

⑤ 셀 C3에 수식 『=공비^B3』을 입력하고 “채우기 핸들”을 이용하여 셀 C102까지 수식을 복사하면 주어진 공비에 해당되는 등비수열의 100번째 항까지 구해진다.

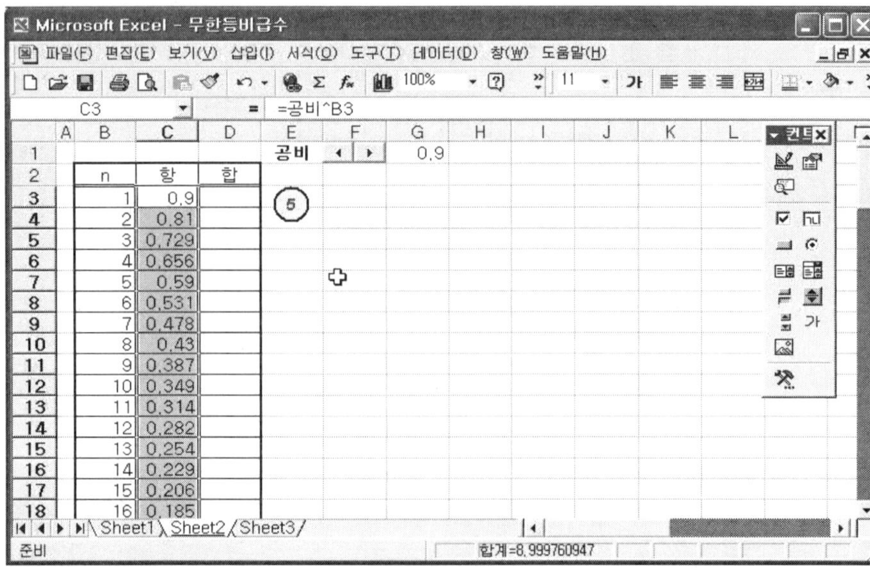

⑥ 셀 D3에 수식 『=C3』, 셀 D4에 수식 『=C4+D3』을 입력하여 첫째항, 둘째항까지의 합이 각각 구해진다. 셀 D4를 선택한 뒤 “채우기 핸들”을 이용하여 셀 D102까지 수식을 복사하면 주어진 공비에 대한 등비수열의 합이 구해진다.

⑦ 예제 3.3.1과 같은 방법으로 등비수열의 항과 합을 같은 차트에 나타내면 다음과 같이 나타난다.

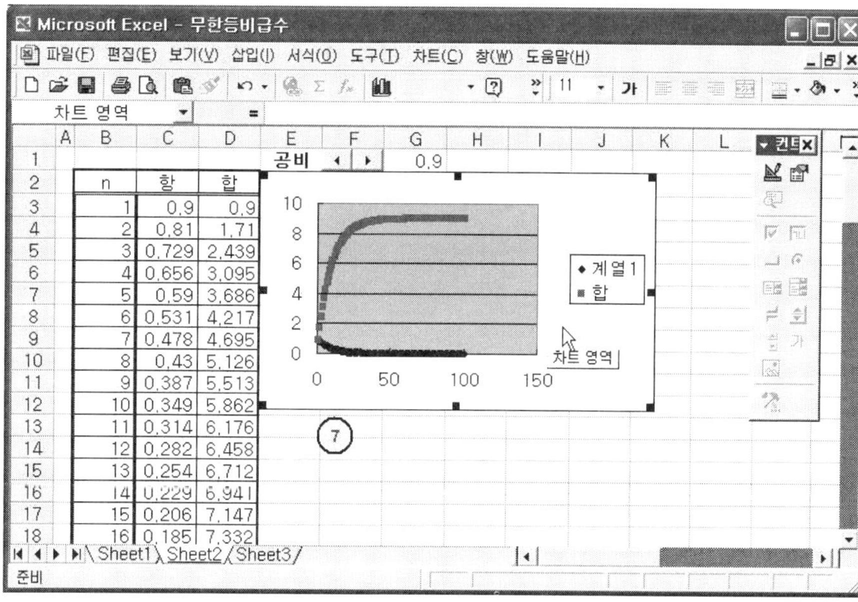

⑧ "스핀단추"를 누르면 주어진 공비 r의 값에 따라 수열의 항의 상태와 합의 값이 변하는 차트를 확인할 수 있다.

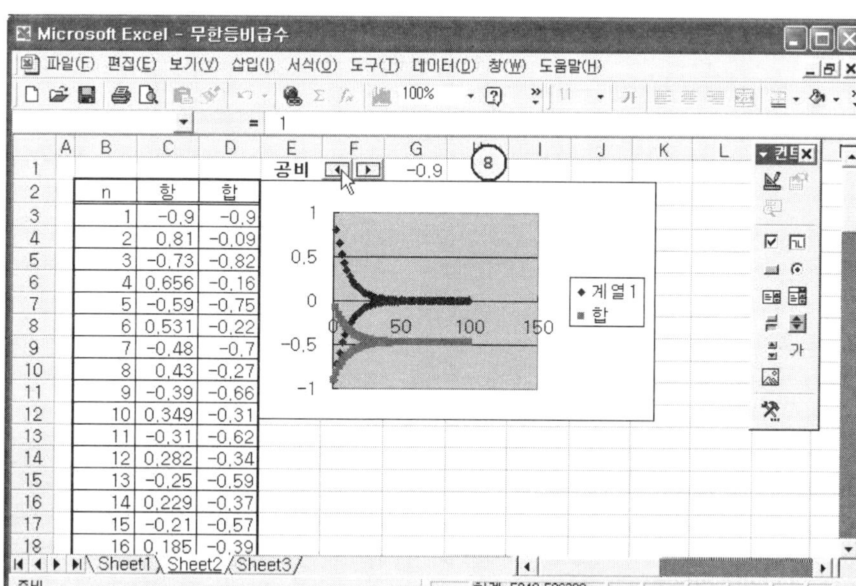

연습문제 3.3

※ 해답은 인제대학교 창의력교육센터(http://ecc.inje.ac.kr)로 접속해서 **[자료실 ⇒ 생각하는 수학 ⇒ "엑셀활용(2권)"]**에 들어가면 볼 수 있다.

1. $r \geq 0$일 때, 수열 $\left\{\dfrac{r^n}{1+r^n}\right\}$의 극한값을 스핀단추를 활용하여 만들어보자.

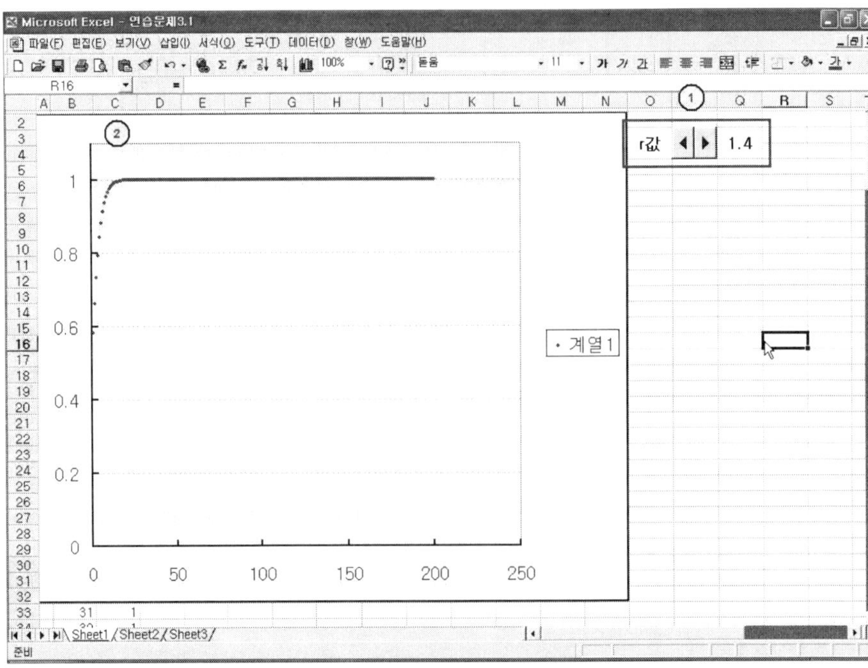

나의 노트

2. 무한급수가 $\sum_{n=1}^{\infty} a_n$이 수렴하면 $\lim_{n\to\infty} a_n = 0$이다. 하지만 $\lim_{n\to\infty} a_n = 0$일지라도 무한급수가 발산할 수 있다. 그 예로 $\lim_{n\to\infty} \frac{1}{\sqrt{n+1}+\sqrt{n}} = 0$이지만 $\sum_{n=1}^{\infty} \frac{1}{\sqrt{n+1}+\sqrt{n}}$은 발산한다. 차트를 이용하여 간단하게 만들어보자.

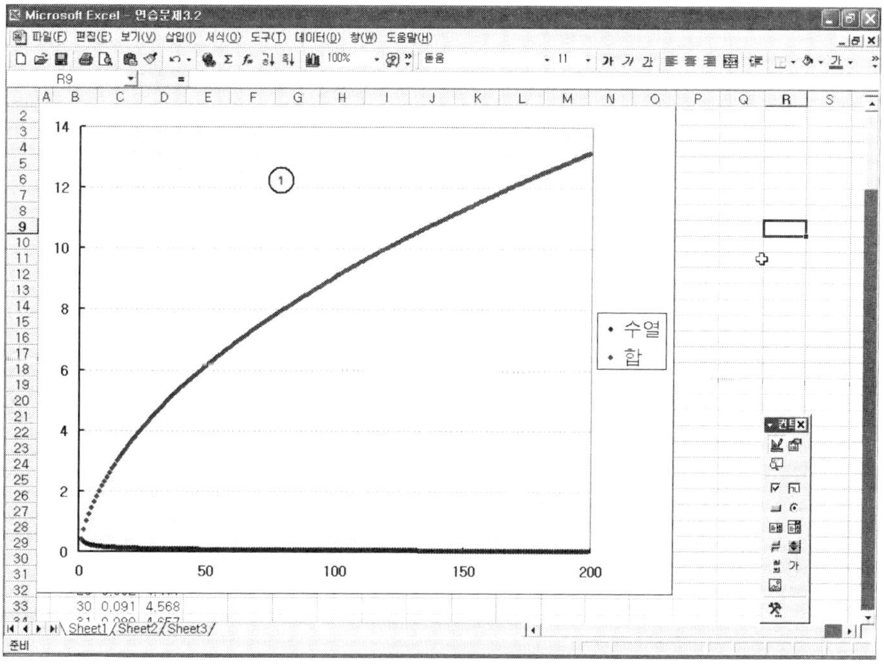

나의 노트

나의 노트

Chapter 04

엑셀 매크로(VBA)를 이용한 함수의 그래프

매크로란 응용 프로그램 내에서 사용 가능한 작은 프로그램으로, 엑셀을 예로 들면 엑셀 명령어의 모음이라고 볼 수 있다. 엑셀의 여러 명령어를 연속적으로 사용해야 하는 경우가 많을 때 그 명령어들을 모아서 엑셀 내에서만 실행되는 작은 프로그램으로 작성한 것이 매크로이다.

매크로의 처음 개념은 명령어 모음을 간단히 마우스와 키보드를 이용해서 집합처럼 모아놓는 것이었는데 이제는 그 개념에서 더 나아가 일정한 형식(문법)에 맞추어 프로그램을 작성하는 과정까지를 의미한다. 그래서 명령어 모음인 단순한 매크로에서 전문적인 프로그램 지식을 가져야 작성할 수 있는 일종의 컴퓨터 프로그램을 작성하는 과정까지 포괄한다.

이러한 전문적인 프로그램을 작성하는 과정을 오피스제품군에서는 **VBA**(Visual Basic for Application)라고 통칭한다.

여기서 사용하게 될 매크로는 함수의 그래프를 나타내거나 숨기게 하는 간단한 매크로를 만들고 VBA로 코드를 작성하여 여러 가지 응용을 하려한다.

4.1 간단한 매크로 만들기

먼저 간단하게 매크로를 만드는 방법을 예를 통하여 알아보자. 특정한 셀에 1부터 100까지의 숫자를 만들어 보고 이 숫자들을 없애는 매크로를 작성하여 보자.

예제 4.1.1 숫자 1부터 100까지 만드는 매크로를 작성하여라.

풀이 제시된 5개의 지시문을 순서대로 따라해보자.

① 메뉴에서 **[도구 ⇒ 매크로 ⇒ 새 매크로 기록]**을 선택하면 **[매크로 기록]** 대화상자가 나타난다.

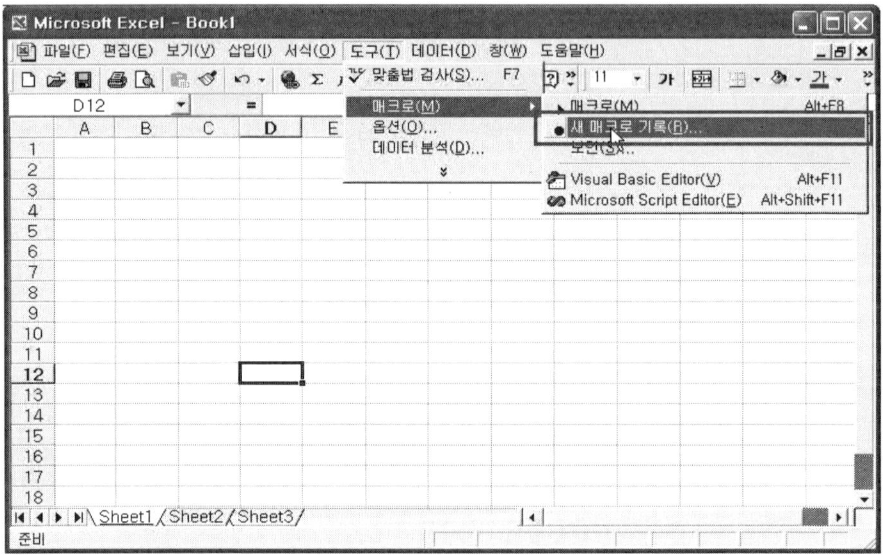

② **[매크로 기록]** 대화상자에서 **[매크로 이름]**과 **[바로 가기 키]**(단축키)를 지정하고 확인을 누르면 매크로 기록의 상태가 이루어진다.

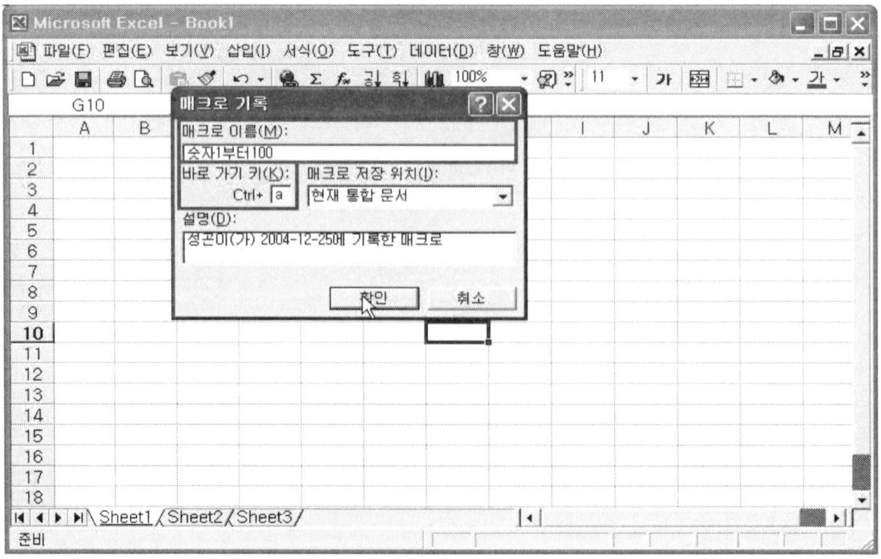

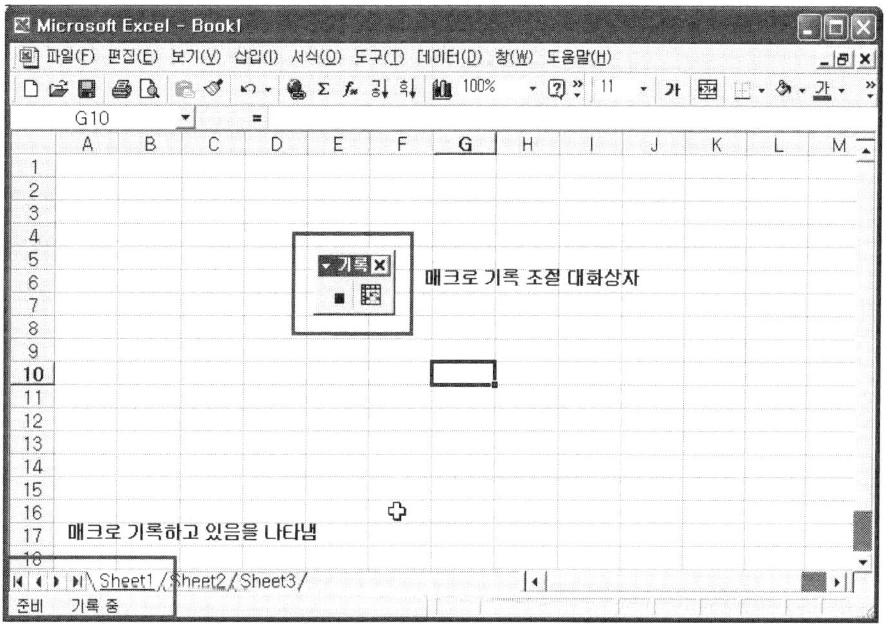

③ 셀 A1에 1을 입력하고 메뉴에서 **[편집 ⇒ 채우기 ⇒ 연속데이터]**를 선택하면 **[연속데이터]** 대화상자가 나타난다.

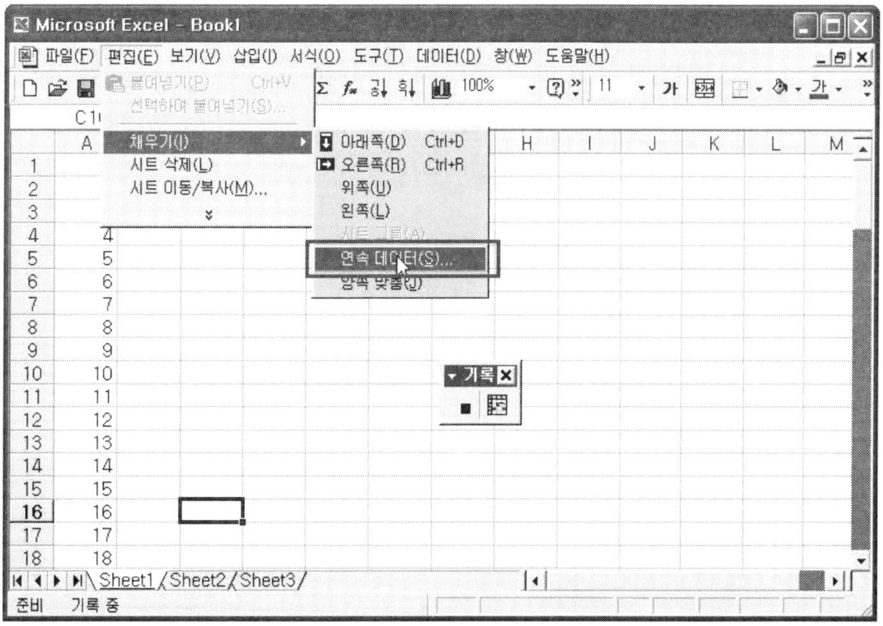

④ [연속데이터] 대화상자에서 [방향 → 열], [종류 → 선형], [단계값 → 1], [종료값 → 100]을 선택하고 [확인]을 누르면 셀 A1부터 아래로 1부터 100까지의 숫자가 나타나는 것을 확인할 수 있다.

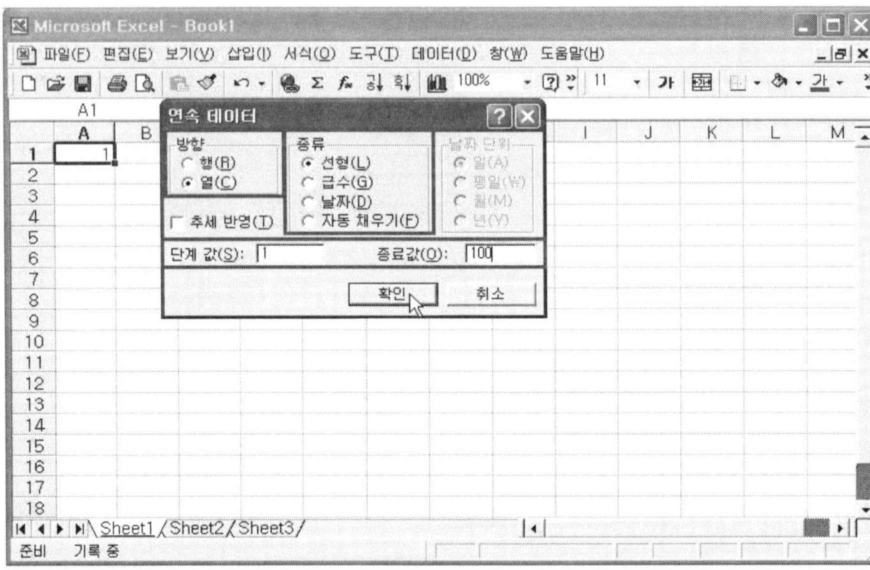

⑤ [기록 중지] 버튼을 누르면 매크로 기록이 끝나 하나의 매크로를 완성할 수 있다.

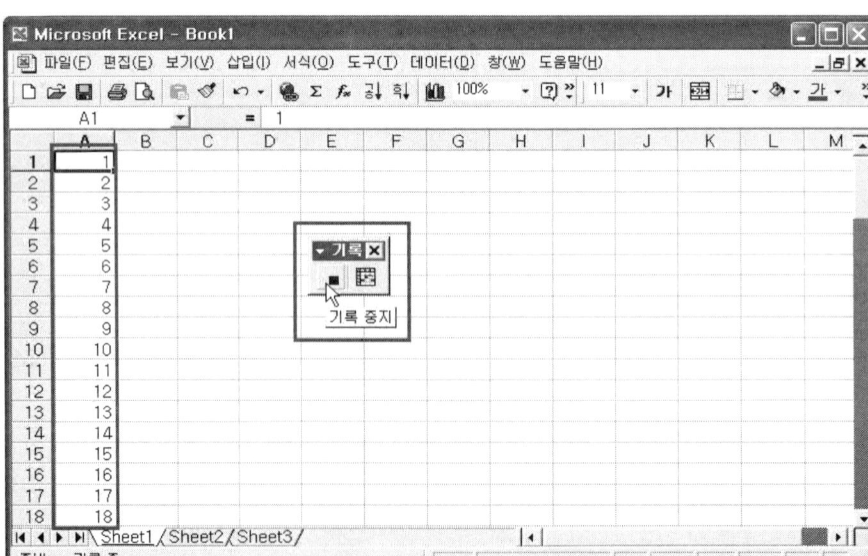

예제 4.1.2 숫자 1부터 100까지 지우는 매크로를 작성해보자.

풀이 제시된 3개의 지시문을 순서대로 따라해보자.

① 메뉴에서 **[도구 ⇒ 매크로 ⇒ 새 매크로 기록]**을 선택한다.

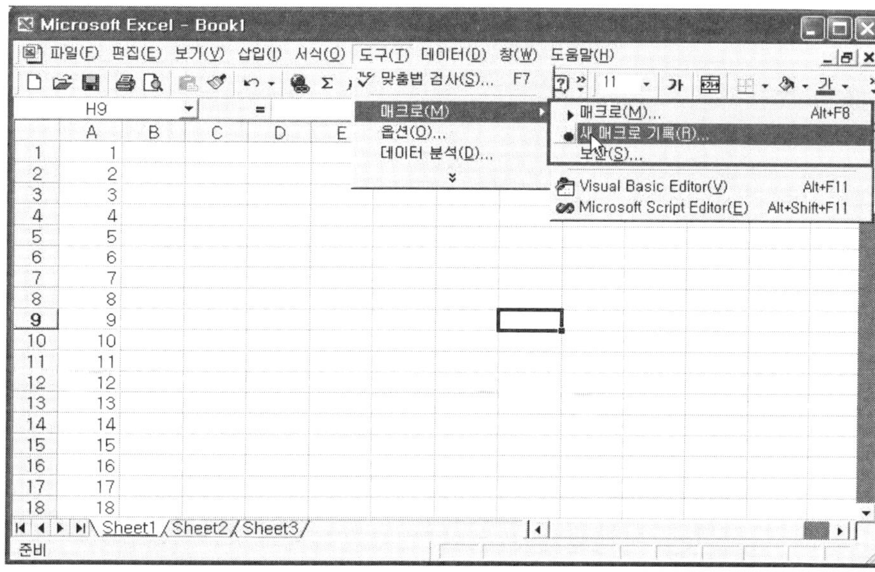

② **[매크로 기록]** 대화상자에서 "매크로 이름"(숫자지우기)과 "단축키"(Ctrl+b)를 지정하고 **[확인]**을 누른다.

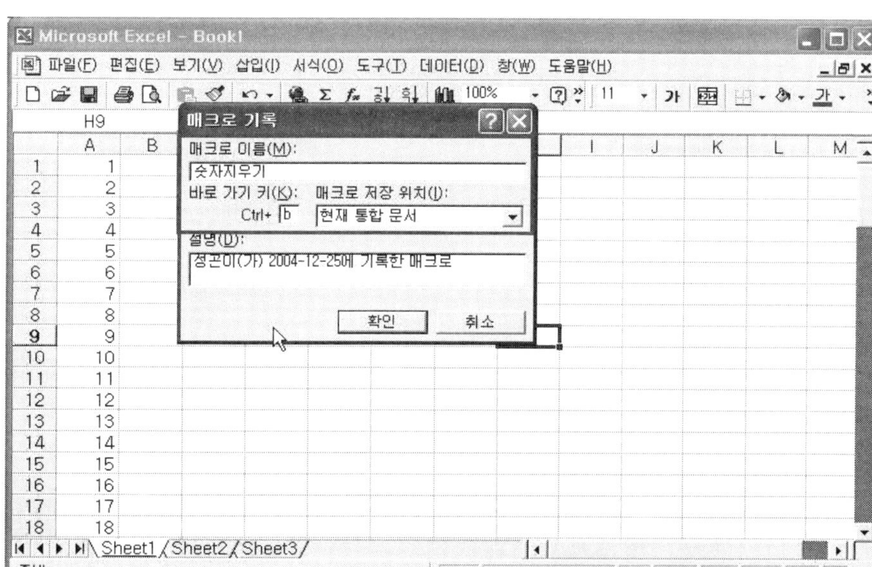

③ 셀 A1부터 A100까지를 선택하고 키보드에서 "DELETE키"를 눌러 숫자 1부터 100까지를 없애고 **[기록중지]** 버튼을 눌러 매크로를 완성하자.

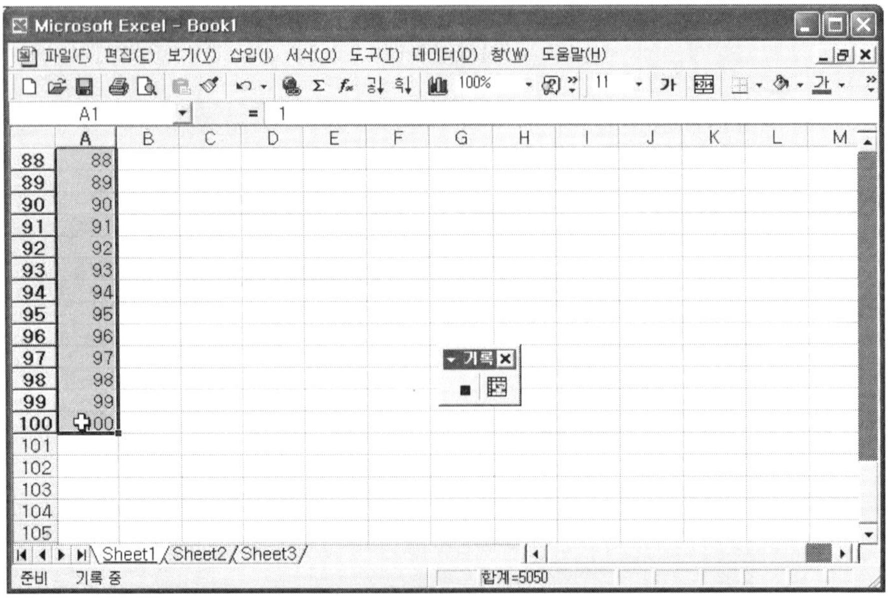

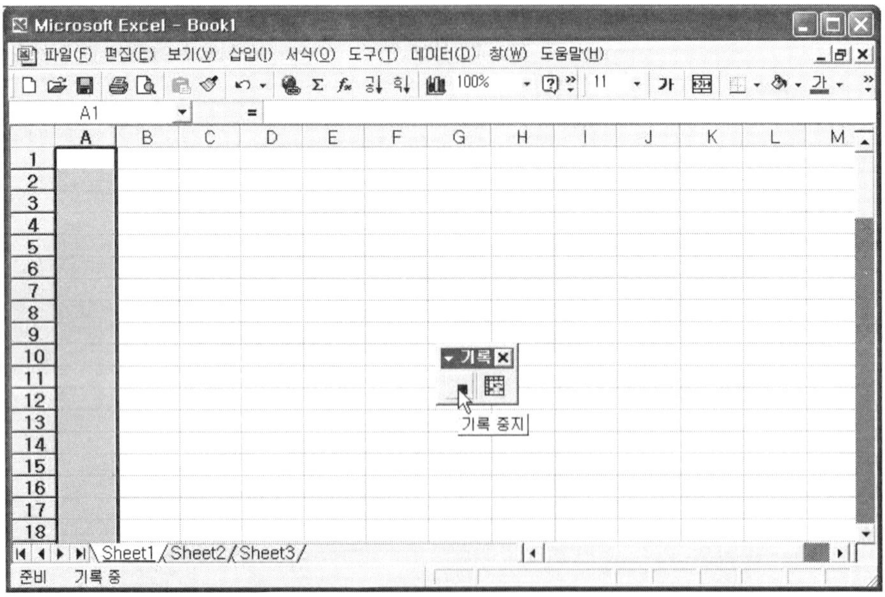

Tip 앞의 예제 4.1.1과 예제 4.1.2에서는 두 매크로에 단축키를 지정해 주었기에 단축키를 누르면 매크로를 실행시킬 수 있다. 한 번 간단히 실행을 해보자.

예제 4.1.3 매크로 실행 버튼 만들기를 해보자.

풀이 제시된 6개의 지시문을 순서대로 따라해보자.

① 그리기 도구 모음에서 **[도형 ⇒ 기본도형]**에서 임의의 도형을 선택하자.

② 임의의 셀에 적당한 크기로 두 개의 도형을 만들자.

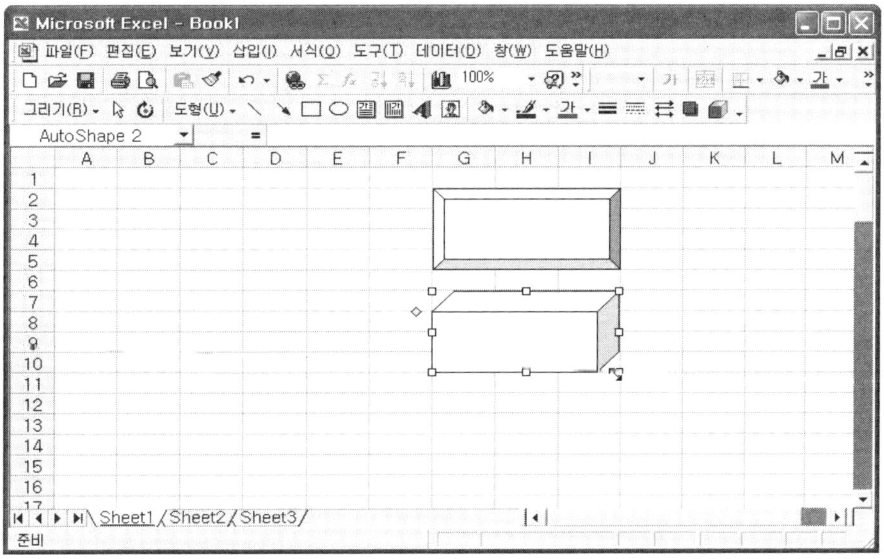

③ 하나의 도형을 선택한 상태에서 오른쪽 마우스를 누르면 메뉴가 나타난다. **[매크로 지정]**을 선택하자.

④ **[매크로 지정]** 대화상자에서 "매크로 이름"을 지정하자.

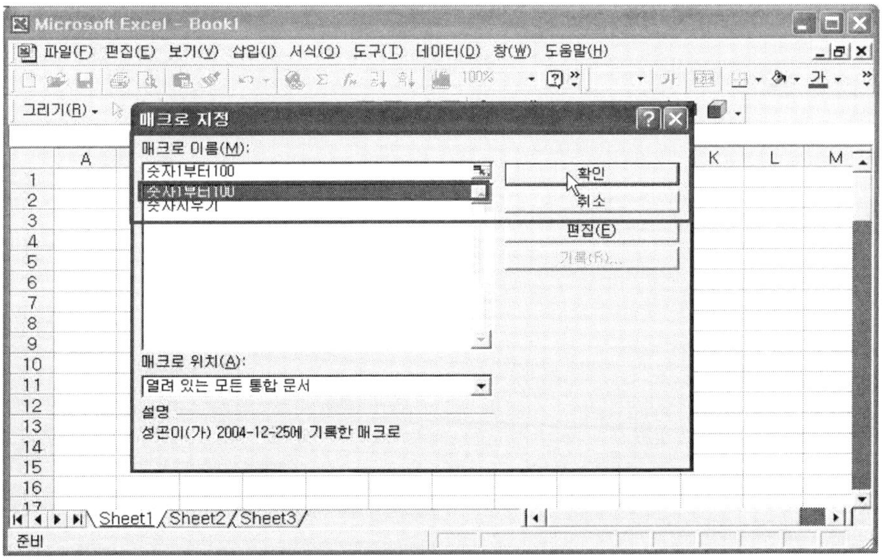

⑤ 위의 도형에 매크로 숫자 1부터 100이 지정이 되어 있으며 밑의 도형에 "숫자지우기" 매크로를 같은 방법으로 지정하자.

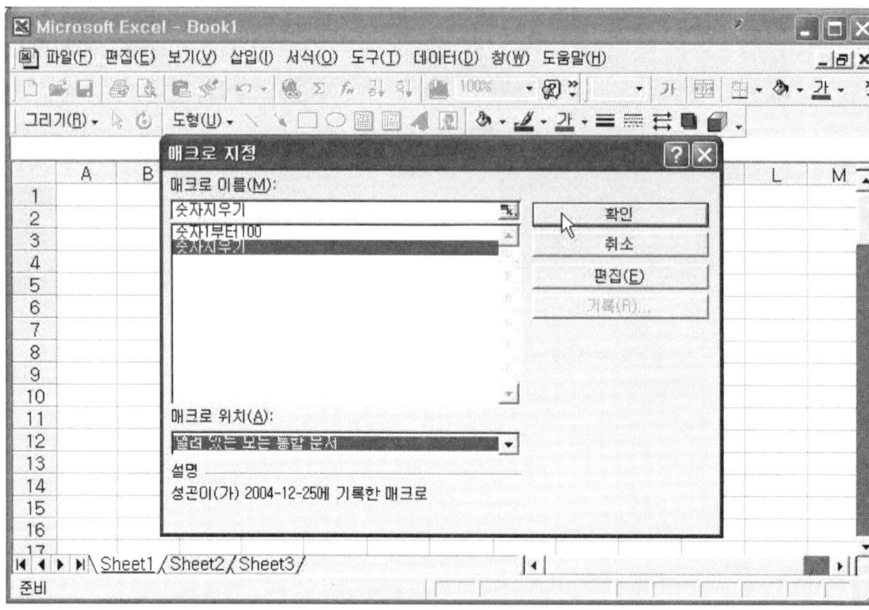

⑥ 두 개의 도형을 마우스로 누르면 셀 A1에서 A100까지 숫자가 나타나거나 없어지는 것을 확인할 수 있다.

나의 노트

참고

매크로의 VBA코드 확인

지금까지 만든 두 개의 매크로에 VBA코드로는 어떻게 되는지 확인하려면 다음과 같은 ⓐ~ⓒ 과정을 거친다.

ⓐ 메뉴에서 **[도구 ⇒ 매크로 ⇒ 매크로]**를 선택하자.

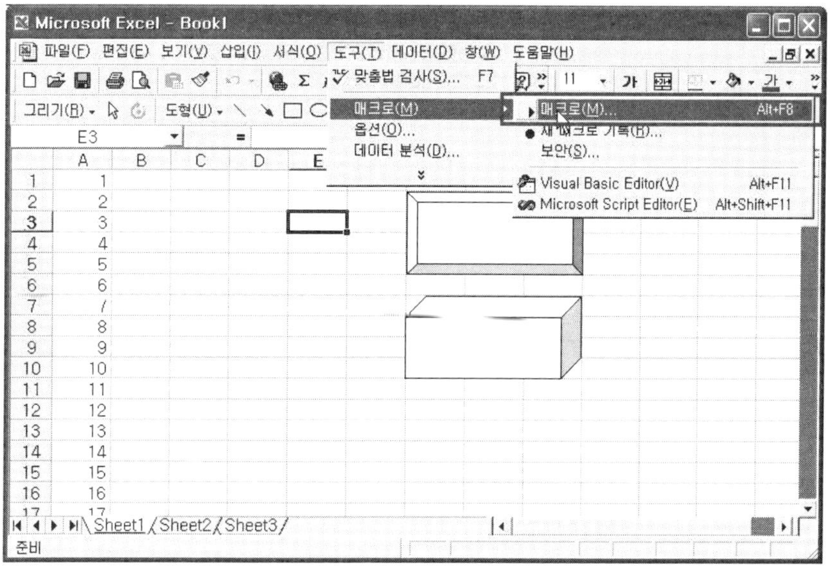

ⓑ **[매크로]** 대화상자에서 "매크로 이름"을 선택하고 오른쪽에서 [편집]을 누른다.

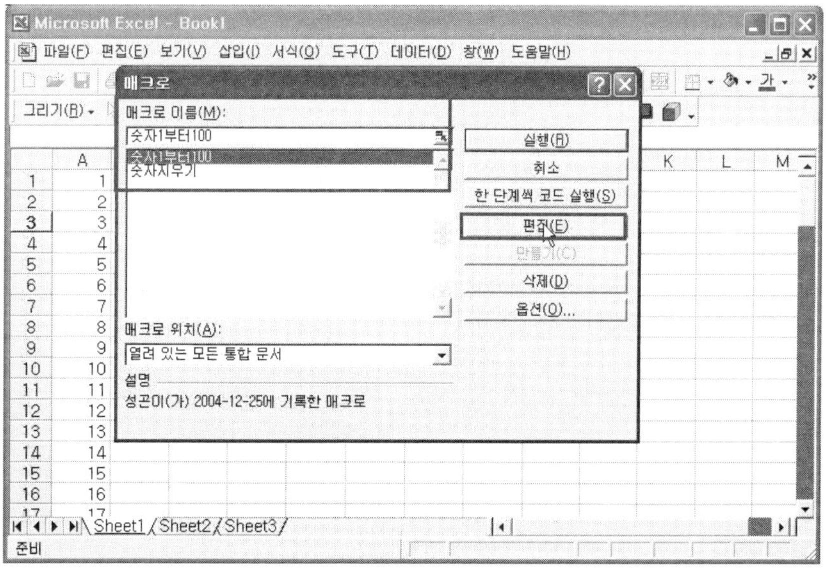

ⓒ 두 매크로에 대한 VBA코드를 확인할 수 있다.

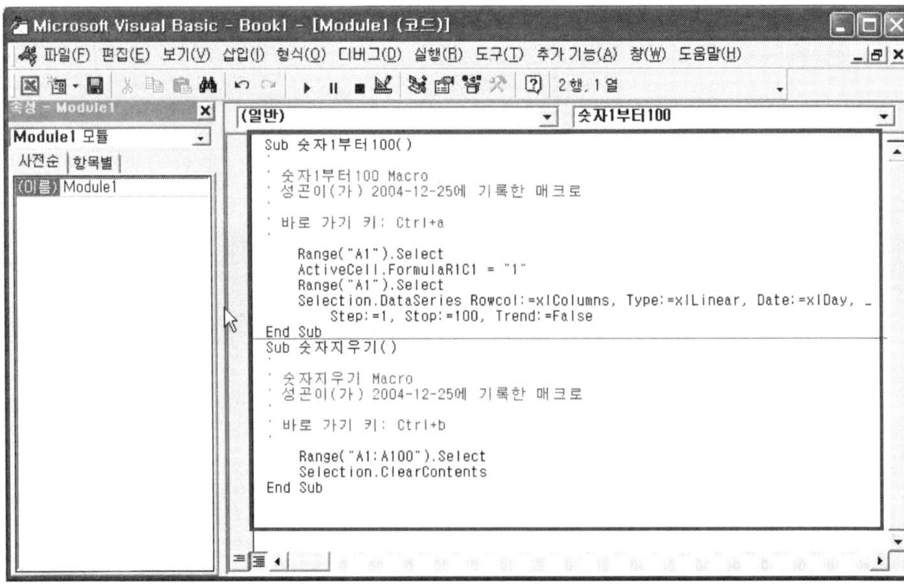

나의 노트

예제 4.1.4 VBA코드를 사용하여 숫자 1부터 100까지 만들어보자.

풀이 제시된 8개의 지시문을 순서대로 따라해보자.

① **[컨트롤]** 도구상자를 이용하여 두 개의 "명령단추"를 임의의 셀에 만들자.

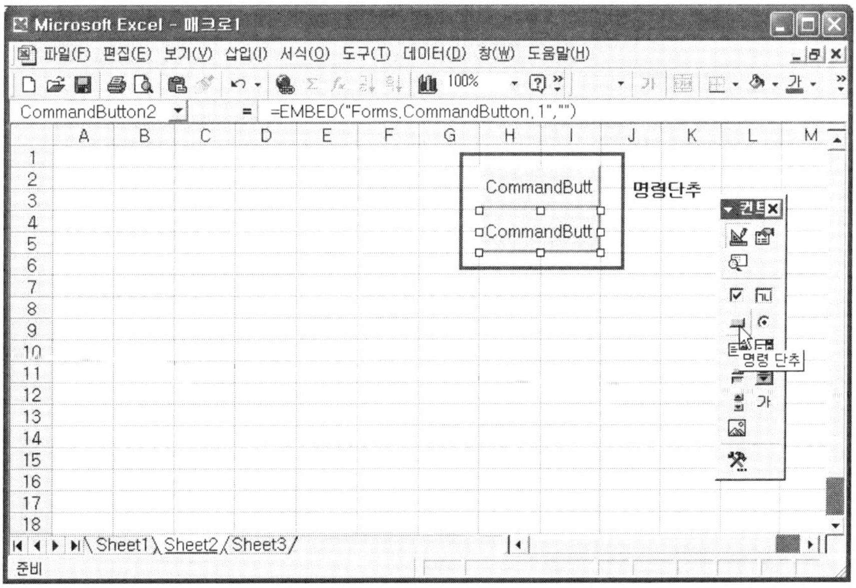

② "명령단추" 하나를 선택한 후 **[컨트롤]** 도구상자에서 "코드보기"를 선택하자.

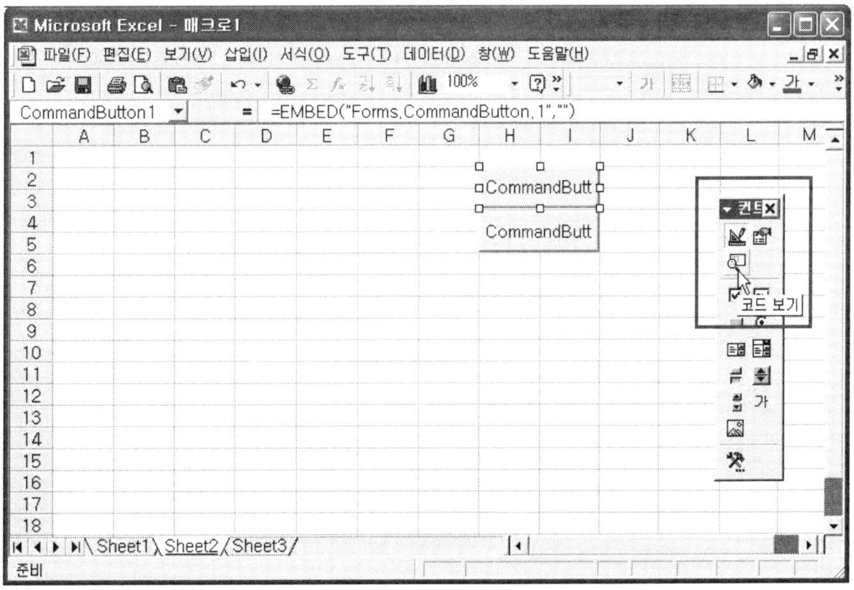

③ “코드보기”를 선택하면 다음과 같은 “Microsoft Visual Basic” Editor 화면이 활성화된다. 실제 VBA코드를 입력하는 부분을 ‘코드창’이라 한다.

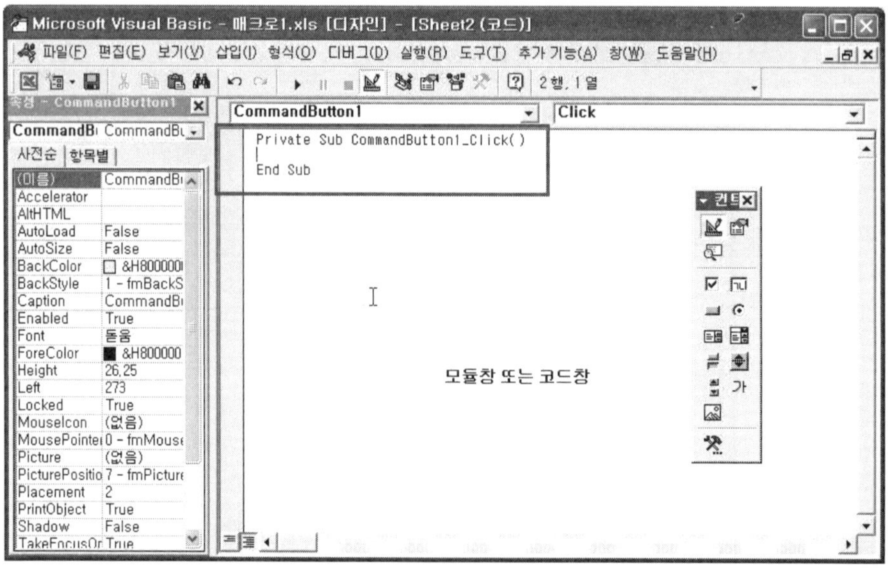

Tip

지금 코드창에는 다음과 같은 내용이 주어져 있다.

```
Private Sub CommandButton1_Click()

End Sub
```

Private Sub와 End Sub는 CommandButton1(명령단추)을 누르면 어떠한 명령을 실행할 것인지 시작과 끝을 나타낸다. 다시 말하면 CommandButton1을 누르면 Private Sub와 End Sub 사이의 명령을 실행하라는 것을 의미한다.

④ “명령단추”를 누르면 셀 A1부터 A100까지에 1부터 100까지의 숫자를 나타내는 코드를 다음과 같이 입력하자.

```
Private Sub CommandButton1_Click()
    Range("A1").Select
    ActiveCell.FormulaR1C1="1"
```

```
    Range("A1").Select
    Selection.Dataseries Rowcol:=xlColumns, Type:=xlLinear, _
    Date:=xlDay, Step:=1, Stop:=100, Trend:=False
End Sub
```

Tip

위의 코드의 내용에 대하여 간단히 알아보면 다음과 같다.
첫 번째 줄의 Range("A1").Select은 셀 A1을 마우스로 선택한다는 것을 의미하며, 두 번째 줄의 ActiveCell.FormulaR1C1="1"은 선택된 셀에 1을 입력한다는 것을 의미한다. 네 번째와 다섯 번째 줄의 내용은 연속데이터를 아래쪽으로 선형으로 간격 1만큼으로 100까지 넣자는 것을 의미한다.

```
Selection.Dataseries Rowcol:=xlColumns, Type:=xlLinear, _
Date:=xlDay, Step:=1, Stop:=100, Trend:=False
```

네 번째 줄과 다섯 번째 줄 사이에 "_" 는 한 줄에 전체의 내용을 다 나타내지 못할 때 두 줄 사이의 내용이 이어지는 것을 의미한다.

⑤ 엑셀 창으로 돌아가서 두 번째 명령단추를 선택하고 코드보기를 누른다. (엑셀 창으로 돌아가기 위해서는 “Microsoft Visual Basic” Editor화면의 표준도구모음에서 보기 “Microsoft Excel” 단추를 누르면 된다.)

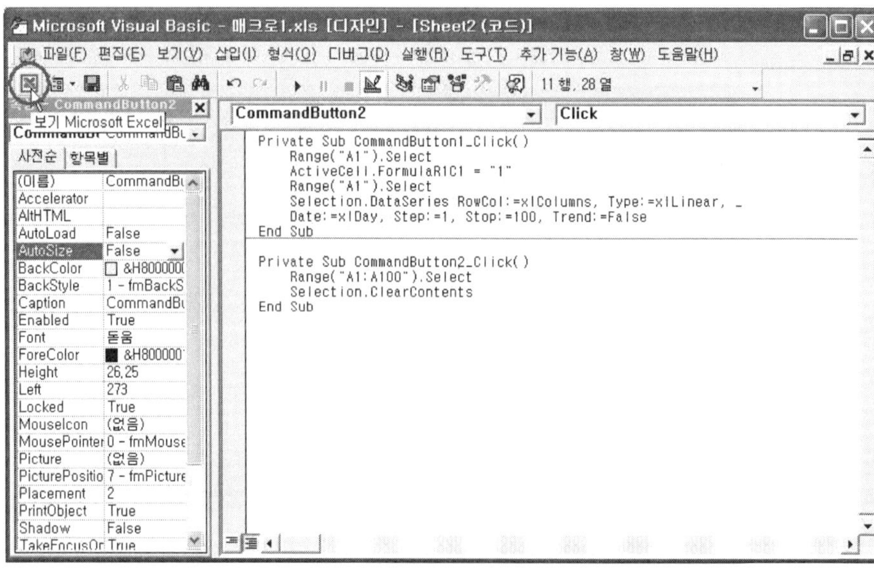

⑥ "Microsoft Visual Basic" Editor화면이 활성화되면 다음과 같은 셀 A1부터 A100까지 입력된 값 1부터 100까지를 지우는 코드를 입력한다.

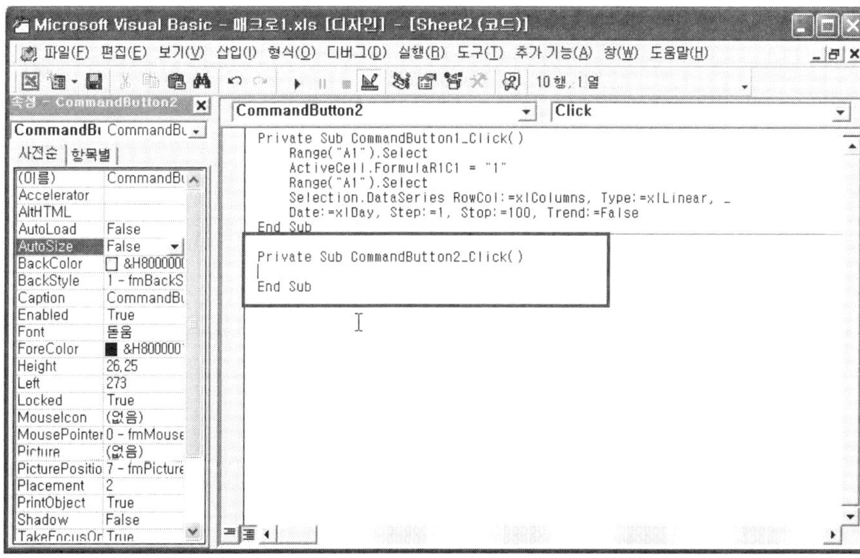

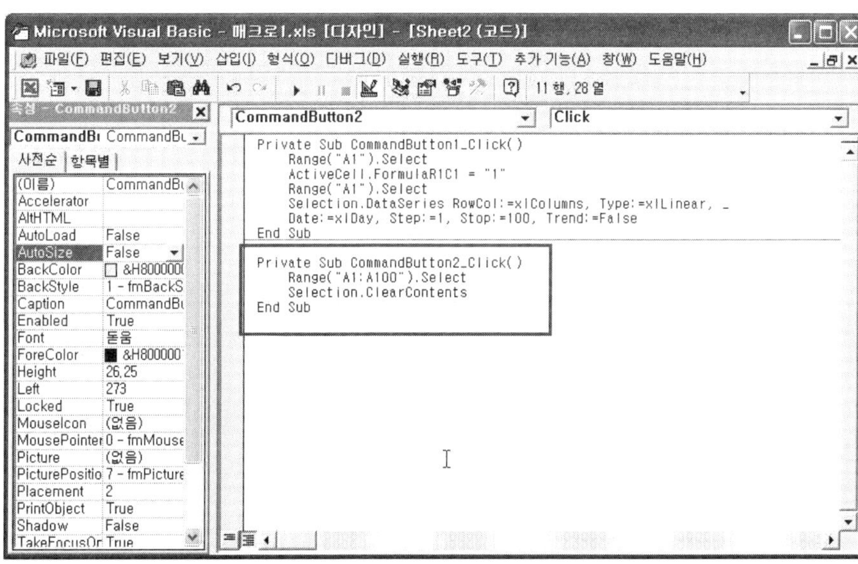

Tip

```
Range("A1:A100").Select
Selection.ClearContents
```

Range("A1:A100")은 셀 A1부터 A100까지를 마우스로 드래그하여 전체를 선택한다는 것을 의미한다.

⑦ 엑셀창으로 돌아가서 "컨트롤" 도구상자의 "디자인 모드 끝내기" 단추를 누르면 두 개의 명령단추에 대한 VBA코드 입력이 완료된다.

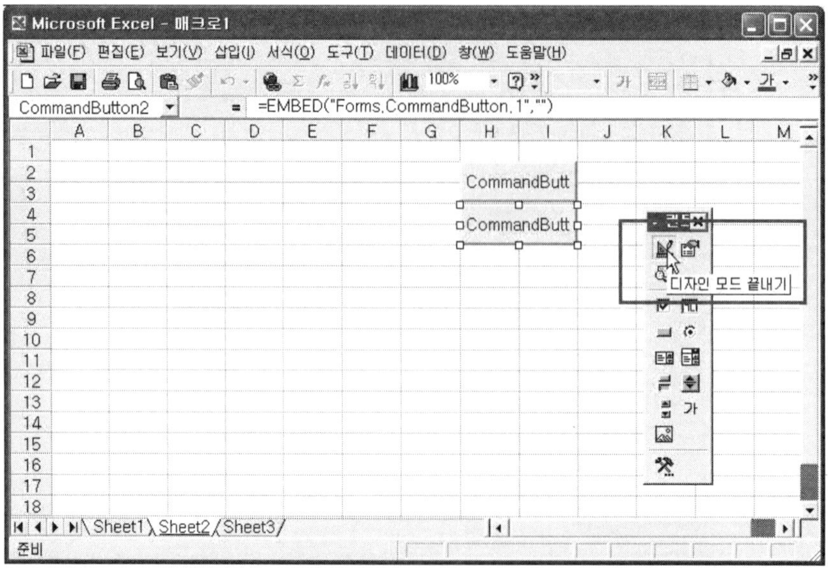

⑧ 두 명령단추를 누르면 숫자가 만들어지거나 없어지는 것을 확인할 수 있다.

나의 노트

4.2 함수의 그래프에 매크로(VBA코드) 적용하기

함수의 그래프를 나타내거나 지우는 매크로를 만들 때 차트를 만들거나 지우는 것이 아니라 함수의 정의역에 해당되는 x좌표를 만들어 주거나 없애는 매크로를 만들어 주면 된다. 실제로 아래 예제 4.2.1을 통하여 적용하여보자.

예제 4.2.1 함수의 그래프를 나타내거나 지우는 매크로를 만들어보자.

풀이 제시된 7개의 지시문을 순서대로 따라해보지.

① 다음과 같은 이차함수의 그래프를 만들어보자.

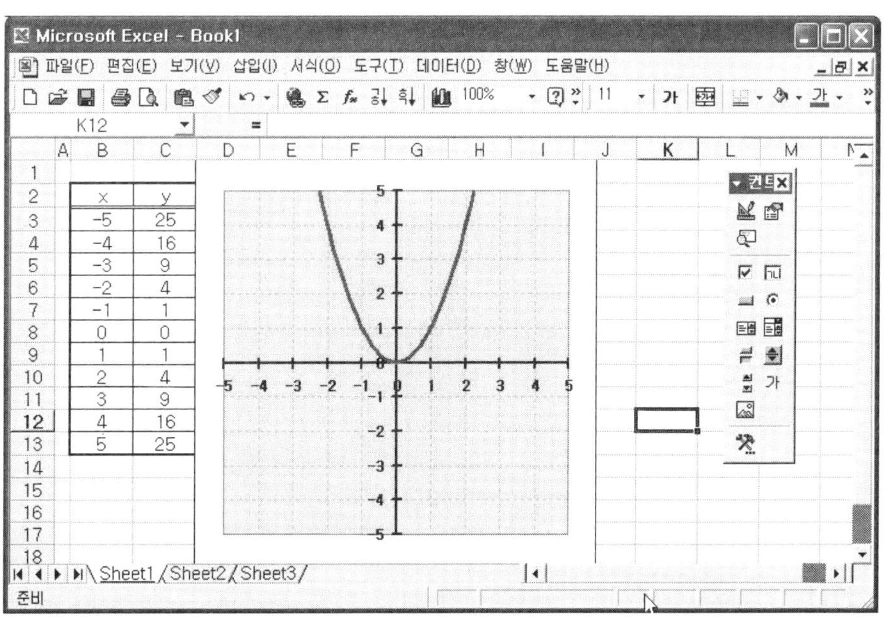

② 두 개의 "명령단추"를 차트의 오른쪽에 두 개를 만들자.

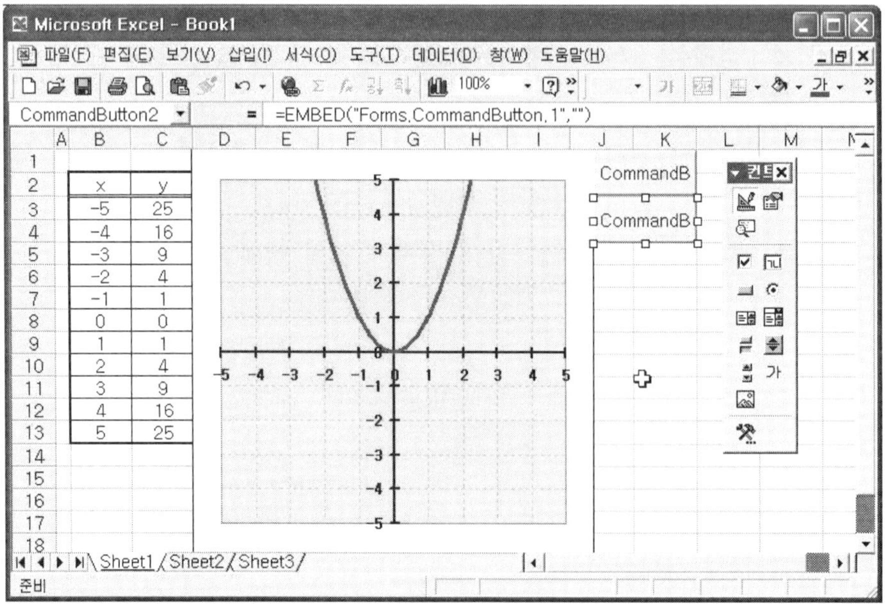

③ 첫 번째 "명령단추"에 다음과 같은 코드를 입력하자.

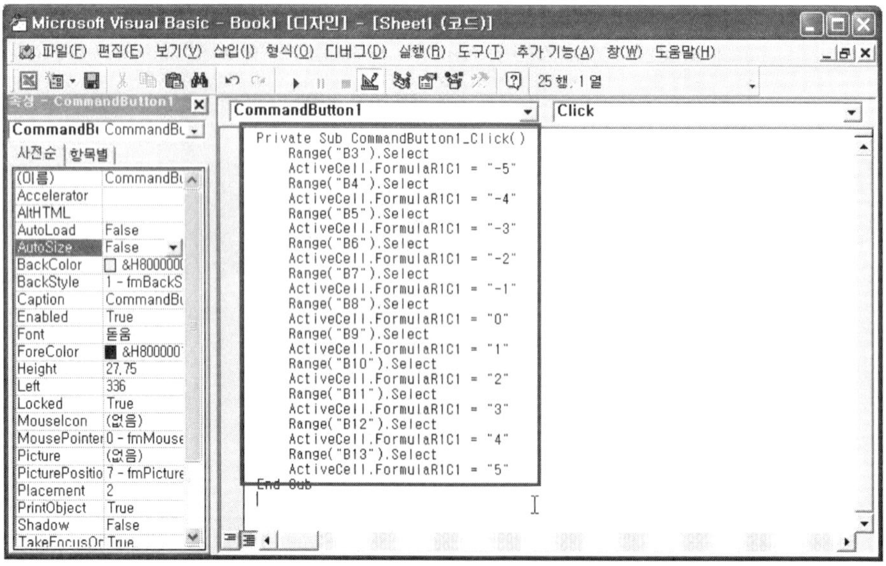

위의 코드는 하나 하나의 셀에 입력되는 값을 전부 나타낸 것이다.

④ 지우는 매크로를 두 번째 명령단추에 만들자. 앞의 예제에서는 엑셀창으로 돌아가서 지우는 매크로를 만들었지만 이미 코드창이 활성화 되어있어 바로 두 번째 명령단추의 코드를 입력하고자 한다. 코드창의 위 부분의 개체에 마우스 포인트를 가져가서 마우스를 누르면 이미 만들어진 모든 명령단추들이 주어지는데 여기서는 두 개의 명령단추만 나타난다.

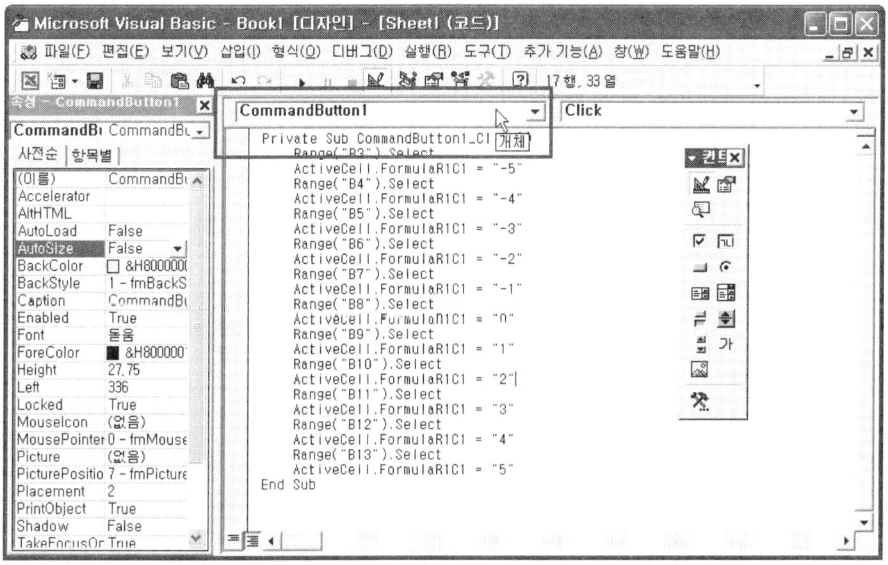

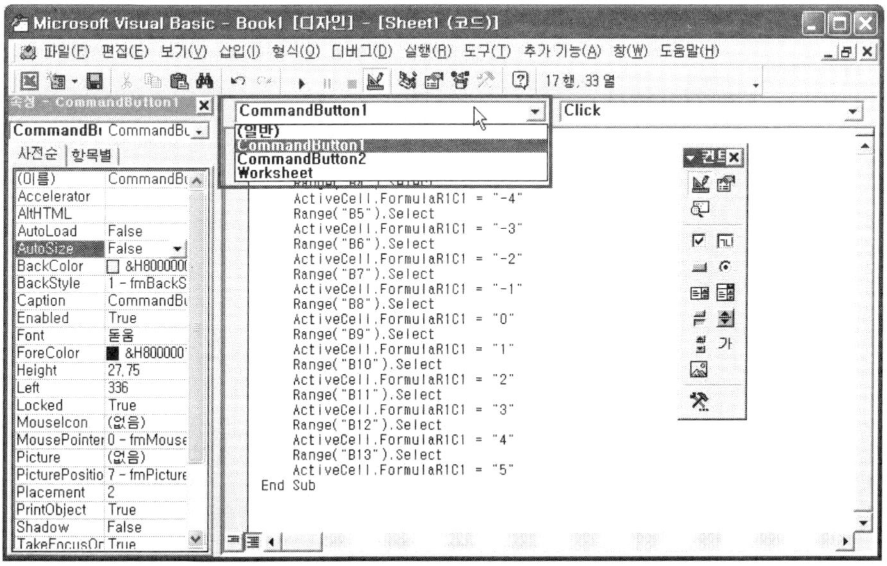

⑤ 두 번째 명령단추를 선택하면 다음과 같이 두 번째 명령단추에 대한 코드 입력상태가 만들어진다.

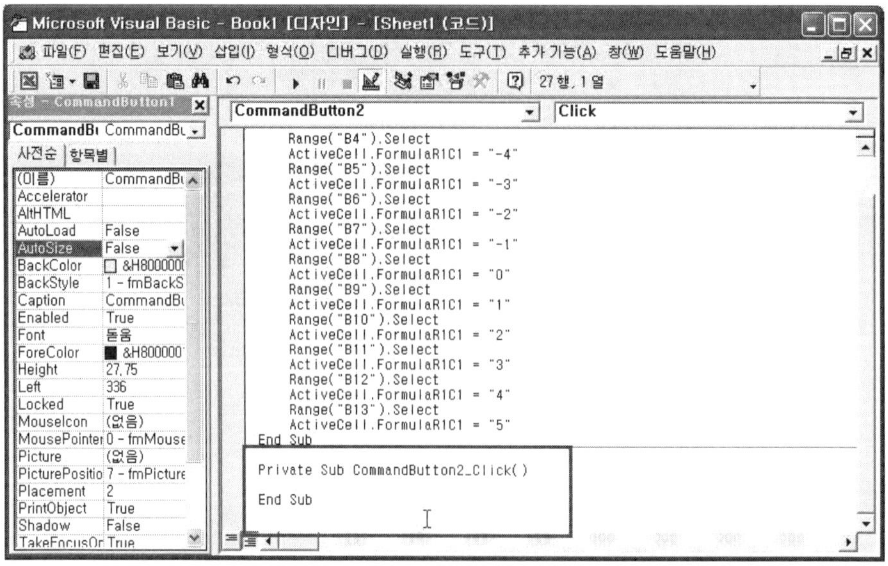

⑥ 두 번째 명령단추에 대한 코드를 다음과 같이 입력하자.

```
Range("B3:B13").Select
Selection.ClearContents
```

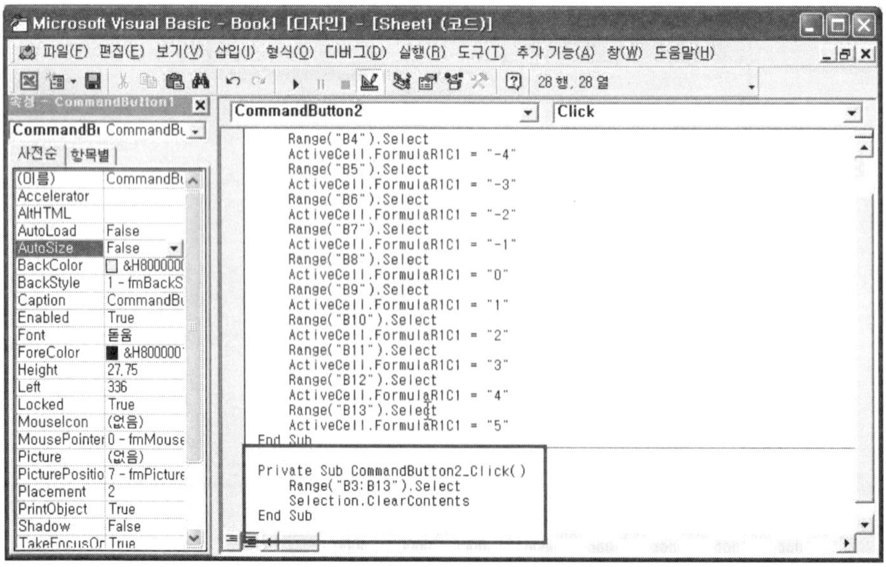

⑦ 엑셀창에서 디자인 모드 끝내기 단추를 누른 후 두 개의 명령단추를 누르면 차트에 이차함수의 그래프가 나타나거나 없어지는 모습을 확인할 수 있다.

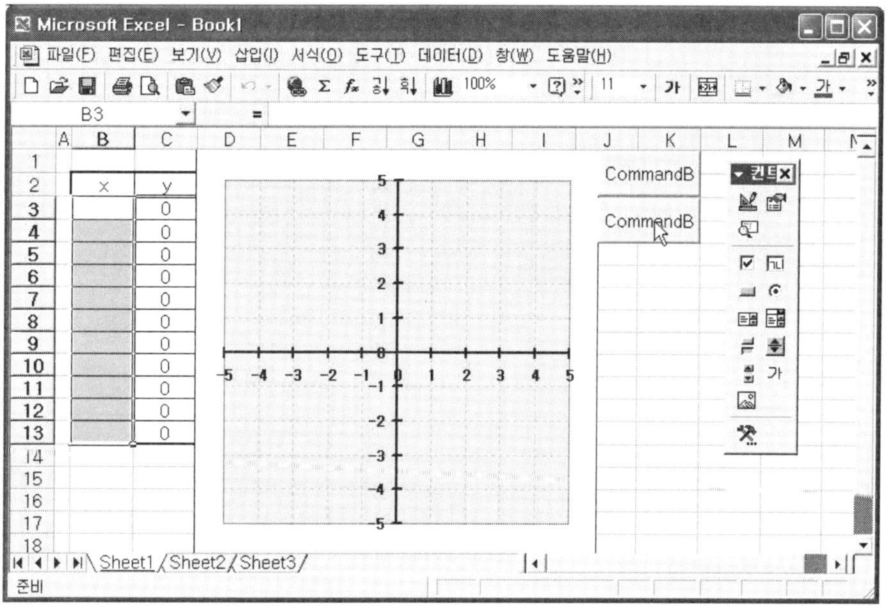

참고

ⓐ 위의 명령단추 중에서 함수의 그래프를 나타내는 명령단추를 누르면 이차함수의 그래프를 나타내어 주지만 함수의 그래프가 만들어지는 모습이 조금은 이상할 수도 있다. 명령단추에 대한 코드의 형식을 조금 바꾸어주면 자연스럽게 함수의 그래프를 나타낼 수 있다. 다음과 같이 코드를 바꾸어보자.

```
Private Sub CommandButton1_Click()
    Range("B3").Select
    ActiveCell.FormulaR1C1 = "-5"
    Range("B3").Select
    Selection.DataSeries RowCol:=xlColumns, Type:=xlLinear, _
    Date:=xlDay, Step:=1, Stop:=5, Trend:=False
End Sub
```

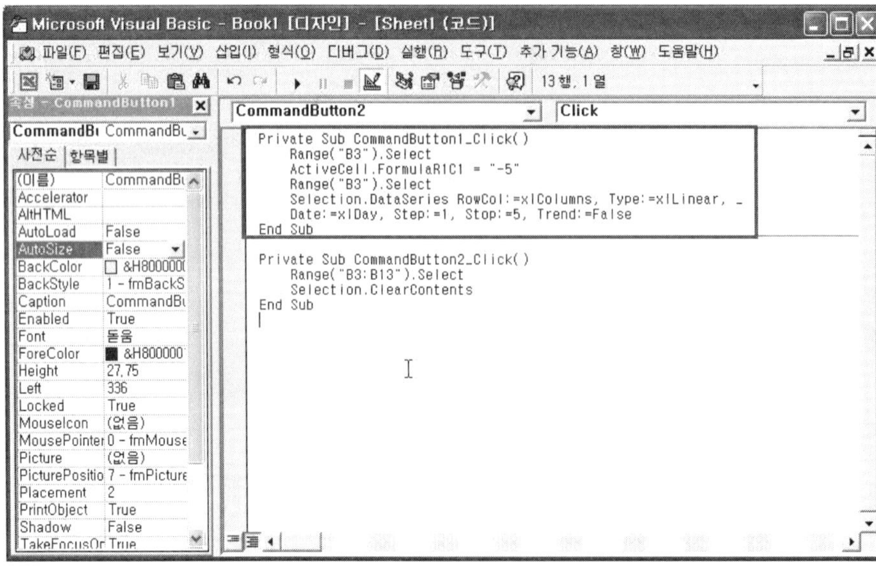

ⓑ 코드를 바꾸어서 명령단추를 누르면 보다 자연스럽게 이차함수의 그래프가 나타나게 된다.

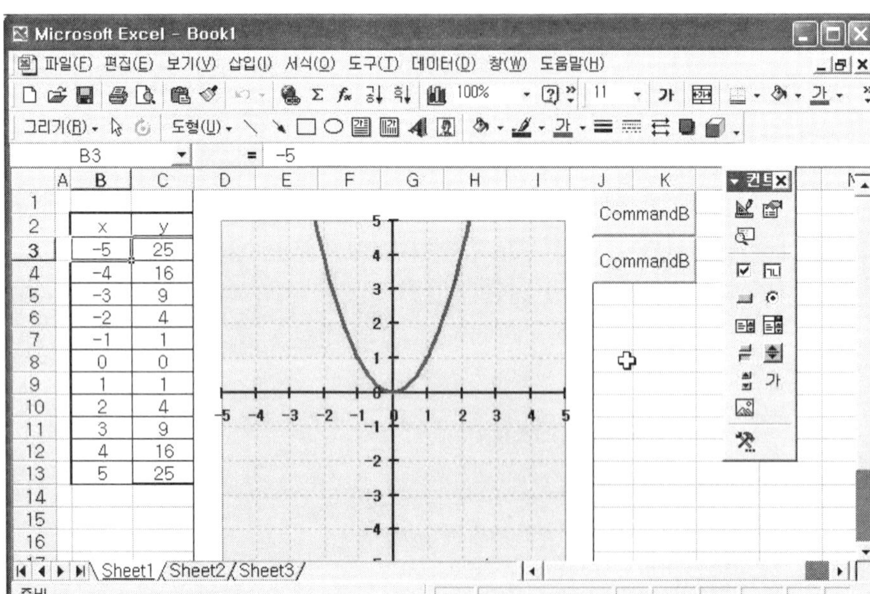

예제 4.2.2 삼각함수 $y = \sin x$의 그래프를 그리는 매크로를 작성해보자.

풀이 제시된 8개의 지시문을 순서대로 따라해보자.

① 다음과 같은 사인함수의 그래프에서 명령단추 두 개를 사용하여 그래프를 나타내고 없애는 매크로를 만들자.

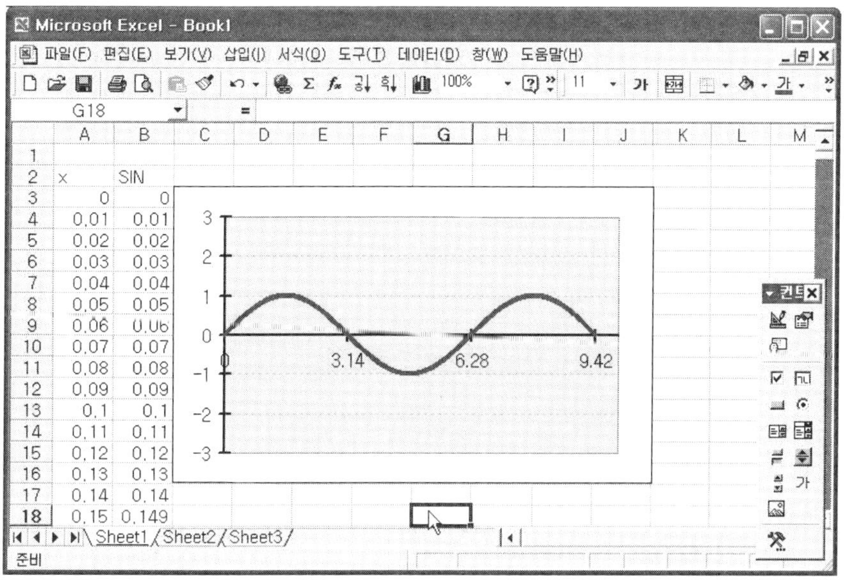

② 차트의 오른쪽에 두 개의 "명령단추"를 만들자.

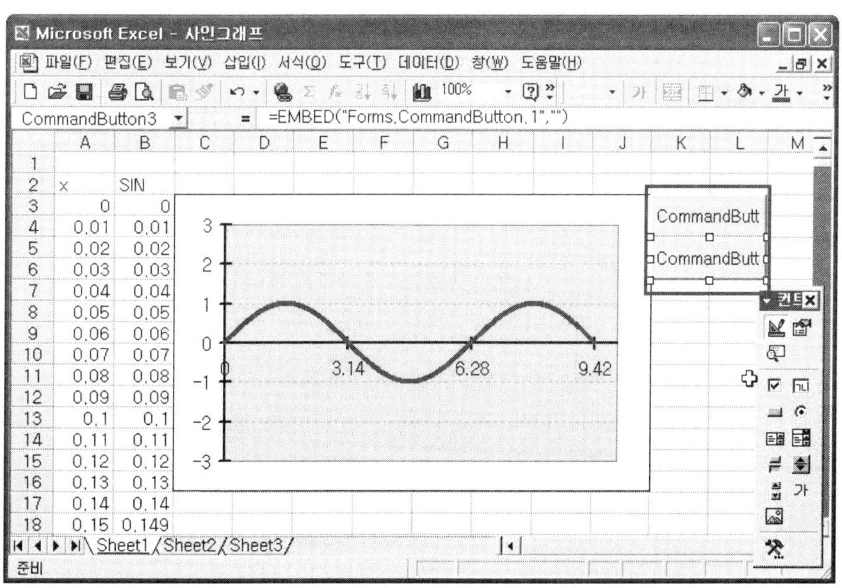

③ 명령단추의 "코드"를 부여하기 전에 "속성"을 먼저 부여하자. 위의 명령단추를 선택한 상태에서 **[컨트롤]** 도구상자의 **[속성]**을 누르자.

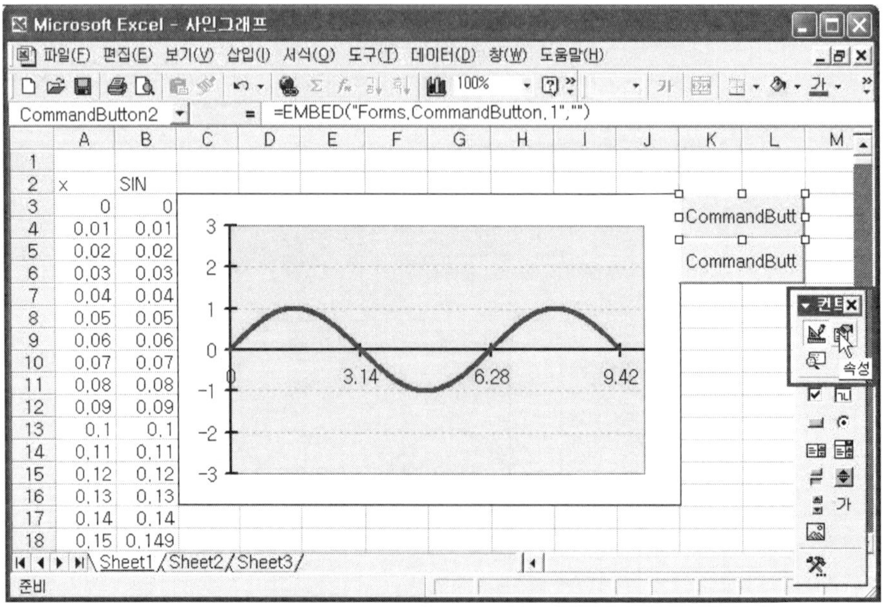

④ **[속성]** 대화상자에서 명령단추의 색(ForeColor, BackColor)을 결정하고, 명령단추의 "이름"(사인만들기), "Caption"(사인그래프)을 지정하자.

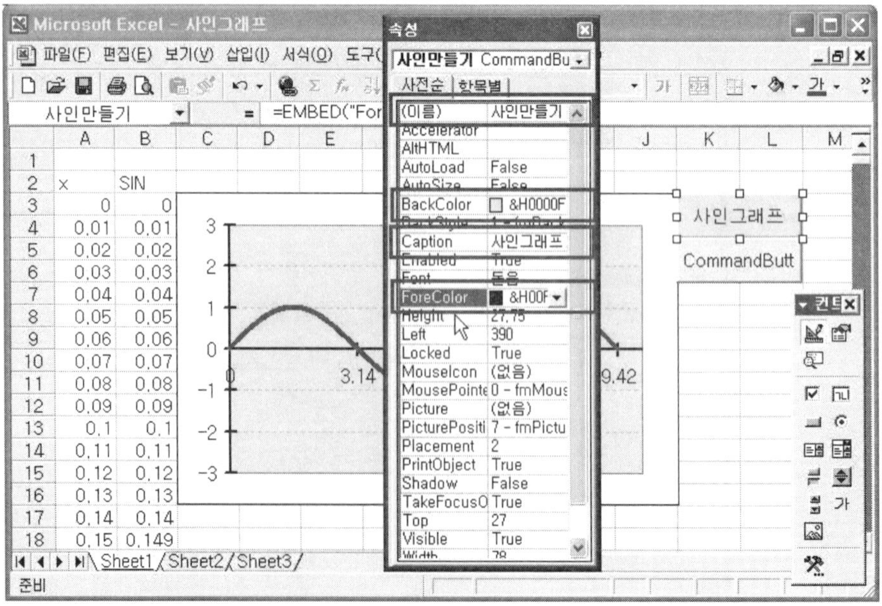

⑤ 두 번째 명령단추에도 색과 명령단추의 “이름”(사인지우기), “Caption”(지우기)을 지정한다.

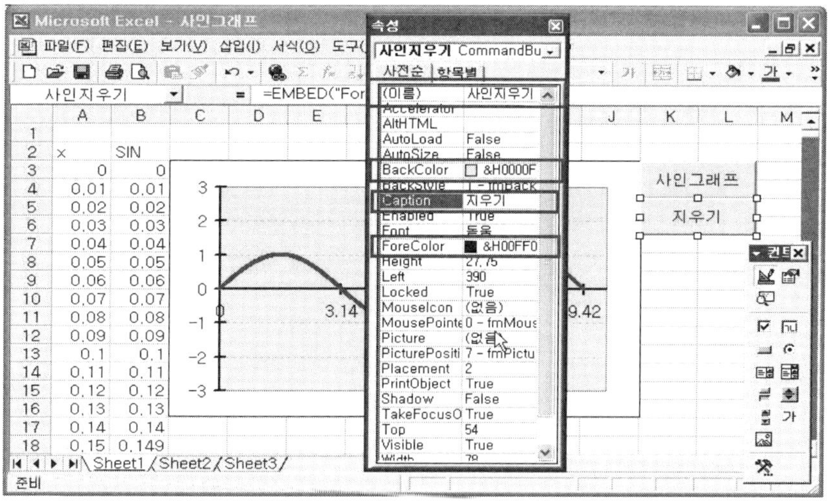

⑥ 위 명령단추의 코드를 다음과 같이 입력하자.

```
Private Sub 사인만들기_Click()
    Range("A3").Select
    ActiveCell.FormulaR1C1 = "0"
    Range("A3").Select
    Selection.DataSeries RowCol:=xlColumns, Type:=xlLinear, _
    Date:=xlDay, Step:=0.01, Stop:=10, Trend:=False
End Sub
```

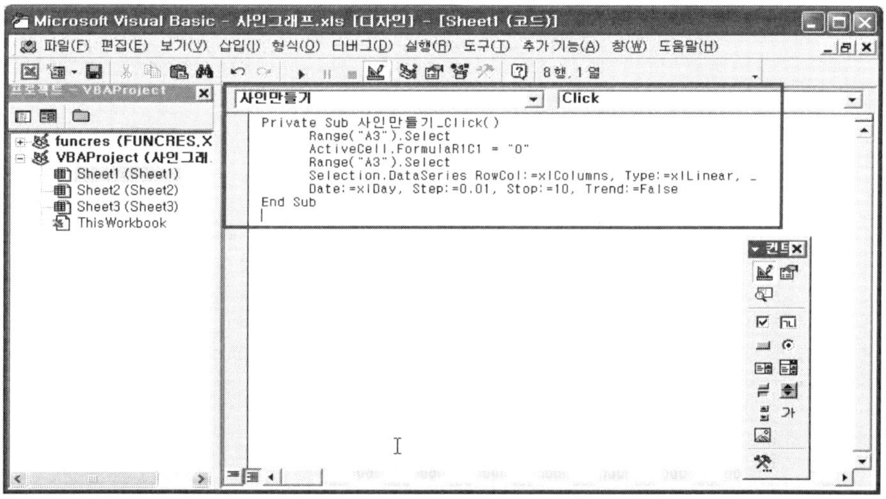

⑦ 지우기 명령단추의 코드를 다음과 같이 입력하자.

```
Private Sub 사인지우기_Click()
    Range("A3:A1003").Select
    Selection.ClearContents
End Sub
```

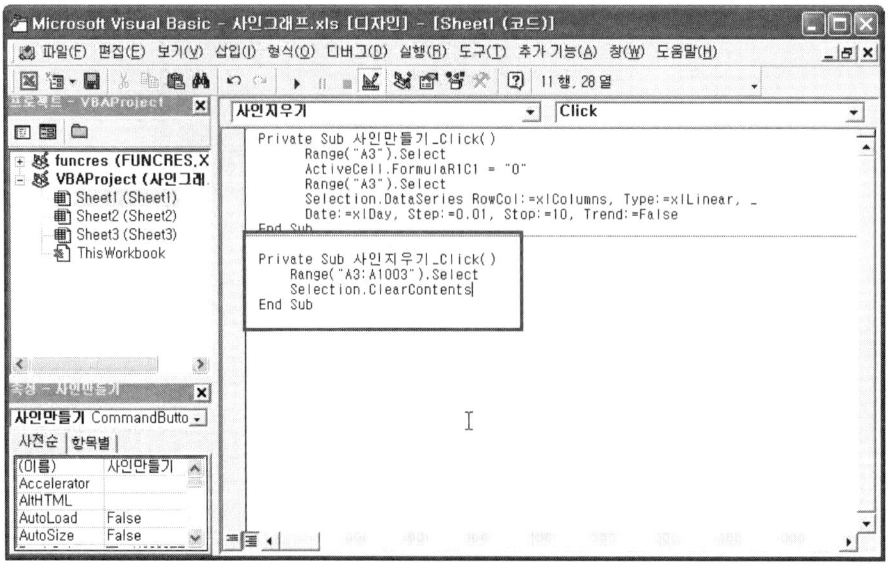

⑧ 엑셀창에서 “디자인 모드 끝내기” 단추를 누른 후 두 개의 명령단추를 누르면 차트에 사인함수의 그래프가 나타나거나 사라지는 것을 확인할 수 있다.

나의 노트

참고문헌

1. 류제구, 한글 EXCEL 2000 Using Bible, 컴피플, 2004
2. 장미희, 엑셀 2000 VBA, 정일, 2001. 2. 25
3. 강행고, 이화영, 박진석외 6명, 중학교 7-가, (주) 중앙교육진흥연구소, 2002
4. 강행고, 이화영, 박진석외 6명, 중학교 7-나, (주) 중앙교육진흥연구소, 2002
5. 강행고, 이화영, 박진석외 6명, 중학교 8-가, (주) 중앙교육진흥연구소, 2002
6. 강행고, 이화영, 박진석외 6명, 중학교 8-나, (주) 중앙교육진흥연구소, 2002
7. 강행고, 이화영, 박진석외 6명, 중학교 9-가, (주) 중앙교육진흥연구소, 2002
8. 강행고, 이화영, 박진석외 6명, 중학교 9-나, (주) 중앙교육진흥연구소, 2002
9. 최봉대, 강옥기, 황석근외 6명, 고등학교 10-가, (주) 중앙교육진흥연구소, 2002
10. 최봉대, 강옥기, 황석근외 6명, 고등학교 10-나, (주) 중앙교육진흥연구소, 2002

찾아보기

2 생각하는 수학

수학교육에서의

엑셀활용 I 제2판

지은이 김향숙 · 정성곤 · 박진석 · 이혜경
펴낸이 박문규
펴낸곳 KM 경문사
펴낸날 2005년 5월 30일 1판 1쇄
2009년 10월 10일 2판 1쇄
등 록 1979년 11월 9일 제9-9호
주 소 121-818, 서울특별시 마포구 동교동 184-17
전 화 (02)332-2004 팩스 (02)336-5193
이메일 kms2004@kyungmoon.com

값 13,000원

ISBN 978-89-6105-249-8
ISBN 89-7282-735-5(세트)